Hester M. Eick

Fit mit meinem Hund

Das Sportprogramm für die Gassirunde

Ulmer

Sport tut gut! 4

Sport – für wen? Für alle! 6
Trainingsziel: der gesunde Körper 8
Trainingsbausteine 10
Gesundes Hundetraining 12
Auf Betriebstemperatur: Warm Up! 14
Schön locker: Cool Down 16

Sport für den Hund! 18

CORE: FÜR DEN MITTELPUNKT
Zugtraining 20
Balancieren 22

BALANCE UND BEWEGLICHKEIT
Maus und High 24
Früchte klauen 26
Kriechen 28
Diener 30
Winken 32
Twissel und Turn 34
Slalom durch die Beine 36
Rückwärtstraining 38

LOCKERE SPRÜNGE, SANFTE LANDUNGEN
Äste tragen 40
Über etwas springen 42
Auf etwas springen 44

KONDITIONSTRAINING
Nasenarbeit 46
Dummytraining 48
Ausdauertraining 50

Jetzt schwitzen die Zweibeiner! 52

EXPLOSIVKRAFT
Aufsprung 54
Bergsteiger 56
Power-Halt 58

RUND UMS KNIE
Frontkniebeugen 60
Ausfallschritt 62

SCHWERPUNKT: HÜFTE
Hüftheben nach Gray Cook 64
Rumänisches Kreuzheben 66

DRUCKÜBUNGEN FÜR DEN OBERKÖRPER
Liegestütze (federnd) 68
Military Press Liegestütze 70

ZUGÜBUNGEN FÜR DEN OBERKÖRPER
Klimmzüge 72
Türziehen 74

CORE: FÜR RÜCKEN UND BAUCH
Crunch It Up! 76
Ellenbogenstütz 78
Windmühle 80

KONDITIONSTRAINUNG
Pendelläufe 82

Gemeinsam! Übungen für Mensch und Hund 84

WORKOUT IM WALD
Kondition aufbauen 87
Bauchtraining und Übung Maus 88
Liegestütz und lockere Sprünge 90
Explosivkraft und lockere Sprünge 92
Beintraining und Balance 94

WORKOUT AM STRAND
Kondition aufbauen 97
Bauchtraining und Beweglichkeit 98
Armtraining und Balance 100
Explosivkraft und Beweglichkeit 102
Schwerpunkt Hüfte und Core-Training 104

WORKOUT IN DER STADT
Kondition aufbauen 107
Core-Training und Beweglichkeit 108
Liegestütz und Balance 110
Explosivkraft und Nasenarbeit 112
Explosivkraft und Beweglichkeit 114

WORKOUT IN FELD UND FLUR
Kondition aufbauen 117
Explosivkraft und Koordination 118
Oberkörpertraining und Rückwärtslaufen 120
Explosivkraft und Beweglichkeit 122
Hüfte-Po-Training und lockere Sprünge 124

Service 126

Sport tut gut!

Sport – für wen? Für alle!

EIN BESSERES MENSCH-HUND-TEAM DANK GEMEINSAMEN SPORT

Herzlich willkommen bei der Überwindung Ihres inneren Schweinehundes! Die Übungen, die ich Ihnen in diesem Buch vorstelle, sind für alle Menschen und Hunde geeignet – es sei denn, Ihre jeweiligen Ärzte schlagen bei Ihrem Vorhaben die Hände über dem Kopf zusammen. In diesem Fall lassen Sie sich bitte vorher medizinisch durchchecken. Junge Hunde haben genauso viel Spaß wie Hundesenioren, dünne Vierbeiner ebenso wie Hunde mit Übergewicht oder mit Handicap. Dasselbe gilt für den Menschen: egal ob Einsteiger oder ambitionierter Freizeitsportler, für jeden ist etwas Passendes dabei.

Junge Hüpfer – alte Recken

Junge Hunde sind im Vergleich zu erwachsenen Vierbeinern hitze- und kälteanfälliger. Aufgrund ihres Enthusiasmus überschätzen sie sich oftmals und gehen über ihre Leistungsgrenzen hinaus. Alte Recken machen vieles mit ihrer Erfahrung wett, müssen aber ihre Muskulatur etwas länger aufwärmen als Hunde im jüngeren Alter. Dehn- und Streckübungen sind hier besonders wichtig.

Sport zu treiben geht mit jedem Hund: ob groß oder klein, jung oder alt. Auf das Maß und das „Wie“ kommt es an.

Bei den Übungen wird auf Besonderheiten, die Sie gegebenenfalls mit jungen oder alten Vierbeinern beachten sollten, hingewiesen. Sie können alle Übungen in Ihrer Umgebung machen, ganz ohne Mitgliedschaft in einer Hundeschule oder einem Verein. Mit diesem Buch haben Sie die Möglichkeit, Ihre Freizeit flexibel zu gestalten. Und wer weiß – vielleicht laden Sie ja bald Freunde oder Nachbarn dazu ein, mitzumachen?

Trainingsziel: der gesunde Körper

ALLTAGSSITUATIONEN BESSER MEISTERN, GESUNDHEIT UNTERSTÜTZEN: DAZU SOLLEN DIE ÜBUNGEN DIESES BUCHES BEITRAGEN.

Optimaler Trainingsaufbau

Es geht hier nicht darum, ein Muskelprotz zu werden! Das Gleiche gilt für Ihren Hund: ein fitter Hund ist sprintstark, ausdauernd und kräftig. Natürlich können Sie sich für den nächsten Spaziergang einfach zwei oder drei Übungen heraussuchen und gemeinsam mit Ihrem Hund Spaß haben. Wollen Sie sich und Ihren Hund jedoch ernsthaft fit machen, bedenken Sie bei der Auswahl folgendes:

> Suchen Sie sich mindestens eine Übung aus jeder Körperregion aus, damit wirklich alle Körperteile etwas vom Training haben.

> Machen Sie möglichst wenig Pausen zwischen den Übungen, damit Ihr Kreislauf auf einem günstigen Trainingsniveau bleibt. Für den einen kann dies bedeuten, zügig vom Baumstamm zur Mauer zu gehen. Für den anderen, dass er diese Strecke joggt.

Das Training mit dem eigenen Köpergewicht ist unglaublich effektiv und kann stets flexibel dem jeweiligen Gesundheits- und Trainingszustand angepasst werden. Vielen Trainierenden hilft es, sich einen schriftlichen Plan zu machen. Auf diesem wird vermerkt, wann man was wie oft gemacht hat. So haben Sie Ihr Training, und auch das Ihres Hundes, immer fest im Blick und können sich bewusst steigern oder auch mal einen Gang zurückschalten.

Trainingsplangestaltung

- Anfänger sollten mit 3 Sätzen à 10–12 Wiederholungen (Hund wie Mensch) beginnen.
- Fortgeschrittene können die Ausführung der Übungen erschweren oder auch das 1-10-1-Intervall ausprobieren (siehe Einband).

Trainingsgrundsätze

- Übungen variieren, damit sich der Hund nicht langweilt und die Muskulatur flexibel bleibt.
- Übungen sollten stets sauber ausgeführt werden. Nur so hat der Körper eine Chance, gesund zu bleiben und eine optimale Muskelbildung anzustoßen.

Nicht schummeln! Damit eine Übung effektiv ist, muss sie sauber ausgeführt werden.

Trainingsbausteine

DIE STRUKTUR EINES TRAININGS BESTEHT AUS WIEDERHOLUNGEN UND SÄTZEN.

Mit Wiederholung ist die Anzahl der Wiederholungen innerhalb einer Übung gemeint. Der Begriff Satz (manchmal auch Serie genannt) umfasst eine willkürliche Reihung von verschiedenen Übungen hintereinander. Es kann sich um einen Satz von zwei Übungen handeln, genauso wie um einen Satz von zehn Übungen. Als Einstieg für den Anfänger eignen sich zum Beispiel fünf Übungen und als Faustregel zwölf Wiederholungen in drei Sätzen.

Intervalltraining

Erleichtern beziehungsweise erschweren können Sie das Training, indem Sie die Anzahl der Übungen oder Wiederholungen erhöhen oder verringern. Ist Ihnen das alles bereits zu einfach, können Sie als Fortgeschrittener in Intervallen trainieren. Eine Möglichkeit bietet hier das 1-10-1-Intervall: Egal, wie viele Übungen Sie in Ihrer Trainingseinheit heute absolvieren wollen – Sie machen nur

Einsteigertrainingsplan (beispielhaft)

1. Satz:	12 x Übung 1	12 x Übung 2	12 x Übung 3	12 x Übung 4	12 x Übung 5
Durchatmen					
2. Satz:	12 x Übung 1	12 x Übung 2	12 x Übung 3	12 x Übung 4	12 x Übung 5
Durchatmen					
3. Satz:	12 x Übung 1	12 x Übung 2	12 x Übung 3	12 x Übung 4	12 x Übung 5

Alternativ können Sie die Übungen auch satzweise aneinanderreihen: erst dreimal die zwölf Wiederholungen von Übung 1, dreimal die zwölf Wiederholungen von Übung 2 und so weiter – jeweils mit 30 Sekunden Pause zwischen den Sätzen, um durchzuatmen. Dieser Weg ist in manchen Praxissituationen einfacher.

einen Satz. Jede einzelne Übung ist also nur einmal dran. In der Praxis sieht das so aus: Sie wiederholen Ihre Übung einmal und atmen kurz durch. Jetzt wiederholen Sie sie direkt zweimal hintereinander und atmen im Anschluss wieder tief durch. Nun wiederholen Sie sie dreimal, danach viermal, fünfmal, sechsmal, bis Sie zehn Wiederholungen Ihrer Übungen direkt hintereinander geschafft haben. Jetzt zählen Sie runter: Wiederholen Sie neun Wiederholungen und atmen Sie durch. Dann acht und so weiter bis Sie wieder bei eins angekommen sind. Geschafft! Trinken Sie einen Schluck, kontrollieren Sie Ihre Atmung – und weiter geht es nach demselben Prinzip mit der nächsten Übung. Einen tabellarischen Plan für ein Intervalltraining finden Sie in der vorderen Klappe dieses Buches.

Wie lange, wie oft?

Planen Sie mindestens 30 und maximal 90 Minuten pro Trainingseinheit ein. Auf diese Weise stimulieren Sie Ihren Körper optimal – bei weniger wird kein oder nur ein geringer Trainingseffekt eintreten. Trainieren Sie länger, könnte dies den Körper überlasten und der gewünschte Trainingseffekt wird sich trotz Anstrengung nicht einstellen.

Gut gemacht! Border Collie Touch freut sich über die Streicheleinheit.

Gesundes Hundetraining

DAMIT IHR VIERBEINER WIRKLICH VON DEM TRAINING PROFITIERT, SOLLTEN SIE DIESE TIPPS BEHERZIGEN.

Für die Übungen mit Hund bedenken Sie das Alter und den Typ Ihres Hundes: Wird er gern mit Futter belohnt oder ist ihm ein Beutespiel lieber? Hat er ein Handicap, auf das Sie Rücksicht nehmen sollten? Bei Übungen wie „High" (Seite 24) können Sie Ihrem jungen und alten Hund die Vorübungen zeigen, aber nicht das Endziel einfordern. Die weichen Knorpel des jungen Hundes würden sich dauerhaft verformen, weil die Muskulatur zur Stabilisierung noch fehlt. Die Muskulatur Ihres alten Hundes wird ebenfalls überfordert sein. Ein dreibeiniger Hund dagegen kann diese Übungen durchaus erlernen. Hunde mit Handicap sind in der Regel sehr geschickt und freuen sich über Herausforderungen.

Grundsätzlich gilt es, stets die Ruhe zu bewahren und geduldig zu sein. Manchmal packt den Menschen der Ehrgeiz und der Hund macht von vornherein dicht, weil er sich den Anforderungen nicht gewachsen sieht. Vergessen Sie nicht: Es geht hier um nichts! Zeigen Sie Ihre wahren Rudelführerqualitäten, indem Sie sich auch in diesem Training ruhig und souverän geben. Behalten Sie den Überblick und hören Sie rechtzeitig auf, um Ihnen beiden den Spaß am Training zu bewahren. Laufen Sie zwischendurch mit Ihrem Hund einfach kurz los, lassen Sie ihn in einen Bach springen oder werfen Sie einen Ball. Seien Sie locker, aber konzentriert und verlieren Sie Ihr Ziel nicht aus den Augen.

Unsere fitten Vierbeiner

Insgesamt sind unsere Hunde deutlich sportlicher als wir – vorausgesetzt, sie sind weder alt noch übergewichtig oder in der Reha. Hunde sind, mit wenigen spezialisierten Ausnahmen, sowohl Langstreckenläufer als auch Sprinter. Denn beide Fähigkeiten brauchen Wölfe und Wildhunde für ihre Jagd. Mit den Übungen in diesem Buch dürfte Ihr Hund daher keine Probleme haben.

Vorsicht bei Sprungübungen mit jungen Hunden

Bei Welpen und jungen Hunden gilt die Faustregel, dass ein Sprung maximal zwei Drittel der Höhe der Körpergröße haben sollte. Sonst landet er unsauber und es besteht die Gefahr einer Überlastung der Vorderhand. Oftmals machen sich erst Monate oder Jahre später die Konsequenzen infolge von Arthrose und Co. bemerkbar.

Und wenn Sie noch so fleißig sind: An die Leistung Ihres Vierbeiners werden Sie wohl nie herankommen.

Auf Betriebstemperatur: Warm Up!

EIN WARM UP BEREITET DEN KÖRPER AUF DIE NACHFOLGENDE BELASTUNG VOR.

Macht geschmeidig: Mit der Übung „Oben-unten-hinten“ bereiten Sie Ihren Hund auf das nachfolgende Programm vor.

Für ein effektives und gesundes Training müssen Sie Ihren Körper und den Ihres Hundes vorbereiten: Mobilisieren Sie Ihre Gelenke und testen Sie schon einmal locker die Bewegungsabläufe, die Sie im Anschluss gezielt ausführen wollen. Bringen Sie Ihr Herzkreislaufsystem in Gang, indem Sie etwa fünf Minuten locker auf der Stelle sprinten, springen oder joggen. Für Ihren Hund gelten dieselben Spielregeln.

Wenn Sie Ihre Gelenke und Bänder gemeinsam mit Ihrem Hund mobilisieren wollen, dann gibt es einen einfachen Leitfaden: **dreimal oben, dreimal unten, dreimal hinten** und dies für beide Seiten:

- Ausgangsposition: Ihr Hund steht zwischen Ihren Füßen mit der Schnauze nach vorn. Halten Sie neun Leckerlis in der Hand.
- Oben: Halten Sie nun Ihre Hand kurz oberhalb des Bauchnabels, damit sich Ihr Hund strecken muss, Hundebesitzer mit großen Hunden entsprechend höher. Sie selbst schauen auch kurz zum Himmel. Erster Keks!
- Unten: Dann beugen Sie sich tief herunter zu Ihrer Schuhspitze. Ihr Hund folgt Ihnen schon allein aufgrund der Leckerlis. Unten angelangt bekommt er eins. Sie wiederholen diese Bewegung noch zweimal.
- Zwischenschritt: Im Anschluss bewegen Sie Ihren Kopf zur rechten Seite. Ihre Hand bewegt sich dabei auch nach rechts, sodass Ihr Hund mit seinem Kopf folgt. Er bekommt ein Leckerli. Auch dies wiederholen Sie zwei weitere Male.
- Hinten: Nun führen Sie Ihre Hand in einem lockeren Bogen zu Ihrer rechten Schuhspitze und weiter zu Ihren Fersen. Auch hier bekommt Ihr Hund bei jeder Wiederholung sein Leckerli.
- Für die linke Seite fahren Sie in der gleichen Reihenfolge fort.

Es gibt viele Möglichkeiten, um sich und den Hund aufzuwärmen. Langsames Joggen eignet sich hervorragend dafür. Lassen Sie dabei auch ein paar Kehrtwendungen und Winkel mit einfließen. Ein Warm Up lässt sich nicht beliebig lange „konservieren“, es gilt die Faustregel: Fünf Minuten nicht bewegt ist wie gar nicht aufgewärmt!

Sie können Ihren Vierbeiner auch mit lockeren Fingerspitzen abklopfen, mit flachen Händen den ganzen Körper abstreichen oder auch mittels kreisender Massagebewegungen die Blutzirkulation anregen. Und auch für den Menschen gibt es natürlich jede Menge Übungen, um sich aufzuwärmen. Der obige kleine Leitfaden hat sich einfach sehr gut bewährt, um unkompliziert die meisten Gelenke, Muskeln und Bänder zu mobilisieren.

Schön locker: Cool Down

NACH DEM TRAINING
WIRD DER KREISLAUF NORMALISIERT
UND DIE MUSKULATUR GEDEHNT.

Beim sogenannten Cool Down geht es darum, den Körper wieder langsam auf den normalen Betrieb zurück zu fahren. Im Anschluss an Ihr Training sollten Sie sich daher immer zirca zehn Minuten Zeit nehmen und einfach gemeinsam mit Ihrem Hund locker gehen. Achten Sie auf Ihre Atmung: Sie sollten nicht unkontrolliert hecheln! Das ist Ihrem Hund vorbehalten. Und auch dieser soll zum Ende hin wieder eine normale Atmung zeigen.

So dehnen Sie sich:

> Kreisen Sie langsam wie eine Windmühle mit den Armen und ziehen Sie Ihre Knie beim Gehen abwechselnd locker Richtung Bauchnabel oder Ihre Fersen Richtung Po.
> Dehnung der Beinmuskulatur im Stehen: Bewegen Sie Ihre Beine im Gelenk leicht vor und zurück, sodass Sie einen Dehnungsreiz spüren. Mit einem Ausfallschritt nach hinten dehnen Sie die hintere Beinmuskulatur. Mit der Übung „Storch" (auf einem Bein stehen, das freie Bein im Knie anwinkeln und das Fußgelenk mit der Hand zum Gesäß ziehen) dehnen Sie die vordere Beinmuskulatur.

So dehnen Sie Ihren Hund:

> Lassen Sie ihn locker ein paar Diener (Seite 30) machen.
> Toll ist es, wenn sich Ihr Hund auf Kommando hin schütteln kann – das lockert seine Muskeln hervorragend. Alternativ oder zusätzlich klopfen Sie sachte seinen ganzen Körper ab, um seine Muskulatur zu lockern.

Ein Cool Down inklusive Dehnung ist wichtig, damit sich die Muskeln nicht verkürzen. Außerdem wird so die Gefahr, einen Muskelkater zu bekommen, minimiert, denn durch das Dehnen und Lockern werden Stoffwechselabfallprodukte schneller abgebaut. Sollten Sie trotzdem einmal einen Muskelkater bekommen, machen Sie eine Trainingspause und halten Sie den Muskel warm.

Bevor Border Collie Badger es sich gemütlich macht, kommt noch das Cool Down dran.

Sport für den Hund!

Zugtraining

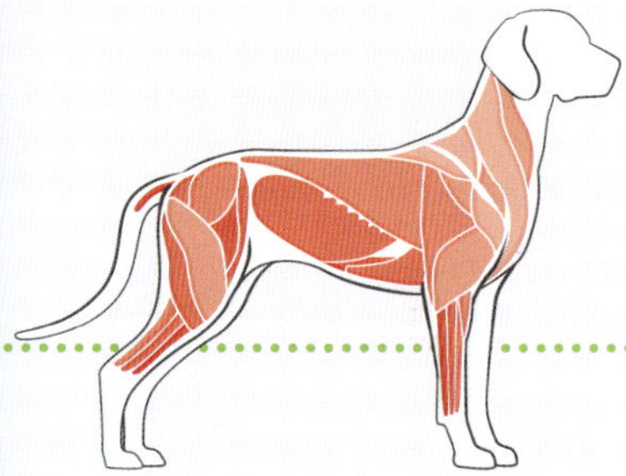

Was wird trainiert?

Zugtraining jeglicher Art eignet sich hervorragend, um die gesamte Muskulatur des Hundes zu stärken. Dabei wird neben der Rumpf- auch die Beinmuskulatur trainiert. Das Zugtraining ist geeignet für alle gesunden Hunde. Bei Hunden mit Arthrose halten Sie vorher bitte Rücksprache mit einem Tierarzt oder Tierphysiotherapeuten.

Das brauchen Sie fürs Training

> Ein gut sitzendes Zuggeschirr
> Eine Zugleine inklusive Dämpfer
> Einen alten Autoreifen
> Ein Fahrzeug (Scooter, Trike, Bollerwagen)

Als „Core-Übungen“ (core = engl. für Kern, Mittelstück) bezeichnet man Trainingseinheiten für die Rumpfmuskulatur. Im Vordergrund stehen hier Kraft- und Halteübungen, die die Balance und Stabilität unserer Vierbeiner trainieren – wie zum Beispiel das Zugtraining.

Und los geht's!

Zugtraining bedeutet, dass der Hund eine mehr oder weniger schwere Last zieht. Wichtig ist, dass Sie diese Last angemessen zum Alter und zur Kondition Ihres Hundes wählen und dass Ihr Hund ein dazu passendes Zuggeschirr trägt. Sie haben die Wahl zwischen Scooter- und Karrentraining. Egal welche Sie wählen – so gewöhnen Sie Ihren Vierbeiner an die ungewohnte Belastung:

> Spannen Sie Ihren Hund mit Geschirr und Zugleine vor einen Autoreifen.
> Locken Sie ihn mit Leckerlies und gutem Zuspruch nach vorn.
> Üben Sie in der ersten Woche einmal zehn Minuten (am Stück). Wer das Training ausbauen will, steigert es auf zwei bis drei Sätze à zehn Minuten, später auf 20 bis 30 Minuten am Stück.

Ach so geht das!
Das Ziehen kann zunächst ohne echten „Anhang“ geübt werden.

Ziehen eines Gefährts am Beispiel eines Trikes

- Spannen Sie Ihren Hund vorn an und bitten Sie eine zweite Person, sich auf das Trike zu stellen.
- Führen Sie Ihren Hund vorsichtig bis ans Ende der Zugleine. Er soll spüren, dass es hier einen Widerstand gibt.
- Nun geben Sie den Befehl „Go!“ und gehen mit Ihrem Hund gemeinsam los.
- Sobald Sie sehen, dass Ihr Hund entspannt ist, tauschen Sie den Platz mit der zweiten Person.

Pleiten, Pech und Pannen

Einige Hunde mögen anfangs die Karrendeichsel nicht, da sie darin relativ stark fixiert sind. Sie können daher zunächst anstelle der Karrendeichsel dicke Seile, Handtücher oder Besenstangen links und rechts am Hundegeschirr festbinden.

Übung Balancieren

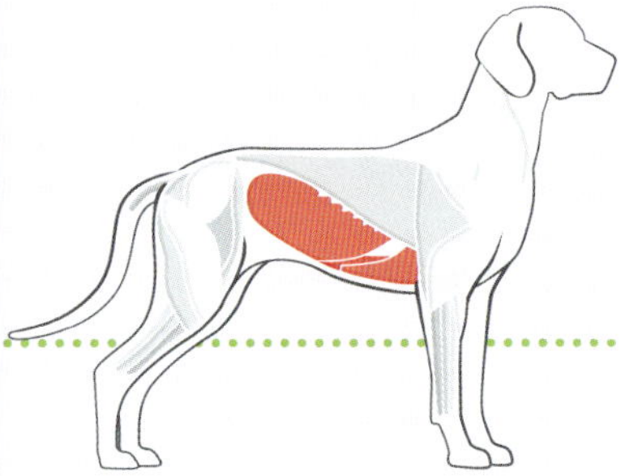

Was wird trainiert?

Beim Balancieren wird die gesamte Haltemuskulatur Ihres Hundes trainiert. Außerdem schulen Sie seinen Gleichgewichtssinn.

Das brauchen Sie fürs Training

> Einen umgefallenen Baumstamm

Ob jung oder alt: alle Hunde balancieren gern. Achten Sie bei rutschigen oder sehr schmalen Baumstämmen darauf, dass Sie Ihren vierbeinigen Sportsfreund ausreichend sichern!

Und los geht's!

Das Ziel: Ihr Hund soll einmal über die gesamte Länge eines umgefallenen Baumstammes laufen. Ein zusätzliches Plus erhält das Balancieren, weil Ihr Hund lernt, Ihnen zu vertrauen: Wenn Sie sagen, dass es ungefährlich ist – dann ist es das auch. Dies heißt allerdings, dass Sie auch wirklich dafür verantwortlich sind, dass Ihrem Hund nichts passiert.

> Locken Sie Ihren Hund mit gutem Zureden und der Aussicht auf eine saftige Belohnung auf einen umgefallenen Baumstamm. Wenn er nicht allein hochkommt, dann helfen Sie ihm, aber nur so wenig wie möglich. Er soll sich wirklich selbst anstrengen! Je mehr Ehrgeiz er entwickelt, umso größer wird das Glücksgefühl bei Ihrem Hund sein, etwas „fast ganz allein“ geschafft zu haben.

> Auf dem Baumstamm angelangt soll Ihr Hund sich dort balancierend fortbewegen. Sie sollten sich dabei zum Absichern parallel zu ihm bewegen.

> Ist Ihr Hund an Futter interessiert, dann können Sie jetzt Leckerlis auf dem Baumstamm verteilen. Eines um das andere. Füttern Sie nicht aus der Hand, Ihr Hund soll sich mit dem Untergrund beschäftigen.

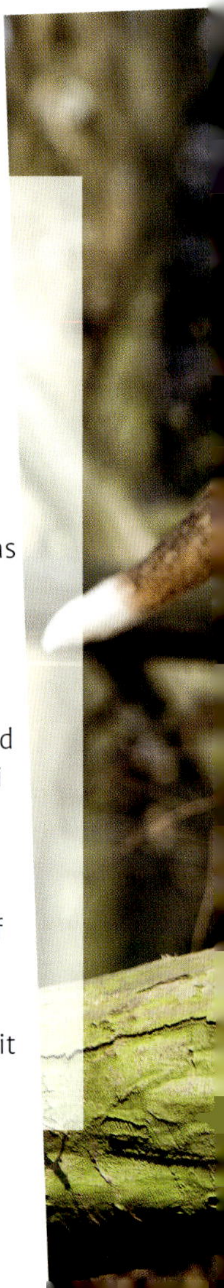

- Haben Sie einen Hund, der nicht auf Futter steht oder am liebsten gleich die ganze Hand nehmen würde, dann lassen Sie das Futter weg. Motivieren Sie Ihren Vierbeiner stattdessen mit Ihrer Stimme zum Weitergehen.
- Stochern Sie interessiert in der Rinde. Auf diese Weise sollte die Neugierde siegen und auch der unmotivierteste Hund lässt sich dazu herab, ein oder zwei Schritte zu gehen, um nachzusehen, was denn da so spannend ist. Voilà! Das ist ein Anfang!

Pleiten, Pech und Pannen

Ist Ihr Hund zu stürmisch und hüpft einfach immer wieder vom Baum? Legen Sie ihm ein Geschirr um und halten Sie ihn daran vorsichtig, aber bestimmt fest. Üben Sie zunächst das ruhige Verhalten auf dem Baumstamm und denken Sie noch nicht an das Balancieren.

Gleich hab ich es! Mit dem Leckerchen fest im Blick ist das Balancieren für Beagle Paul ein Kinderspiel.

Übung

Maus und High

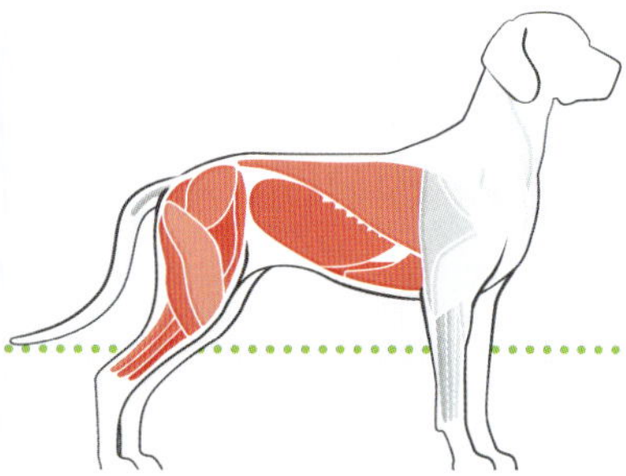

Was wird trainiert?

Sowohl „Maus“ als auch die Variante „High“ stärken das Balancegefühl. Sie kräftigen außerdem die Oberschenkel und die Rückenmuskulatur Ihres Hundes.

Das brauchen Sie fürs Training

> Eventuell eine Ecke zum Anlehnen

Damit sich ein Hund geschmeidig wie eine Raubkatze fortbewegen kann, muss er seine inneren Skelettmuskeln trainieren. Die Übung „Maus“ ist für jeden gesunden Hund zu meistern – das „High“ als aufrechtes Stehen auf den Hinterbeinen dagegen ist eher etwas für leichtere Vierbeiner.

Und los geht’s!

Bei der „Maus“ sitzt der Hund auf dem Po und hebt beide Pfoten in die Luft, ohne sich abzustützen. Die Übung „High“ ist eine Erweiterung der „Maus“, hierbei steht der Vierbeiner auf seinen Hinterläufen.

- Für die „Maus“ sitzt der Hund dicht bei seinem Menschen. Oft ist es hilfreich, wenn der Hund mit dem Rücken zum Menschen sitzt. So kann er dessen Schienbeine im Rücken nutzen, um nicht umzufallen.
- Versuchen Sie den Hund mit Hilfe eines Leckerlies dazu zu bringen, sich ein wenig zu recken. Der Handrücken sollte dabei auf Höhe des Nasenspiegels des Hundes sein.
- Geben Sie ihm das Leckerli genau in dem Moment, indem er sich beginnt zu recken oder auch nur ansatzweise eine Pfote hochnimmt.
- Macht er dies gut, versuchen Sie Ihren Hund vorsichtig ein wenig höher zu locken. Es hat sich für die Balance bewährt, dabei das Leckerli leicht in Richtung Hinterkopf des Vierbeiners zu führen. So kann sich Ihr Hund bald selbst in Balance halten.

> Sie achten darauf, dass Sie ihn genau in dem Moment belohnen, in dem er beide Pfoten oben hat ohne sich anderweitig abzustützen.
> Für ein „High“ lassen Sie Ihren Hund einfach aus der „Maus“ heraus höher kommen. Sollte Ihr Hund zuerst das „High“ erlernen, so beginnen Sie mit ihm am besten aus dem Stand heraus. Der Übungsaufbau ist analog.

Achten Sie beim Training auf kurze Zeiteinheiten, Ihr Hund muss erst allmählich die Muskulatur für diese Haltung aufbauen.

Pleiten, Pech und Pannen

Ist Ihr Hund zu hektisch und springt einfach wild dem Leckerli hinterher? Nehmen Sie ein Leckerli, das er weniger toll findet, aber noch spannend genug, um mitzumachen. Drehen Sie die Handöffnung nach oben und halten Sie sie geschlossen, ohne zu verkrampfen. Gehen Sie insgesamt nicht zu weit von der Schnauze Ihres Hundes weg.

Die Übung „Maus“ kann jeder gesunde Hund erlernen.

Hoch die Pfoten!, heißt es bei der Übung „High“.

Übung

Früchte klauen

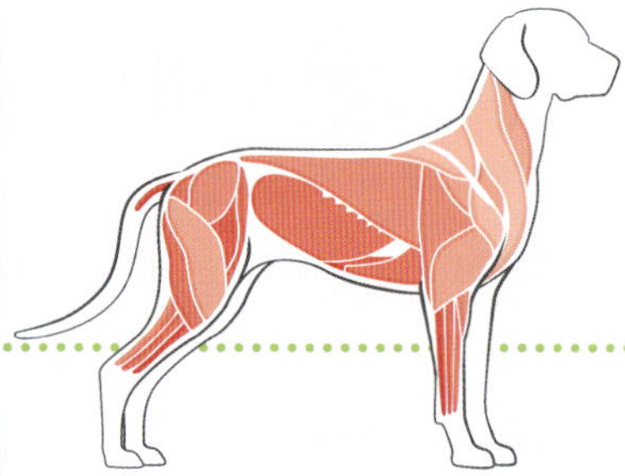

Was wird trainiert?

Trainiert wird die Stabilität der Hinterhand des Hundes. Gleichzeitig dehnt er durch die raumgreifende Streckung auch seinen Schultergürtel.

Das brauchen Sie fürs Training

> Einen Baum

Diese Übung, bei der sich der Vierbeiner mit den Vorderläufen an einem Baumstamm abstützt, wird sehr viele Hunde erfreuen: endlich dürfen sie etwas anspringen!

Und los geht's!

Die perfekte Ausführung der Übung sieht so aus, dass sich Ihr Hund mit den Vorderpfoten so weit oben wie möglich an der Baumrinde anlehnt. Sein Körper ist dabei vollständig gestreckt.

- Zu Anfang führen Sie Ihren Hund möglichst nah an einen Baum heran.
- Locken Sie ihn mit Hilfe eines Leckerlis langsam den Stamm hinauf.
- Alternativ können Sie auch Ihre Hand mit dem Leckerli gleich auf der richtigen Höhe am Stamm platzieren und Ihr Vierbeiner darf direkt an den Stamm springen.
- Auch hier gilt wieder: jeglicher Ansatz in die richtige Richtung wird sofort belohnt! Erst wenn Ihr Hund hoch motiviert ist und eine Idee davon hat, was Sie von ihm wollen, können Sie den Schwierigkeitsgrad erhöhen.

Sehr schön anstrengend wird die Übung, sobald Sie Ihren Hund mit dem Kommando „Bleib!“ einen kurzen oder längeren Moment am Stamm stehen lassen können.

Anstelle eines Baumes können Sie auch eine Mauer oder eine Straßenlaterne nutzen. Hierbei kann ein Targettraining hilfreich sein.

Pleiten, Pech und Pannen

Ihr Hund will die Baumrinde nicht berühren? Dann ist ihm eventuell die Struktur an den Pfoten unangenehm. Üben Sie zunächst das Laufen über verschiedene Bodenbeläge: Planen, Kies, Gitter, Rindenmulch und eben Rinde. Nehmen Sie Zweige, Blätter und dünne Äste und legen Sie sie neben- und übereinander aus.

Streck dich!
Ein Leckerchen hilft Carlos beim Verstehen der Übung.

Übung

Kriechen

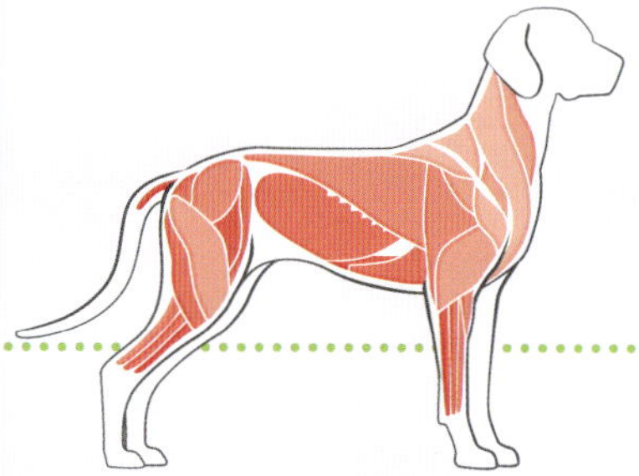

Was wird trainiert?

Beim Kriechen nutzt unser Hund sämtliche Muskeln seines Körpers. Durch die angewinkelten Beine befindet er sich in einem dauerhaften Liegestütz und muss seinen gesamten Körper fest anspannen. Insbesondere die innere Muskulatur, die für Balance und Stabilität unverzichtbar ist, wird beim Kriechen stark gefordert.

Das brauchen Sie fürs Training

> Eventuell eine Decke
> Eventuell einen niedrigen Tisch

Eine längere Zeit zu kriechen kann ganz schön anstrengend für einen Hund sein. Achten Sie daher auf ausreichend viele Pausen, bis sich die Muskulatur Ihres Vierbeiners an diese Bewegungsform gewöhnt hat.

Und los geht's!

Beim Kriechen geht es darum, dass Ihr Hund quasi liegend vorwärts oder rückwärts robbt. Beginnen wir mit der Vorwärtsbewegung:

- Ihr Hund startet stets aus der liegenden Position heraus.
- Halten Sie auf Höhe des Bodens ein Leckerli zwischen seine Vorderbeine.
- Nun ziehen Sie Ihre Hand ein wenig zu sich heran, sodass Ihr Hund seinen Hals strecken muss, um an das Leckerli zu gelangen.
- Wie immer zu Beginn einer neuen Übung wird Ihr Hund bereits bei der kleinsten Bemühung belohnt, damit er hoch motiviert bleibt.
- Beim nächsten Trainingsschritt geht es darum, dass Ihr Hund eine Pfote leicht mit nach vorne nimmt.
- Beim dritten Schritt soll er möglichst beide Vorderpfoten nach vorne setzen.
- In der Regel vergisst er aber seine Hinterbeine: beobachten Sie sie darum!
- Seien Sie geduldig, sonst wird Ihr Hund einfach aufstehen und in geduckter Haltung hinterherkommen. Ist ja auch viel einfacher!
- Auch nur das kleinste Zucken eines Hinterlaufs dürfen Sie sogleich belohnen. Gerade lange und große Hunde benötigen Zeit, um ihre Knochen zu sortieren.
- Hat Ihr Hund einmal begriffen, worum es geht, wird er Ihnen überall hinterher kriechen können.
- Ihre Aufgabe ist es nun, sich ein Wort für die Übung auszudenken und dabei schrittweise immer mehr aufzurichten. Denn das Ziel ist ja, dass Sie selbst stehen können und Ihr Hund alleine unten kriecht.

Pfote für Pfote: Idgie schleicht auf dem Kriegspfad.

Pleiten, Pech und Pannen

Ihr Hund macht einen Ansatz zum Kriechen, springt dann aber wieder auf? Dann suchen Sie sich einen niedrigen Tisch oder einen ähnlichen Gegenstand und lassen Sie Ihren Hund dort drunter durchkriechen. Belohnen Sie ihn immer nur dann, wenn er wirklich kriecht.

Übung

Diener

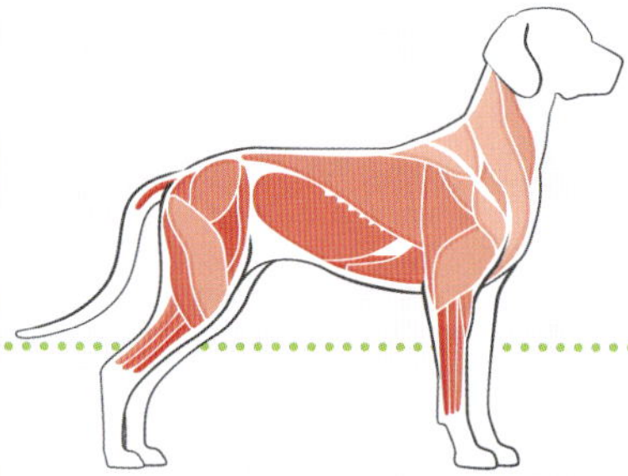

Was wird trainiert?

Der Diener ähnelt dem natürlichen Strecken, das unsere Hunde gelegentlich von sich aus zeigen. Es soll genau dieselbe Wirkung erzielen: Dehnung der Wirbelsäule, der Schultern und aller vier Extremitäten.

Das brauchen Sie fürs Training

> Bei kleineren Hunden: eine Bank oder Mauer

Egal welchen Sport Sie mit Ihrem Hund ausüben – diese Übung sollte stets mit im Programm sein, denn sie tut ungemein gut! Beim Diener geht der Hund vorn herunter und streckt seinen Po in die Höhe. Manche Vierbeiner verwechseln diese Übung leicht mit dem Platzkommando. Dies können Sie verhindern, indem Sie auf einen sauberen Trainingsaufbau achten und Ihren Hund nie im Liegen belohnen.

Und los geht's!

Beibringen können Sie den Diener auf zwei unterschiedlichen Wegen: Bei dem einen warten Sie mit einem Clicker in der Hand darauf, dass Ihr Vierbeiner durch Zufall die gewünschte Bewegung von sich aus zeigt – dann clicken und belohnen Sie sie sofort. Der andere Trainingsaufbau geht wie folgt:

> Der Hund steht seitlich zu Ihnen.
> Halten Sie locker die eine Hand unter den Bauch (nicht die Brust!) Ihres Hundes.
> Mit der anderen Hand und einem Leckerli darin locken Sie die Hundenase unter seine Brust.
> Diese Geste erinnert die meisten Hunde an das Kommando Platz. Mit der Hand unter seinem Bauch hindern Sie ihn daran, sich komplett hinzulegen.
> Wie immer belohnen Sie zu Beginn die kleinste Bewegung (Nase runter, Vorderbeine leicht gesenkt).
> Als Ziel verbeugt sich Ihr Hund auf Kommando und bleibt in dieser Position, bis Sie etwas anderes sagen.

Zum Dehnen sollte der Vierbeiner lernen, die Position einen Moment zu halten. Für den Muskelaufbau kann die Übung in lockerer Reihenfolge mit zum Beispiel Sitz, Platz und Steh kombiniert werden.

Seien Sie kreativ: trainieren Sie auf einem Treppenaufgang, lassen Sie Ihren Hund einen Diener auf einem Trampolin machen oder auf einem Schaukelbrett. Stellen Sie zwei stabile Kisten auf, eine für die Vorderbeine und eine für die Hinterläufe. Beachten Sie dabei immer die Sicherheit Ihres Hundes!

Pleiten, Pech und Pannen

Hunde, die sich konsequent hinlegen wollen, lernen den Diener leichter, wenn man zu Beginn die Bewegung „leichter Diener – Steh" belohnt. Dies mag zunächst falsch anmuten. Dadurch jedoch, dass die Aufwärtsbewegung betont wird, ist diesen Kandidaten die Möglichkeit des Sich-Hinlegens weniger bewusst.

Bravo! Schäferhündin Narnia zeigt den Diener auf einer liegenden Röhre.

Übung

Winken

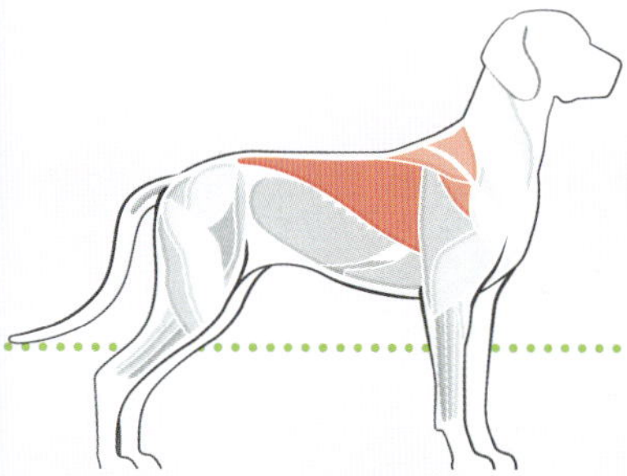

Was wird trainiert?

Das Winken dient vor allem der Aktivierung der Schultermuskulatur.

Das Winken gibt selbst dem großen Carlos ein drolliges Aussehen.

Das brauchen Sie fürs Training
> Nichts, außer Leckerlies

Kleine Übung, große Wirkung: Ein winkender Hund erfreut jeden Besucher! Zunächst bringen Sie Ihrem Hund das Pfotegeben bei.

Und los geht's!
> Ihr Hund macht vor Ihnen Sitz, Sie nehmen ein Leckerli in die geschlossen Hand.
> Diese Hand halten Sie Ihrem Hund gerade eben außerhalb der Reichweite seiner Vorderpfoten über die Nase.
> Aus dem Betteltrieb heraus wird er ein wenig eine Pfote heben – und schon hat er Erfolg und bekommt sein Leckerchen.
> Funktioniert dies gut, warten Sie mit der Gabe des Leckerchen ein wenig länger. Ihr Hund wird sich mächtig ins Zeug legen, um an den Keks zu kommen und versuchen, Ihre Hand irgendwie mit der Pfote zu berühren.

Prima Pausenprogramm: Buddeln!

> Haben Sie gut aufgepasst und Ihre Hand gerade eben außerhalb seines Bewegungsradius positioniert, dann haben Sie jetzt schon ein Winken erreicht, denn er trifft ja ins Leere.
> Arbeiten Sie nun zwei verschiedene Handzeichen heraus: eine offene Hand zum Abklatschen und eine hohe senkrechte Hand zum Winken.

Versuchen Sie dem Impuls zu widerstehen, Ihren Hund stets nach einer einzelnen Pfotenbewegung das Kommando erneut zu erteilen. Warten Sie lieber ab, ob er nicht von selbst ein zweites oder auch drittes Mal ansetzt. Ansonsten verfestigt sich im Hundekopf die Vorstellung, dass das Kommando beutet, nur einmal zu winken. Sie müssten dann stets das Kommando wiederholen, damit Ihr Hund ein weiteres Mal winkt. Wenn möglich, üben Sie beide Seiten: linke Pfote und rechte Pfote.

Sie haben alle Hände voll zu tun mit Liegestützen und ähnlichen Dingen? Dann verstecken Sie Ihrem Hund den Futterdummy oder ein Spielzeug im Sand oder in lockerer Erde und er muss nach ihm buddeln. Erst nahe unterhalb der Oberfläche und dann immer tiefer, damit er sich verausgaben kann. Die Bewegung des Buddelns ähnelt dem Winken.

Pleiten, Pech und Pannen
Ihr Hund sitzt wie ein Baum auf seinen Pfoten und denkt gar nicht daran, sie auch nur einen Millimeter zu bewegen? In diesem Fall dürfen Sie Ihren Hund gern an der Pfote kitzeln und diese auch selbst hochnehmen. Sobald diese – aus welchen Gründen auch immer – in der Luft ist, wird sofort belohnt.

Übung

Twissel und Turn

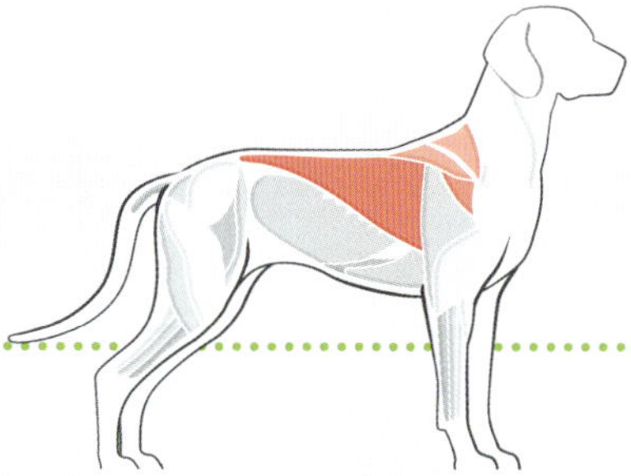

Was wird trainiert?

Diese Übung dient dazu, die Wirbelsäule des Hundes zu mobilisieren. Außerdem können Sie sie zum Dehnen nutzen. Darüber ist „Twissel/Turn“ sehr gut geeignet für das Warm Up und Cool Down.

Das brauchen Sie fürs Training

> Geduld, ein gutes Gefühl fürs Timing und Leckerchen

Bei einem Twissel bzw. Turn soll sich Ihr Vierbeiner links- beziehungsweise rechtsherum um die eigene Achse drehen. Wir beginnen mit dem Twissel.

Und los geht's!

> Ihr Hund befindet sich auf Ihrer linken Seite. Sie sind mit einem Leckerli in Ihrer linken Hand bewaffnet.

> Führen Sie Ihren Vierbeiner an der Nase in einem großen Kreis links von Ihrem Bein weg und wieder in die Fuß-Position.

> Wenn es Ihnen und Ihrem Hund einfacher fällt, dann dürfen Sie gern dabei ein, zwei Schritte nach vorn gehen.

- Wichtig ist, dass Sie Ihrem vierbeinigen Sportpartner die Chance geben, Ihrer Hand nah zu folgen. Denn er weiß ja am Anfang gar nicht, wohin die Reise gehen soll.
- Ist die Linksdrehung geschafft, dann trainieren Sie diese vor sich und an Ihrer rechten Seite, um flexibel sein zu können.
- Probieren Sie die Rechtsdrehung nach demselben Prinzip aus. Aber Vorsicht: Denken Sie daran, dass dies für Ihren Hund eine völlig neue Übung ist! Gehen Sie also genauso sorgfältig vor wie bei der Linksdrehung.

Ein hilfreicher Trick ist es, ein Leckerli ein kleines Stückchen vor den Hund auf den Boden zu werfen. Auf diese Weise muss er sich zusätzlich noch ein bisschen weiter bewegen.

Pleiten, Pech und Pannen

Ihr Hund versteht die „Reiseroute" nicht, bewegt nur den Kopf nach links und sonst gar nichts? Dann arbeiten Sie gedanklich in kleinen Tortenstücken: Zunächst muss er nur den Kopf zur Seite nehmen. Klappt dies zuverlässig, dann soll er auch eine Vorderpfote bewegen und so weiter.

Jetzt abbiegen: Das Leckerchen in der Hand zeigt den Weg.

Übung

Slalom durch die Beine

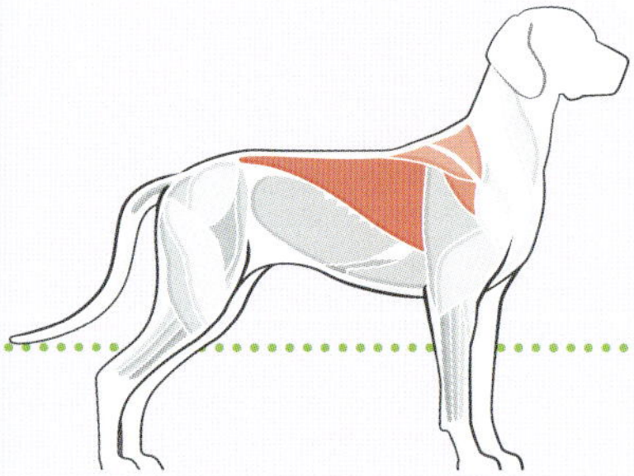

Was wird trainiert?

Auch diese Übung dient dazu, die Wirbelsäule des Hundes zu mobilisieren. So ist er optimal auf weitere Aktivitäten vorbereitet.

Das brauchen Sie fürs Training

> Gleichgewichtssinn und Leckerchen

Diese Übung ist sowohl für Ihren Hund als auch für Sie ein gutes Training! Sie können Ihren Vierbeiner um Bäume, Pfähle, Eimer, Plastikflaschen und andere Dinge laufen lassen. Ich beschreibe im Folgenden die Variante durch die Beine während Sie sich fortbewegen und der Hund die Seiten wechselt.

Und los geht's!

- Der Hund befindet sich links von Ihnen in der Fuß-Position. In beiden Händen halten Sie Leckerlis.
- Sie nehmen den rechten Fuß vor und locken Ihren Hund durch Ihre Beine hindurch.
- Dann nehmen Sie den linken Fuß vor und locken den Hund von rechts nach links zwischen Ihren Beinen hindurch.

Ihr Schritt nach vorn sollte standfest und groß genug sein, damit der Hund auch durch die Beinlücke passt. Manche Vierbeiner brauchen etwas mehr Mut, unter einem Bein hindurch zu tauchen. Strauchelt der Mensch just in dem Moment, ist das natürlich nicht förderlich. Im Zweifel halten Sie sich mit einer Hand irgendwo fest.

Ihre Hand sollte den Weg beschreiben, den auch die Hundenase gehen soll. Sie beginnen also auf Schulterhöhe Ihres Hundes, gehen tiefer durch Ihre Beine hindurch, um dann wieder schulterhoch zu enden. Auf diese Weise erlernt Ihr Hund eine aufrechte Haltung.

Eine Faustregel besagt: wenn ein Hund eine Übung fünf Mal hintereinander zu 100 Prozent absolviert hat, dann kann diese Übung auf ein schwierigeres Niveau angehoben werden. Zunächst belohnen Sie jeden Seitenwechsel, später nur noch gelegentlich.

Für kleine Hunde lohnt sich ein Targettraining, damit der ganze Sport nicht den eigenen Rücken ruiniert. Ist der eigene kleine Hund an das Berühren eines Stabes mit der Nase gewöhnt, können Sie Ihren Rücken gerade lassen und Ihren Hund trotzdem durch das Bein-Labyrinth führen.

Pleiten, Pech und Pannen

Wenn Ihr Hund absolut nicht unter Ihrem Bein hindurchlaufen will, können Sie ein Leckerli über den Boden kullern lassen – dadurch wird es deutlich interessanter. Nützt dies auch nichts, setzen Sie sich dabei auf eine Stuhlkante, um Ihrem Hund die Situation angenehmer zu gestalten. Sie üben dann nur das Hindurchtauchen.

So ein Border Collie wie Touch passt prima unter den Beinen durch.

Übung

Rückwärtstraining

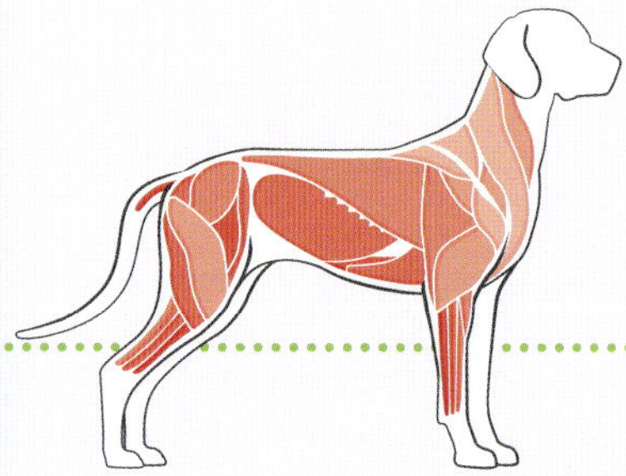

Was wird trainiert?

Ein absoluter Pluspunkt des Rückwärtstrainings ist, dass Ihr Hund wirklich jeden einzelnen Muskel benutzt und wahrnimmt. Insbesondere bei Hunden im Wachstum fördert dieses Training die Motorik und das Bewusstsein für die eigenen Hinterläufe.

Das brauchen Sie fürs Training

> Eine ebene, gerade Strecke
> Verschiedene Hindernisse wie Äste, Holzstapel, Baumstämme

Das Rückwärtstraining ist für alle Hunde geeignet. Das Schöne ist, dass es einfach aufgebaut und problemlos nach und nach anspruchsvoller gestaltet werden kann. Wichtig dabei ist ein gesundes Augenmaß für die korrekte Ausführung und die Sicherheit Ihres Vierbeiners.

Und los geht's!

Beim Rückwärtstraining geht es darum, dass der Hund Hindernisse im Rückwärtsgang bewältigt.

> Ihr Hund steht frontal zu Ihnen, Sie halten ein Leckerli in der einen Hand. Die andere Hand ist hinter Ihrem Rücken „festgeschraubt".
> Das Leckerli führen Sie nun in einem sanften Bogen von seiner Nase unter sein Kinn gen Brustkorb. Dabei sollte er jetzt den Kopf neigen und – um besser an das Leckerchen heranzukommen – auch einen halben Schritt nach hinten machen. Sofort belohnen!
> Nun ist der richtige Zeitpunkt, um ihn tatsächlich ein oder auch zwei Schritte rückwärtsgehen zu lassen. Dann reihen Sie je nach Trainingsstand jeweils einen Schritt daran.
> Sobald Ihr Hund ein paar Rückwärtsschritte kann, bauen Sie ein kleines Hindernis hinter ihm auf: ein dickes Buch, einen stabilen Ast oder eine kleine Treppe. Versuchen Sie, ihn langsam rückwärts darüber laufen zu lassen.
> Bauen Sie einen kleinen Parcours auf! Ihrem Vierbeiner geben Sie Sicherheit, indem Sie ihm folgen.

Damit der Hund lernt, schön gerade rückwärts zu laufen, können Sie mit Begrenzungen üben, zum Beispiel einer Hauswand oder einem Zaun.

Eine Variante des Rückwärtstrainings heißt „Back Up“, hierbei läuft der Vierbeiner rückwärts über Möbel und sogar mit den Hinterläufen eine Wand hinauf – bis der Po oben ist, also back: up!

Pleiten, Pech und Pannen

Ihr Hund bewegt sich keinen Millimeter? Dann versuchen Sie, das Leckerli oberhalb der Rückenlinie an seiner Schulter vorbeizuführen. Oder Sie nehmen in beide Hände ein Leckerli und führen sie jeweils links- und rechtsseitig am Fang entlang. Manchmal hilft es auch, den Hund vorsichtig mit dem eigenen Körper zu bedrängen.

Rückwärts mit dem Po nach oben: Back Up!

Übung

Äste tragen

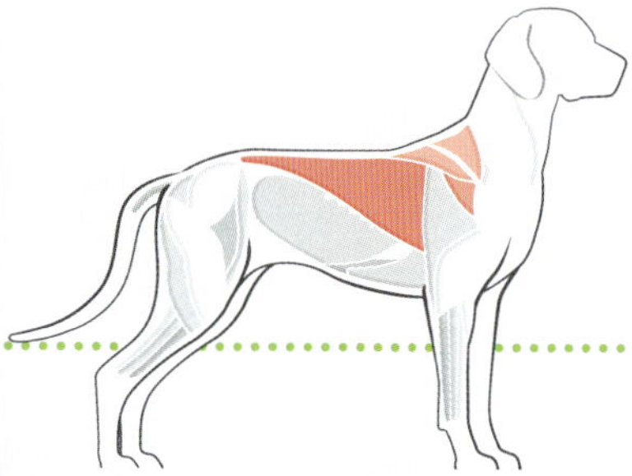

Was wird trainiert?

Eine gute Nackenmuskulatur ist wichtig, um Halswirbelverletzungen vorzubeugen. Zusammen mit einem starken Schultergürtel sorgt sie für eine feste Front, um nach Sprüngen sicher landen zu können.

Das brauchen Sie fürs Training

> Einen Ast, den Ihr Hund apportieren kann

Gemeinsam große Brocken zu tragen macht besonders viel Spaß.

Labrador Bailey muss sich erst ein Trainingsobjekt „herstellen“. Ihre Nackenmuskulatur freut's!

Kraftvoll abzuspringen will gelernt sein, verletzungsfrei aufzukommen noch viel mehr. Viele Sportverletzungen entstehen bei motivierten Hunden, die zwar voller Elan, aber ohne Konzentration und Körperspannung loslegen. Die Übung „Äste tragen“ wirkt diesen Verletzungen entgegen und wird die Nackenmuskulatur Ihres Vierbeiners wachsen lassen – ebenso wie Ihre Freundschaft zu ihm.

Und los geht's!

Hunde können ihre Nackenmuskulatur sehr gut trainieren, indem sie schwerere Gegenstände tragen. Warum nicht einmal einen halben Baumstamm? Motivation ist alles! Ihr Hund hat Spaß und wird alles geben, wenn Sie ihn anfeuern. Weil Ihr Hund mit allem, was er zu bieten hat, versucht den „schweren Brocken“ anzugehen und seiner habhaft zu werden, stärkt diese Übung zugleich auch alle anderen Muskeln. Sie können ihm auch einen Ast anbieten, den er gerade noch hochheben kann, um ihn ein paar Meter zu schleppen.

> Ist der Beutetrieb wenig ausgeprägt, dann befestigen Sie ein Seil am Ast und ziehen ihn von Ihrem Hund weg hinter sich her.
> Sollte er sich dem Ast nähern, freuen Sie sich mit ihm. Er darf ihn gern beschnuppern. Sie können den Ast auch zucken lassen, als ob er leben würde!
> Hat er den Ast endlich im Maul, dann ermuntern Sie ihn dazu, Ihnen zu folgen.
> Vermeiden Sie es, die Beute gleich anfassen zu wollen. Ihr Hund wird sie vermutlich fallen lassen, weil es ja eigentlich die Ihre ist – und der Funken ist erloschen.
> Dasselbe gilt, wenn Sie statt des „Anleinens“ den Ast wegwerfen, um ihn für Ihren Hund interessant zu machen.

Sie haben nicht die Möglichkeit, Ihrem Hund einen dicken Ast anzubieten, den er schleppen könnte? Alternativ können Sie einen alten Rucksack mit Büchern füllen, den er stattdessen tragen darf.

Pleiten, Pech und Pannen

Ihr Hund interessiert sich nicht für Äste? Es gibt Hunde mit empfindlicheren Zähnen, ganz wie bei uns Menschen. Nehmen Sie einfach einen alten Fleeceschal oder ähnliches, wickeln Sie diesen um den Ast und bieten Sie Ihrem Hund diese Beute an. Sie können auch mit seinem Lieblingsspielzeug oder einem dicken Knochen beginnen.

Übung

Über etwas springen

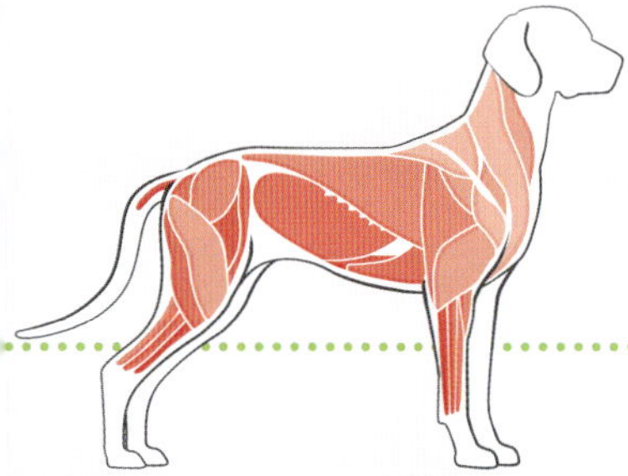

Was wird trainiert?

Alle Extremitäten und die umgebende Muskulatur werden beansprucht: Beim Absprung aktiviert der Hund seine Hinterhandmuskulatur. Beim Landen nimmt er mittels der Muskulatur der Vorderhand die Kraft des Absprungs federnd auf.

Das brauchen Sie fürs Training

> Ein standsicheres Hindernis ohne scharfe Ecken und Kanten in einer angemessenen Höhe

Schnelle flache Sprünge sind ebenso möglich wie ...

... hohe steile. Achten Sie immer auf eine saubere Landung!

> Locken Sie ihn nun mit Hilfe eines Spielzeugs oder eines Leckerlis in der Hand über das Hindernis. Beschreiben Sie dabei mit Ihrer Hand die gewünschte „Flugbahn" Ihres Hundes.
> Gehen Sie während des Sprungs etwas rückwärts, damit Ihr Hund genug Platz zum Landen hat.
> Perfekt ist zu Beginn eine Hindernishöhe, die der Hund nicht überlaufen kann. Der tiefste Punkt des Brustkorbes Ihres Hundes wird sich als erste Höhe gut bewähren. Sukzessive kann das Hindernis dann höher werden. Bleiben Sie dabei realistisch: Ziel ist das freie Überspringen, kein Klettern!
> Kann Ihr Hund auf diese Weise zu Ihnen herüberspringen, wird es Zeit für den nächsten Schritt.
> Nun versuchen Sie, mit ihm gemeinsam über das Hindernis zu springen. Probieren Sie außerdem, ihn springen zu lassen und selbst außen vorbei zu laufen. Auf diese Weise bereiten Sie Ihren Hund auf die unterschiedlichsten Sprungvariationen vor.

Das Springen ist geeignet für alle gesunden Hunde. Achten Sie bei jungen und alten Vierbeinern auf eine moderate Höhe.

Und los geht's!

Beim Springen soll der Hund ein Hindernis überwinden, ohne es dabei zu berühren. So bauen Sie diese Übung auf:

> Sie und Ihr Hund stehen sich gegenüber.
> Zwischen Ihnen liegt ein niedriges Hindernis. Dieses sollte möglichst nicht zu schmal sein, damit Ihr Hund nicht einfach außen herum geht.

Ihr Hund kann auch über Ihren Arm, Ihr Bein, Ihren Rücken, einen anderen Hund, einen waagerecht gewachsenen Ast oder auch einen umgekippten Baumstamm springen. Oder Sie lassen ihn einen Weitsprung über einen Bach machen.

Pleiten, Pech und Pannen

Ihr Hund will nicht springen? Nehmen Sie einen Besenstiel und legen Sie ihn ins Gras oder auf einen Teppich. Nun beginnen Sie damit, dass Sie Ihren Hund an der Leine über den Besenstil führen. Auf der anderen Seite erwartet ihn eine außerordentliche Belohnung. Nun erhöhen Sie Zentimeter für Zentimeter den Stiel.

Übung

Auf etwas springen

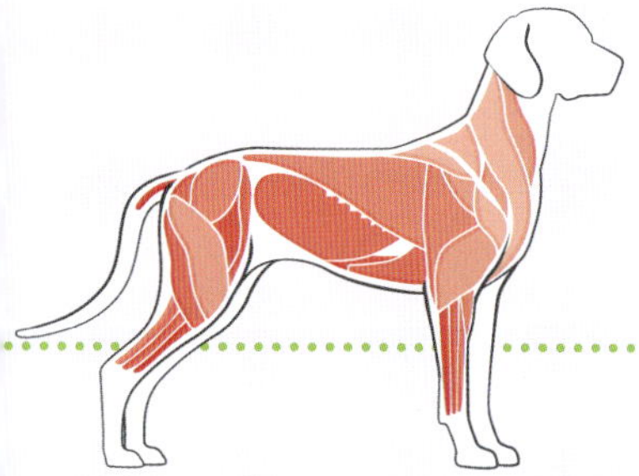

Was wird trainiert?

Auf einen höheren Gegenstand zu springen und sich dann sogar noch etwas hochziehen zu müssen ist eine hervorragende Ganzkörperübung, die zudem die Balance schult.

Ebenso wie bei der Übung „Über etwas springen" ist „Auf etwas springen" geeignet für alle gesunden Hunde. Achten Sie beim jungen sowie beim älteren Vierbeiner auf eine ausreichende Unterstützung der Hinterhand. Legen Sie ruhig Hand am Hundepopo an!

Das brauchen Sie fürs Training

> Ein erhöhtes, sicheres Hindernis wie einen Holzstapel oder Strohballen

Und los geht's!

Wann immer beim Spazierengehen möglich, lassen Sie Ihren Hund auf Erhöhungen wie etwa einen Holzstapel springen. Fordern Sie ihn auf, über Baumstämme zu balancieren und auf Mauern herumzuturnen.

> Legen Sie ein Spielzeug oder ein paar Leckerlies auf einen dicken, umgestürzten Stamm oder einen höheren Mauervorsprung und motivieren Sie Ihren Hund, sich diese Belohnung zu holen.
> Die Höhe sollte so ausgewählt werden, dass Ihr Hund sein Ziel leicht erreichen kann.
> Sobald er dies sicher beherrscht, können Sie die Höhe variieren.
> Bei Bedarf helfen Sie ihm einfach, indem Sie ihn das letzte Stückchen hoch schieben. Oftmals reicht die bewährte Räuberleiter aus Kindertagen.
> Ist Ihr Hund oben angekommen, werden Sie ein breites Grinsen bei ihm erkennen – seien Sie stolz auf ihn!

Bei jungen und älteren Hunden ist es hilfreich, diese Übung zu zweit zu machen: Die eine Person klettert auf das Hindernis und die zweite hilft dem Hund. Kann Ihr Senior seine Hinterhand

Endlich oben! Ist der Hund nicht zu schwer, taugt als Hindernis auch der Mensch.

tatsächlich nur noch wenig belasten und Sie haben nicht die Möglichkeit, Ihrem Neufundländerrüden auf die Anhöhe zu helfen, suchen Sie sich natürliche Treppenstufen. Einen Stapel mit gefällten Bäumen (auf Sicherheit achten!) kann Ihr Hund zum Beispiel auch von der Seite erklimmen.

Hat ein Vierbeiner gesundheitliche Probleme mit seinem Schulter- oder Pfotenwurzelgelenk, so kann dieses oft trotzdem durch Zugkraft wie beim Klettern positiv aktiviert werden – natürlich immer nach Rücksprache mit ihrem Tierarzt oder Physiotherapeuten.

Pleiten, Pech und Pannen

Ihr Hund traut sich nicht so recht auf das Hindernis? Da Sie sein Vorbild sind, gehen Sie ihm voran. Der Wunsch, nach oben zu gelangen, wird jetzt größer sein. Und oben warten Sie als Super-Jackpot! Wenn Sie möchten, legen Sie Ihrem Kletterer ein Geschirr mit längerer Leine an. Auf diese Weise können Sie Ihrem Hund helfen, zu Ihnen hochzukommen.

Einen kniffeligen, steilen Hang hinaufzuklettern ist für die meisten Vierbeiner ein Rießenspaß.

Nasenarbeit

NICHT NUR DAS LAUFEN FÖRDERT DIE KONDITION UNSERER VIERBEINER – HIER FINDEN SIE ALTERNATIVEN!

So schnüffelt er richtig

Natürlich trainiert gleichmäßiges Laufen die Kondition unserer Vierbeiner. Aber auch intensives Schnüffeln ist so anstrengend für das Nasentier Hund, dass es einer körperlichen Leistung gleichzusetzen ist. Nasenarbeit ist für jeden Hund geeignet – egal, ob jung oder alt, mit Zähnen oder ohne, mit langer Nase oder auch kurzer. Nasenarbeit ist ein Grundbedürfnis von Hunden.

Wo darf ich meine Nase jetzt reinstecken? Für Dackel Max ist Nasenarbeit ein ganz besonderes Vergnügen.

Aber auch hier gilt, dass der Mensch auf das richtige Maß Acht geben sollte.

Nasenarbeit ist eine sehr gute Möglichkeit, Ihren Hund geistig und körperlich auszulasten. Denn hierbei nutzt der Vierbeiner die sogenannte Kombiatmung: atmen und riechen gleichzeitig – zeitsparend und sehr effektiv! Egal, ob Sie kleine Suchspiele mit Futter in der Wohnung starten, Geruchsunterscheidungen trainieren (zum Beispiel verschiedene Teesorten), Sie Ihren Hund einen Dummy suchen lassen oder mit ihm Mantrailing machen: Ihr Hund wird bei der Nasenarbeit Spaß haben und fit werden. Diese Art der Auslastung ist auch besonders gut geeignet, um junge Hunde aufzubauen und alte Hunde weiterhin zu fordern. Für die meisten Hunde sind 20 Minuten Nasenarbeit mehr als genug. Aber Ihr Schnüffelmeister zeigt ihnen schon, wie lange er möchte – sei es kürzer oder länger.

Es gibt viele Bücher darüber, wie Sie Ihrem Hund die verschiedenen Formen des Suchens beibringen können. Alle zu beschreiben sprengt den Rahmen dieses Buches. Ich will Ihnen an dieser Stelle eine Kurzanleitung zur Dummysuche geben. Ein Dummy ist ein Futterbeutel, den es in unterschiedlichen Größen und aus unterschiedlichen Materialien gibt. Für weitere Informationen können Sie gern meine Internetseite besuchen!

Bei der Dummysuche, wie auch im Allgemeinen bei der Nasenarbeit, geht es darum, dass Ihr Hund etwas mit seiner Nase findet – das kann ein Gegenstand, eine Person oder auch „nur“ ein Geruch sein. Und zwar möglichst ganz allein, ohne Ihre Hilfe.

Übung

Dummytraining

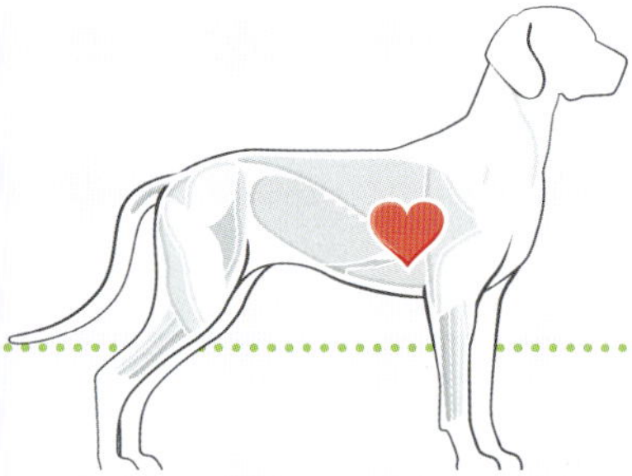

Was wird trainiert?

Mit dem Dummytraining trainieren Sie das Herzkreislauf-System. Außerdem ist es ein schönes Teamwork mit Ihrem Hund.

Achtung, gleich wird gesucht!

Das Dummytraining kombiniert die Nasenarbeit mit dem Apportieren. Diese Übung ist eine Paradedisziplin für die Retriever-Rassen! Aber auch die meisten anderen Hunde haben Spaß daran.

Das brauchen Sie fürs Training

> Einen Futterdummy oder ein Täschchen, in dem Sie Futter verstecken können
> Alternativ ein Spielzeug

Und los geht's!

> Zuerst müssen Sie Ihren Sportfreund davon überzeugen, dass so ein Dummy wirklich total spannend und aufregend ist. Dann lassen Sie den Vierbeiner neben sich sitzen. Nun können Sie in zwei Schritten weitermachen:
> Ihr Hund kann bereits unter Ablenkung gut sitzen bleiben: Gehen Sie ein paar Schritte von ihm weg und verstecken Sie den Dummy im hohen Gras oder hinter einem Baumstamm.
> Ihr Hund kann noch nicht unter Ablenkung sitzen bleiben: Binden Sie Ihren „Suchhund“ entweder irgendwo fest oder halten Sie ihn locker am Halsband und werfen den Dummy ins hohe Gras oder hinter einen Busch.

> Wichtig ist, dass er erst loslaufen darf, wenn er Blickkontakt mit Ihnen aufgenommen hat. Dann darf er endlich suchen. Die meisten Menschen nehmen das Kommando „Such!“.
> Einmal losgeschickt geben Sie Ihrem Hund ausreichend Zeit, um den Dummy eigenständig zu finden. Lassen Sie ihn ruhig ein wenig schwitzen.
> Hat Ihr Vierbeiner den Dummy gefunden, soll er ihn zu Ihnen bringen. Dort geht es dann ans „Geschenke auspacken“: der Dummy wird geöffnet und der Hund darf den Inhalt fressen. Diese Highlight-Belohnung behalten Sie eine ganze Weile bei, damit Ihr Hund auch unter großer Ablenkung (Wild, andere Hunde, Pilzsammler) immer noch großes Interesse hat, den Dummy zu suchen und zu finden.

Für alle Trainingseinheiten, besonders am Anfang, gilt: Nehmen Sie Ihrem Hund den Dummy nicht sofort weg, sondern laufen Sie gemeinsam ein paar Meter. So verliert Ihr Hund die Sorge, der Dummy gehörte allein Ihnen.

Pleiten, Pech und Pannen

Ihr Hund hat Interesse am Dummy, findet ihn auch, bringt ihn aber nicht zurück? Binden Sie einfach eine lange dünne Schnur an den Dummy. Sobald Ihr Hund seine Beute hat, loben Sie ihn tüchtig und ziehen nun langsam die Schnur zu sich heran. So kann der Spitzbube nicht mehr damit weglaufen.

Übung
Ausdauertraining

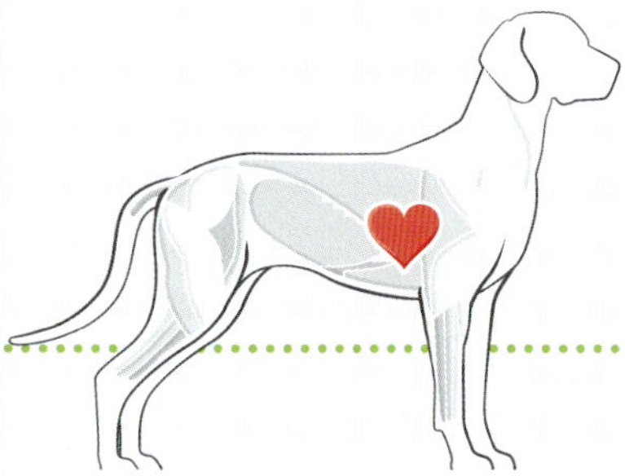

Was wird trainiert?
Sie bringen das Herzkreislaufsystem Ihres Hundes auf Touren und stärken seine Kondition.

Wenn Sie die folgenden Tipps beachten, kann jeder gesunde Hund Joggen, Fahrradfahren und Schwimmen.

Das brauchen Sie fürs Training
> Eine 2-Meter-Leine
> Joggingbekleidung
> Ein Fahrrad
> Einen See oder Bach

Und los geht's!
Unsere Vierbeiner sind von Haus aus Ausdauersportler, daher sind Joggen, Fahrradfahren und Schwimmen gute und passende Beschäftigungen für sie. Langstrecken sind für den Hund am besten trabend oder im langsamen Galopp zu bewältigen. Kurze Sprinteinlagen sind sehr gut über Pendel- und Tempoläufe im schnellen Galopp zu trainieren. Sie können mit Ihrem Hund im Freilauf oder an der Leine trainieren. So sieht das Grundtraining zum angeleinten Mitlaufen aus:
> Ihr Hund sollte wissen, dass er an lockerer Leine neben Ihnen laufen soll. Nehmen Sie hierzu eine etwa zwei Meter lange Leine, die Sie auf einen Meter kürzen können und beginnen Sie zu Fuß.
> Sie weisen Ihrem Hund explizit den Platz an Ihrer Seite zu.
> Versucht er auszubrechen und zu ziehen, nehmen Sie ihn zurück und drängen ihn sanft ein bis zwei Meter zurück. Zu Beginn erfordert dies ein wenig Geschick und Geduld.
> Ist er einen Moment lang artig, so lassen Sie die Leine lang und erlauben Sie ihm als Belohnung das Beinheben und Schnüffeln.
> Er wird rasch lernen, an kurzer Leine neben Ihnen zu laufen und die lange Leine als Zeichen zum Schnüffeln zu verstehen.

> Probieren Sie unterschiedliche Geschwindigkeiten aus.
> Beginnen Sie „bei guter Führung" mit einem Intervalltraining.

Auch Schwimmen ist für Hunde eine tolle Fitnessübung. Es stärkt die Muskulatur und schmiert die Gelenke, ohne sie zu belasten. Schwimmen eignet sich darum hervorragend für (noch) übergewichtige Hunde und Hunde im Genesungsprozess.

Pleiten, Pech und Pannen

Ihr Hund ist schlichtweg außer Rand und Band, sobald Sie das Fahrrad oder die Laufschuhe holen? Wenn der Vierbeiner zieht und beim Laufen Theater macht, stoppen Sie sämtliche Bewegungen und weisen Sie ihm seinen Platz an Ihrer Seite zu. Hat er sich für einen Moment beruhigt, laufen oder fahren Sie wieder los. Verliert er erneut die Kontrolle, stoppen Sie wieder.

Das Joggen mit einem freilaufenden, wohlerzogenen Hund ist Entspannung pur.

Jetzt schwitzen die Zweibeiner!

Aufsprung

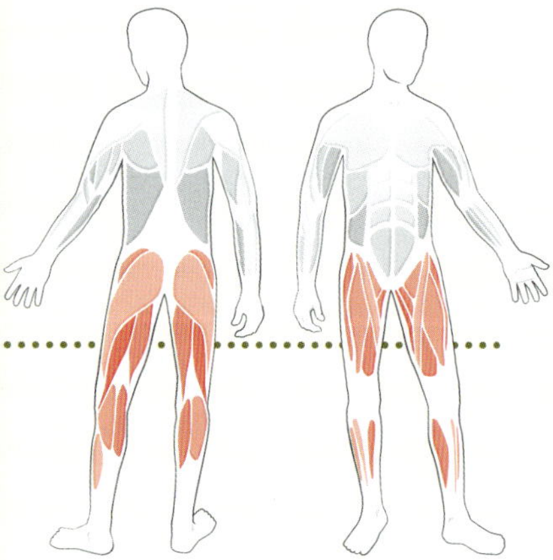

Was wird trainiert?

Sie trainieren Ihre Körperspannung und die Fähigkeit, kraftvoll abzuspringen und sicher zu landen. Sie werden eine kräftige Oberschenkel- und eine straffe Gesäßmuskulatur entwickeln. Außerdem wird Ihr Gleichgewichtssinn geschult.

Mit Hilfe der Explosivkraft können Sie sich spontan und schnell fortbewegen – nach oben, nach vorne oder auch zur Seite. Solange Sie auf eine moderate Höhe achten, sind Sprünge auf Gegenstände, wie zum Beispiel Baumstümpfe, für jeden Menschen geeignet. Geben Sie Acht bei rutschigen und unebenen Untergründen!

Das brauchen Sie fürs Training

> Einen Baumstamm, einen großen Stein, eine Treppenstufe oder ähnliches

Und los geht's!

Beim sogenannten Kastensprung springen Sie vom Boden aus auf einen stabilen Kasten, einen nicht rutschigen Baumstamm oder einen ähnlichen Gegenstand.

> Sie stehen hüftbreit mit geradem Rücken und locker an der Seite schwingenden Armen (Grundposition) vor Ihrem Hindernis.

> Nun gehen Sie ein wenig in die Knie, nehmen Ihre leicht gestreckten Arme nach hinten und drücken sich kraftvoll mit den Füßen und den Oberschenkeln nach oben ab.

> Versuchen Sie sich beim Landen mit Ihren Bein- und Gesäßmuskeln aufzufangen und lassen Sie diese Arbeit nicht von Ihren Gelenken übernehmen!

> Ihre Landehaltung sollte in etwa gleich zur Absprunghaltung sein. Müssen Sie beim Landen tiefer in die Knie gehen, ist Ihr Kasten zu hoch.

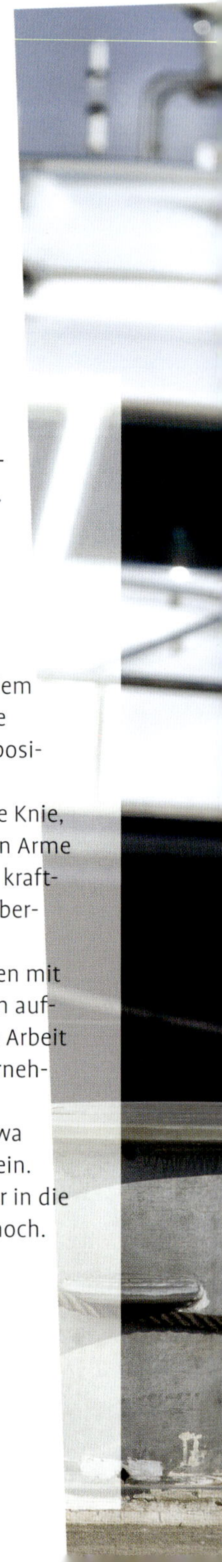

Eine schöne Variation ist der Temposprung ohne Gegenstand. Versuchen Sie aus der Hocke heraus so schnell und hoch wie möglich zu springen. Landen Sie jeweils wieder in der Hocke als Grundposition, bevor Sie zum nächsten Sprung ansetzen.

Pleiten, Pech und Pannen

Haben Sie Schwierigkeiten mit Ihren Knien? Oft liegt es nur daran, dass die Gelenke noch nicht richtig geschmiert sind. Heben Sie zur Vorbereitung jeweils eines Ihrer Knie ein wenig hoch und kreisen Sie mit Wade und Fuß.

Und hopp! So ein Sprung mit geschlossenen Beinen auf ein Hindernis sieht harmlos aus, ...

... hat es aber ganz schön in sich.

Übung

Bergsteiger

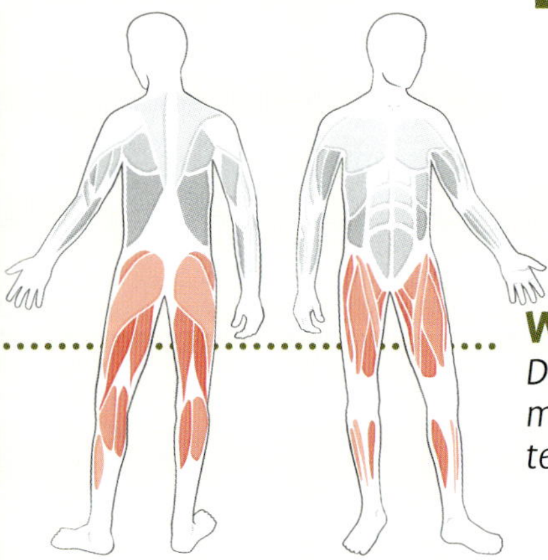

Was wird trainiert?

Der „Bergsteiger" trainiert Ihre Oberschenkelmuskulatur und die Haltemuskeln des gesamten Oberkörpers.

Diese Übung hat es in sich und beansprucht Muskeln, die Sie sonst eher nicht benutzen – am Anfang könnte sich also ein Muskelkater einstellen! Ihr Körper wird insgesamt gestrafft, was sich positiv auf Ihre ganze Körperhaltung auswirkt.

Das brauchen Sie fürs Training

> Einen Platz, an dem Sie sich in die Ligestützposition begeben können.

Und los geht's!

> Beim Bergsteiger befinden Sie sich in der Liegestützposition, Ihre Füße stellen Sie hüftbreit auseinander.
> Ziehen Sie nun Ihr rechtes Knie unter sich soweit wie möglich in Richtung Ihres Gesichtes und stellen es dann wieder in der Ausgangsposition ab.
> Nun versuchen Sie dasselbe mit dem linken Knie.

- Sobald Sie ein Gefühl für den Bewegungsablauf haben, führen Sie Ihre Knie abwechselnd so schnell und so oft wie möglich in Richtung Gesicht.
- Diese Übung ist anstrengend! Sie dürfen also schwitzen und außer Puste geraten!
- Egal welche Variante Sie später bevorzugen: achten Sie immer auf eine gerade Rückenhaltung und darauf, dass Kopf und Nacken in Verlängerung des Rückens bleiben. Ihre Knie bewegen sich zum Kopf hin, nicht der Kopf zu den Beinen!

Wenn Sie die Bergsteiger-Übung etwas variieren wollen, können Sie zur „Spinne" wechseln. Hierbei starten Sie in einer ähnlichen Grundposition, ziehen die Knie jedoch seitlich am Körper vorbei: Führen Sie Ihr rechtes Knie seitlich in Richtung Ihrem rechten Ohr beziehungsweise Ihr linkes Knie in Richtung Ihrem linken Ohr. Diese Übung beansprucht deutlich stärker Ihre seitliche Rumpfmuskulatur und dehnt Ihren inneren Oberschenkel.

Je stärker Ihre Arme angewinkelt sind und je näher Ihr Gesicht am Boden ist, desto anstrengender werden beide Übungen.

Pleiten, Pech und Pannen

Sie schaffen es nicht, sich in der Liegestützposition zu halten? Statt der klassischen Liegestützposition auf dem Boden nehmen Sie eine Liegestützposition in der Schräge ein (an einem liegenden Baumstamm, einer niedrigen Mauer). So entlasten Sie Ihren Oberkörper.

Bergsteigen ohne Berg? Aber ja! Und das ist sogar tierisch anstrengend!

Übung

Power-Halt

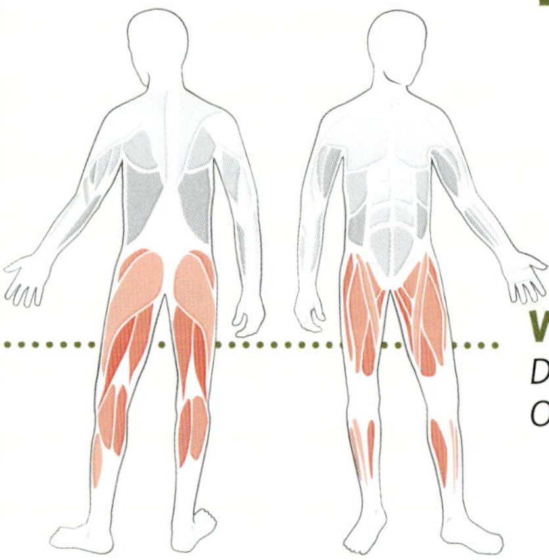

Was wird trainiert?

Die Übung Power-Halt trainiert Ihre obere Oberschenkel- sowie Gesäßmuskulatur.

Für diese Übung braucht man so wenig, dass man sie wirklich jederzeit, zum Beispiel beim Warten auf den Bus, ausführen kann. Ihre gekräftigte und stabile Oberschenkel- sowie Gesäßmuskulatur wird zukünftig eine Menge aushalten können – aber nur, wenn Sie lernen, den inneren Schweinehund zu überwinden. Der meldet sich beim „Power-Halt“ nämlich ganz massiv zu Wort.

Das brauchen Sie fürs Training

> Eine Wand oder einen dicken Baum

> Eine Uhr mit Sekundenzeiger kann hilfreich sein

Und los geht's!

> Suchen Sie sich eine Wand oder einen dicken Baumstamm, der angenehm für Ihren Rücken ist.

> Ihre Füße stehen hüftbreit auseinander, Ihre Arme hängen entspannt seitlich neben Ihrem Körper.

> Nun rutschen Sie mit dem Rücken an der Wand so weit nach unten, bis Ihre Oberschenkel eine parallele Linie mit dem Boden bilden. Stellen Sie sich vor, Sie säßen auf einem imaginären Stuhl.

> Ihre Knie und Fußspitzen bilden eine gerade Linie nach vorn.

> Ihre Aufgabe besteht nun darin, diese Position so lange wie möglich zu halten. Die Übung beinhaltet den Begriff „Power“, weil es tatsächlich sehr anstrengend ist, in diese Position zu verweilen.

Auch diese Übung kann natürlich schwieriger gestaltet werden: Nehmen Sie links und rechts jeweils einen Stein in die Hand. Oder Sie legen sich einen schweren Gegenstand auf Ihre Oberschenkel.

Pleiten, Pech und Pannen

Sie neigen zu Krämpfen? Da kann ein Intervalltraining helfen. Halten Sie einen Augenblick die Position, hören Sie aber bereits nach drei Sekunden wieder auf. Lockern Sie jetzt kurz Ihre Beine und begeben Sie sich erneut in die Position. Trainieren Sie nicht mit einem fixen Schema, sondern hören Sie auf Ihren Körper. So wird Ihre Oberschenkel- und Gesäßmuskulatur allmählich auf längere Einheiten vorbereitet.

Geht es noch oder brennen die Oberschenkel schon?

Übung

Frontkniebeugen

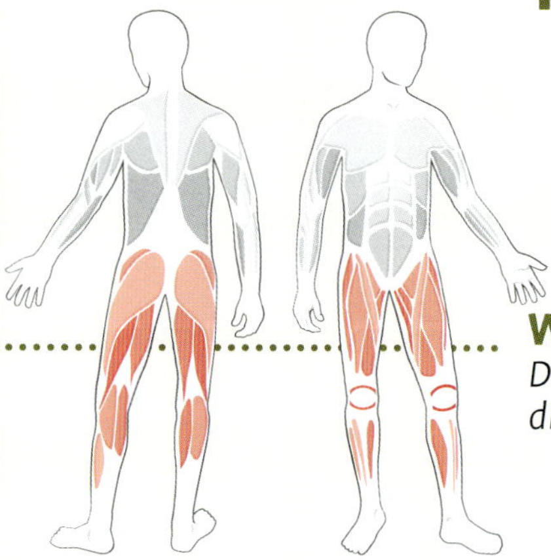

Was wird trainiert?

Die Kniebeuge stärkt insbesondere den unteren Rücken, die Oberschenkel- sowie die Gesäßmuskulatur.

Kniebeugen sind ein besonders wirkungsvolles Training gegen Rückenschmerzen – vorausgesetzt, Sie achten auf eine saubere Ausführung! Sollten Sie akute Beschwerden haben, sprechen Sie vorher unbedingt mit Ihrem Arzt.

Eine Variante der Frontkniebeuge ist die Überkopfkniebeuge: Hierbei werden die Arme höher gehalten.

Das brauchen Sie fürs Training

> Balancegefühl
> Einen leichten Ast oder eine Hundeleine

Und los geht's!

Ich unterteile diese Übung in zwei Bewegungsrichtungen: eine Abwärts- und eine Aufwärtsbewegung. Bei der Abwärtsbewegung wird tief eingeatmet. Bei der Aufwärtsbewegung dagegen atmen Sie kraftvoll aus und drücken Ihr Körpergewicht nach oben.

Idgie ist wirklich ein süßes Gewicht, um die Intensität der Übung zu steigern.

- Stellen Sie sich schulterbreit auf.
- Ihr Blick ist ab jetzt immer nach vorn gerichtet.
- Der Rücken muss während der gesamten Übung gestreckt und stabil sein, also „Brust raus, Bauch rein"!
- Ihre Fersen versuchen Sie quasi nach unten in den Boden zu bohren.
- Die Arme werden nach vorn ausgestreckt. Die Hände sollten auf Schulterhöhe sein.
- Jetzt tief durchatmen, den Körperschwerpunkt weit nach hinten verlegen („aufs Klo setzen") und dabei nach unten in die Knie gehen.
- Optimal ausgeführt ist die Frontkniebeuge dann, wenn Sie es schaffen, dass sich Ihre Oberschenkel parallel zum Boden befinden.
- Achtung, gesundheitsrelevant: Achten Sie darauf, dass die Knie eher leicht nach außen gedrückt werden und dass die Knie nicht über Ihre Zehenspitzen hinausragen!
- Nun atmen Sie wieder langsam aus und drücken sich dabei mit vorgestreckter Brust nach oben.

Wer die Frontkniebeuge wirklich gut beherrscht, kann sie erschweren. Denken Sie aber daran, dass es nicht um schweres Gewicht, sondern um eine perfekte Körperhaltung geht! Im Fitness-Studio käme nun eine Langhantelstange zum Einsatz. In Feld und Flur sehen Sie sich am besten nach einem mehr oder weniger dicken Ast um – wenn Ihr Hund das mag, kann auch er als Gewicht auf Ihren Schultern liegen. Ast oder Hund legen Sie sich nun dicht am Nacken auf Ihre Schultern und folgen den obigen Angaben.

Pleiten, Pech und Pannen

Haben Sie Schwierigkeiten, Ihre Fersen unten zu halten? Alternativ können Sie einen kleinen Keil unter Ihre Ferse legen, im Wald also einen dünnen Ast oder einen kleinen Stein. Durch die erhöhte Ferse können Sie weiter an Ihrer Technik feilen und nebenbei gewöhnen sich Ihre Bänder und Muskeln an den neuen Bewegungsradius.

Übung

Ausfallschritt

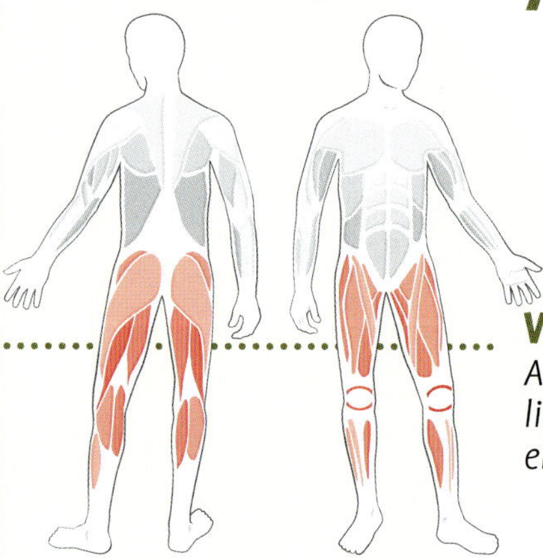

Was wird trainiert?

Ausfallschritte dienen der Dehnung, also Beweglichkeit des Hüftbeugers sowie der Entwicklung einbeiniger Kraft.

Das Training nur eines Beins mag anstrengend und gewöhnungsbedürftig sein. Es bietet aber viele Vorteile, denn so trainieren Sie Ihr Balancegefühl und vor allem Ihre kleinen, tief sitzenden Skelettmuskeln. Diese sind für die Verletzungsprophylaxe extrem wichtig, weil sie dem Körper Stabilität geben.

Das brauchen Sie fürs Training

> Einen möglichst rutschfreien Untergrund

Und los geht's!

> Ihre Ausgangsposition ist eine weite Ausfallschrittstellung: ein Fuß steht relativ weit vorn, beide Zehenspitzen zeigen gerade nach vorne.

> Ihre Brust ist herausgedrückt, der Rücken stabil und aufrecht.

> Nun gehen Sie so tief herunter, dass Ihr hinteres Knie fast den Boden berührt. Ihr vorderes Knie sollte nicht über die Zehenspitze hinausgehen.

> Unten angekommen, wird die Spannung kurz gehalten.

> Anschließend drücken Sie Ihren Körper kraftvoll ab und kommen zurück in die Ausgangsposition.

> Sobald Sie ein Gefühl für die Bewegung haben, starten Sie diese Übung, indem Sie Ihre Füße hüftbreit nebeneinander stellen und für den Ausfallschritt federnd nach vorn gehen. Dann wieder hoch, zurück in die neue Ausgangsposition drücken.

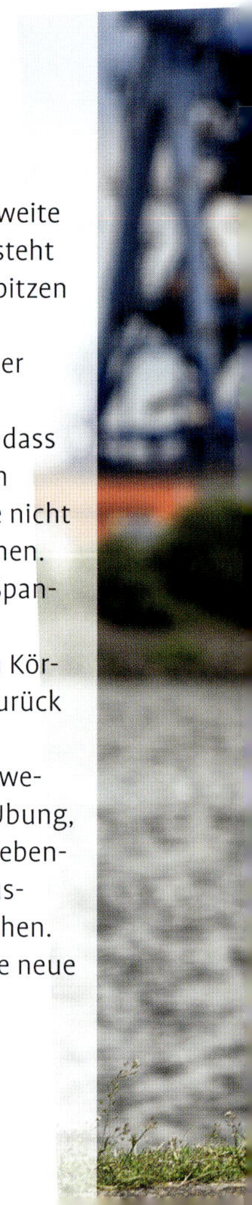

Entwickeln Sie aus der Kniebeuge mit Ausfallschritt hintereinanderfolgende Ausfallschritte. Hierzu machen Sie einen großen Schritt nach vorn und gehen wie oben beschrieben herunter. Beim darauffolgenden Hochdrücken gehen Sie einen großen Schritt nach vorn, um so erneut einen großen Ausfallschritt anzuhängen. Diese Übung können Sie hervorragend mit Ihrem Lauftraining verbinden, indem Sie einfach fünf oder mehr Ausfallschritte einfließen lassen. Der Hund darf dabei im Slalom durch Ihre Beine schlüpfen!

Pleiten, Pech und Pannen

Sollten Sie Knie- oder Rückenprobleme haben, dann modifizieren Sie in Rücksprache mit Ihrem Arzt aus dieser Übung eine neue, die „Step-Up-Übung". Hierbei stehen Sie seitlich zu einer leichten Erhöhung, zum Beispiel einer Treppenstufe. Nun stellen Sie den treppennahen Fuß auf die Erhöhung und versuchen, sich allein durch die Kraft dieses erhöht stehenden Beins hochzudrücken. Dabei nicht mit dem untenstehenden Bein nachhelfen!

Jetzt bloß nicht das Gleichgewicht verlieren! Sonst wird's nass.

Übung

Hüftheben nach Gray Cook

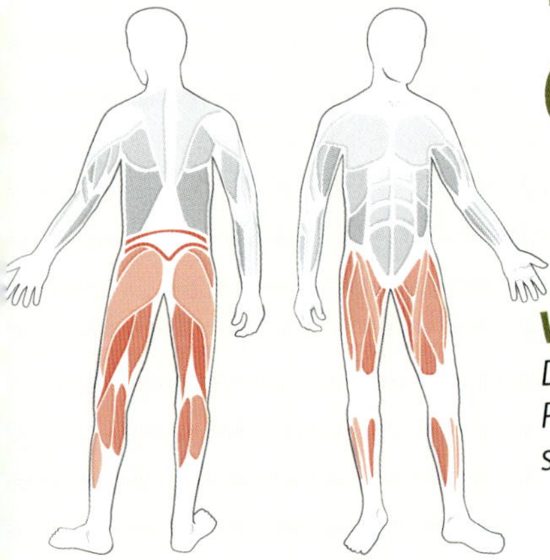

Was wird trainiert?

Diese Übung trainiert hervorragend die Pomuskulatur, den hinteren Oberschenkel sowie den Hüftstrecker.

Viele Rückenprobleme haben ihre Ursache in der Hüfte. Denn wenn die Gesäß- und Hüftmuskulatur schlecht entwickelte ist, übernimmt die Lendenwirbelsäule zwangsläufig Arbeiten, für die sie eigentlich nicht gedacht ist. Die Folge ist eine Kettenreaktion, in der die Lendenwirbelsäule immer stärker überlastet wird, während die Muskulatur von Po und Hüfte schwächer und steifer wird. Für gesunde Menschen ist das Hüftheben nach Cray Cook hervorragend geeignet, um dort anzusetzen, wo die Fehlhaltung beginnt. Befinden Sie sich bereits in dieser Kettenreaktion und daraus resultierenden Rückenschmerzen, ist das Hüftheben nach Absprache mit Ihrem Arzt ebenfalls eine tolle Möglichkeit für den gezielten Muskelaufbau.

Gray Cook ist ein bekannter Physiotherapeut und Experte in den Bereichen Rehabilitation und Trainingstheorie. Einer seiner Arbeitsschwerpunkte ist ein gezieltes Training, um muskulären Dysbalancen vorzubeugen. Seine Hüftheben-Übung hilft dabei enorm.

Das brauchen Sie fürs Training

> Einen ebenen Untergrund
> Eventuell eine Decke

Und los geht's!

- Legen Sie sich mit angewinkelten Beinen auf den Rücken.
- Ihre Zehen zeigen nach oben, während die Fersen Bodenkontakt haben.
- Nun nehmen Sie sich eines Ihrer Knie und ziehen es zu Ihrem Brustkorb.
- Um nun die Beweglichkeit und Stabilität Ihrer Hüfte zu trainieren, stemmen Sie Ihre am Boden befindliche Ferse tief in den Boden und spannen dabei Ihre Pomuskulatur an.

- Ihr Gesäß hebt sich dabei vom Boden ab. Sie werden nur wenige Millimeter oder Zentimeter schaffen. Das ist normal, keine Sorge.
- Führen Sie das Bein wieder auf den Boden zurück und wiederholen Sie die Übung mit dem anderen Bein.

Beim Hüftheben nach Gray Cook kann Ihnen der Ball Ihres Hundes wunderbar zur Selbstkontrolle dienen. Nehmen Sie ihn und legen Sie diesen zwischen Ihren Brustkorb und den hochgezogenen Oberschenkel. Bewegt sich der Ball oder fällt er herunter, dann nutzen Sie Ihre Lendenwirbelsäule, um zum Ziel zu kommen – nicht aber die Gesäß- und Hüftmuskulatur. Also: halten Sie den Ball schön mit Ihrem Bein fest!

Pleiten, Pech und Pannen

Sie bekommen bei dieser Übung Krämpfe in der hinteren Oberschenkelmuskulatur? Dann trainieren Sie zusätzlich diese Übung: Nehmen Sie einen geraden Ast, der in etwa so lang ist wie Ihr Rücken. Begeben Sie sich in den Vierfüßlerstand und legen Sie diesen Ast entlang der Wirbelsäule auf Ihren Rücken. Nun heben und strecken Sie abwechselnd ein Bein – ohne, dass sich der Ast bewegt. Versuchen Sie die ausgestreckte Position etwa fünf Sekunden lang zu halten.

Das Hüftheben nach Gray Cook beweist: auch absolut winzige Bewegungen können sehr anstrengend sein!

Rumänisches Kreuzheben

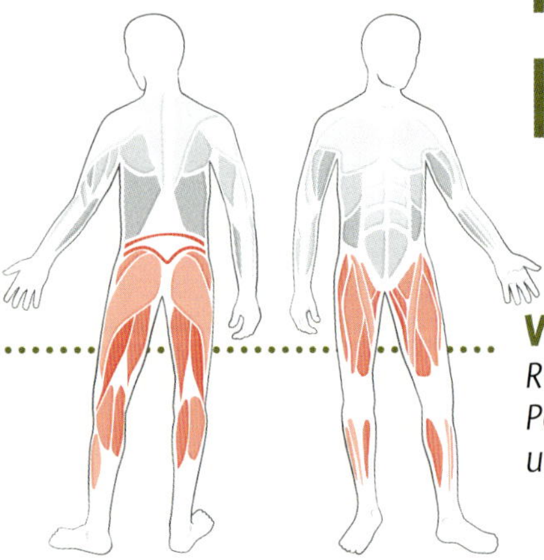

Was wird trainiert?

Rumänisches Kreuzheben dient dazu, die Pomuskulatur, die Oberschenkel und den unteren Rücken zu stärken.

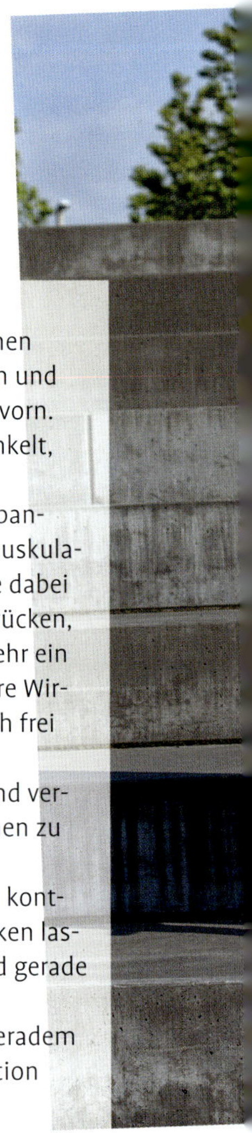

Ganz wichtig: um Fehlbelastungen vorzubeugen, muss Ihr Rücken bei dieser Übung stets gerade sein! Achten Sie auf eine saubere Ausführung, um den optimalen Trainingseffekt zu erzielen. Gerade bei vermeintlich einfachen Übungen wie dieser hier ist dies besonders wichtig.

Das brauchen Sie fürs Training

> Einen geraden, etwa 1 Meter langen Ast

Und los geht's!

Das Ziel dieser Übung ist, mit geradem, durch Körperspannung festem Rücken herunter zu den Zehenspitzen zu gelangen. Die Knie werden dabei nicht gebeugt.

> Ausgangsposition: Nehmen Sie den Ast schulterbreit in beide Hände und halten Sie ihn mit locker hängenden Armen vor Ihre Hüfte. Sie stehen hüftbreit mit geradem Rücken und schauen selbstbewusst nach vorn. Ihre Beine sind leicht angewinkelt, damit Sie stabil stehen.

> Erhöhen Sie nun Ihre Körperspannung, indem Sie Ihre Bauchmuskulatur anspannen. Versuchen Sie dabei nicht Ihren Bauch herauszudrücken, sondern ziehen Sie ihn vielmehr ein und drücken Sie ihn gegen Ihre Wirbelsäule. Sie sollen dabei noch frei atmen können.

> Jetzt beugen Sie Ihre Hüfte und versuchen, mit dem Ast Ihre Zehen zu berühren.

> Die Übung wird langsam und kontrolliert ausgeführt. Ihren Rücken lassen Sie dabei angespannt und gerade wie einen Besenstiel.

> Dann gehen Sie wieder mit geradem Rücken in Ihre Ausgangsposition zurück nach oben.

Trainieren Sie diese Übung nicht auf instabilem Untergrund, es sei denn, ein Profi begleitet Sie. Das Kreuzheben kann unsauber ausgeführt vieles kaputt machen und verlangt Konzentration und Selbstbeherrschung – und keine Selbstüberschätzung.

Pleiten, Pech und Pannen

Sie kommen nicht einmal mit krummem Rücken und stark angewinkelten Knien zu Ihren Zehenspitzen? Das ist nicht schlimm. Gehen Sie einfach so tief, wie es Ihnen möglich ist. Wenn Sie zusätzlich etwas für das Gelingen dieser Übung tun wollen, dann dehnen Sie Ihre Muskulatur, indem Sie stehend Ihre Oberschenkel mit Ihren Armen zu umschlingen versuchen. Ihre Nase drücken Sie dabei an Ihre Knie. Versuchen Sie die Dehnung fünf bis zehn Sekunden zu halten.

Muskeln anspannen, konzentrieren ...

Der Rücken soll während der gesamten Übung gerade bleiben!

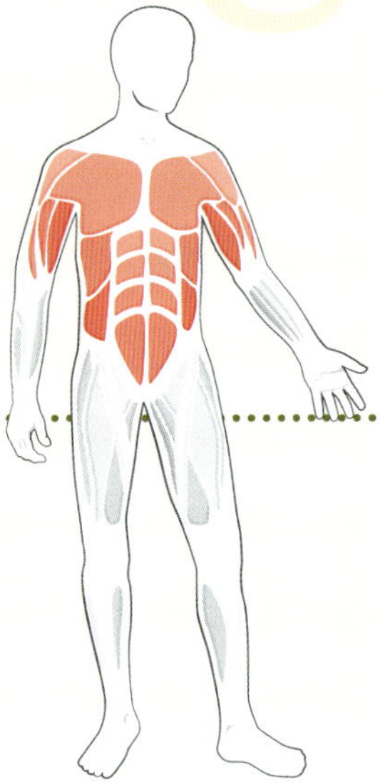

Liegestütze (federnd)

Was wird trainiert?

Neben der Kräftigung des Rumpfes (Bauch und Rücken) dient diese Übung auch dem Aufbau eines starken Schultergürtels.

Wenn Ihnen der Liegestütz bislang zu schwer erschien, probieren Sie einfach diesen federnden Liegestütz aus. Denn dieser lässt sich sehr fein abgestuft in seiner Intensität regulieren.

Das brauchen Sie fürs Training

> Eine niedrige Mauer, eine Parkbank oder ähnliches zum Abstützen

Und los geht's!

Der federnde Liegestütz findet in der Schräglage statt. Durch seinen explosiven Charakter heizt er Ihre Muskelbildung auf ganz neue Art und Weise an:

> Sie stehen vor Ihrem Hindernis, zum Beispiel der Bank, die Füße sind hüftbreit aufgestellt.
> Ihre Hände befinden sich ausgestreckt schulterbreit auf Brusthöhe.
> Ziehen Sie wie bereits beschrieben Ihre Bauchmuskulatur ein, um Ihren gestreckten Oberkörper zu stabilisieren. Beim Liegestütz, egal welcher Art, soll Ihr Körper grundsätzlich von Kopf bis Fuß gestreckt sein. Das geht nur mit Körperspannung!
> Nun lassen Sie sich nach vorn fallen.
> Fangen Sie sich mit Ihren Handflächen an der Bank auf, indem Sie Ihre Arme tief beugen und die Oberfläche nahezu mit Ihrer Nasenspitze berühren.
> Versuchen Sie sich im selben Atemzug (richtig! am besten beim Ausatmen) federnd abzudrücken und wieder in die Standposition zu bringen.
> Atmen Sie jetzt tief ein und lassen Sie sich wieder gegen die Bank fallen – und so weiter.

Wollen Sie die Übung für sich erschweren, dann suchen Sie sich ein niedrigeres Hindernis, zum Beispiel ein Mauersims. Auf diese Weise trainieren Sie den federnden Liegestütz immer stärker in der Waagerechten.

Pleiten, Pech und Pannen

Ihnen fällt der federnde Liegestütz in der Schräge schwer? Kein Problem. Die Übung lässt sich erleichtern, indem Sie zunächst senkrecht an einer Wand oder einem Baumstamm üben. Insbesondere wenn Ihre Gelenke schmerzen, sollten Sie in der Senkrechten beginnen und dort die Übung langsam und kontrolliert durchführen. Wenn Sie merken, dass sich Ihre Gelenke an den Bewegungsablauf gewöhnt haben, gehen Sie zur Schräge über.

Ob Sie den Liegestütz mit einem oder beiden Füßen am Boden durchführen ist Geschmackssache.

Übung

Military Press Liegestütze

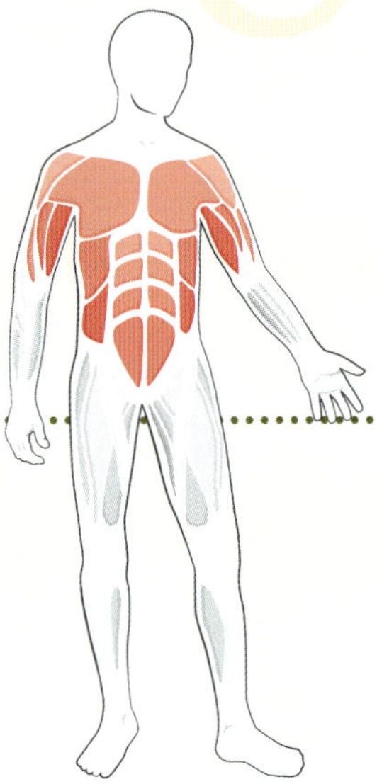

Was wird trainiert?

Bei der Military Press Liegestütze liegt der Schwerpunkt auf der Schultermuskulatur und dem Trizeps.

Diese Übung kann zu Anfang recht anstrengend sein – schon der Name lässt dies vermuten. Aber mit ein bisschen Training werden Sie die „Military Press“ bald nicht mehr missen wollen!

Das brauchen Sie fürs Training

> Einen Holzstapel, einen Baumstamm oder eine niedrige Mauer

Und los geht's!

Die Ausgangsposition ähnelt der eines Sturzfluges, denn Ziel ist es, mit dem Körper ein umgekehrtes V zu bilden. Anfangs nehmen wir als Hilfe noch ein Hindernis dazu.

> Stellen Sie sich aufrecht vor Ihr Hindernis, zum Beispiel eine kleine Mauer. Ihre Füße stehen etwa hüftbreit nebeneinander.
> Strecken Sie Ihre Arme aus und lassen Sie sich mit Ihrem Oberkörper gen Mauer nach vorn fallen.
> Die Hände werden schulterbreit aufgesetzt. Ihre Ellenbogen zeigen beide nach außen.
> Beine und Oberkörper sollten in etwa einen 90-Grad-Winkel bilden.
> Ihre Beine und der Rücken bleiben gerade, nur die Hüfte wird gebeugt. Der gesamte Körper ist angespannt.
> Ihre Fersen müssen nicht unbedingt Bodenhaftung haben, aber versuchen Sie, sie so tief wie möglich zu halten.
> Indem Sie nun Ihre Arme anwinkeln, berührt Ihr Kopf nahezu die Mauer, Ihr Po ragt dabei steil in die Luft.
> Achten Sie darauf, dass Sie den 90-Grad-Winkel zwischen Beinen und Oberkörper einhalten.

Um die Übung zu variieren, verwandeln Sie die Military Press in einen chinesischen Liegestütz! Der Übungsaufbau ist bis auf zwei Kleinigkeiten gleich: Stellen Sie Ihre Fersen dicht aneinander und Ihre Zehen dafür etwas weiter nach außen, außerdem berühren sich Ihre Daumen und Zeigefinger, so dass sie ein Viereck formen.

Pleiten, Pech und Pannen

Fällt Ihnen diese Übung schwer? Dann vereinfachen Sie sie. Sie können Ihre Hände noch weiter erhöht absetzen. Suchen Sie sich zum Beispiel eine Parkbank. Trainieren Sie zunächst auf der Rückenlehne, dann auf der Sitzfläche.

Sie mögen es anspruchsvoller? Kein Problem: Nehmen Sie einfach die tiefere Stufe.

Klimmzüge

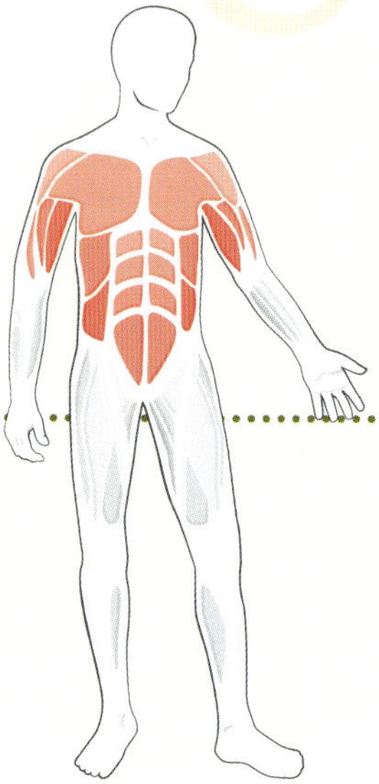

Was wird trainiert?

Klimmzüge schaffen einen starken, ausgeglichenen Oberkörper.

Klimmzüge sind ein absoluter Klassiker. Bevor Sie gleich weiterblättern, weil Sie bereits in der Schule keinen einzigen Klimmzug geschafft haben: Klimmzüge kann wirklich jeder lernen! Die meisten Menschen beginnen nur einfach zu schwer.

Das brauchen Sie fürs Training

> Einen schulter- bis überkopfhohen, stabilen Ast oder ein Klettergerüst

Und los geht's!

> Suchen Sie sich ein Klettergerüst oder einen vertrauensvollen Ast, den Sie gut umfassen können. Zu Beginn kann die Stange oder der Ast Schulterhöhe haben.

> Sie fassen nun schulterbreit zu und winkeln Ihre Beine soweit an, dass Sie sich gerade eben noch mit Ihren Zehen ein wenig abstützen können.

> Versuchen Sie sich nun hochzuziehen, Ihre Zehen dürfen dabei ein wenig mithelfen. Aber nicht zu viel!

> Ziel ist es, dass Sie sich später mindestens so weit hochziehen können, dass Sie über die Stange gucken können.

> Anschließend lassen Sie sich in Zeitlupe absinken. Am Ende hängen Sie mit leicht gebeugten Ellenbogen und strecken alle Ihre Wirbel, bevor Sie erneut zum Zug ansetzen – mit Zehenunterstützung, wenn Sie mögen.

Beim klassischen Klimmzug zeigen die Hände mit den Handflächen zum Körper, die Arme sind schulterbreit. Es gibt jedoch eine Vielzahl an unterschiedlichen Grifftechniken. Grundsätzlich gilt: je breiter Sie greifen, desto stärker trainieren Sie Ihre Rückenmuskulatur. Je enger Sie greifen, desto stärker trainieren Sie Ihren Bizeps und Trizeps.

Gerade im Wald sind manchmal andere Äste im Weg. Sie können sich auch zwischen zwei parallel laufenden Ästen stellen. Die eine Hand umfasst dann den einen, die zweite den anderen. Diese Griffposition nennt sich Hammergriff.

Pleiten, Pech und Pannen

Sie haben keine Stange und auch keinen Ast in der richtigen Höhe? Dann trainieren Sie einfach umgekehrt! Suchen Sie sich einen hohen Ast. Nun springen Sie kräftig ab und halten sich in der Endposition des Klimmzugs fest: Ihr Schlüsselbein ist auf Handhöhe, Ihr Blick geht über den Ast. Nun lassen Sie sich ganz langsam und kontrolliert absinken, bis Ihr ganzer Körper gestreckt am Ast hängt. Lassen Sie los und denken Sie an eine saubere Landung.

Und ziiiiiieh! Keine Sorge, auch bei Klimmzügen kann man klein anfangen.

Türziehen

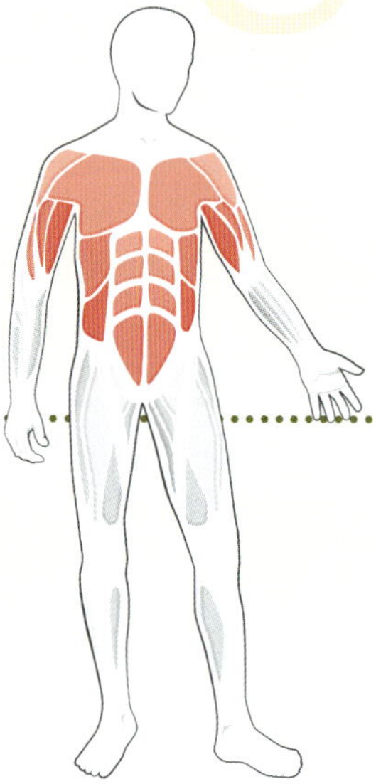

Was wird trainiert?

Ähnlich wie beim Klimmzug werden Ihre Arme, der Rücken und die Schultern gestärkt. Diese Übung trainiert zusätzlich die Stabilisierungsfunktion Ihrer Hüftmuskeln.

Die Übung Türziehen kann an jedem fest verankerten Pfosten trainiert werden: an einer Straßenlaterne, einem Baum oder eben auch an einer Zimmertür. Achten Sie darauf, dass der Untergrund nicht rutschig ist.

Das brauchen Sie fürs Training

> Einen Pfosten, einen Baum, eine Straßenlaterne oder eine Tür

Und los geht's!

> Suchen Sie sich einen dünnen Baum und stellen Sie Ihre Füße leicht gebeugt links und rechts daneben.
> Mit Ihren Händen greifen Sie etwa auf Türklinkenhöhe um den Baum.
> In dieser Ausgangsposition sind Ihre Arme angewinkelt, Brust und Bauch berühren den Baumstamm.
> Die Schienbeine zu den Oberschenkeln und wiederum die Oberschenkel zum Oberkörper bilden jeweils einen 90-Grad-Winkel. Es sieht im Grunde so aus, als ob Sie gerade auf einem Stuhl sitzen.
> Diese Körperhaltung behalten Sie während der ganzen Übung bei.
> Nun strecken Sie langsam Ihre Arme und führen damit Ihren Körper nach hinten unten.
> Der Rest Ihres Körpers bleibt angespannt! Die Bewegung wird allein aus dem Schultergürtel und den Ellenbogengelenken geführt.
> Am tiefsten Punkt werden dabei die Schulterblätter weit auseinander gezogen, am höchsten Punkt dagegen liegen sie eng zusammen.
> Ziehen Sie sich wieder hoch und beginnen Sie neu.

Wenn Sie die Übung einfacher gestalten wollen, dann stellen Sie Ihre Füße vor dem Baumstamm auf, sodass Ihre Zehen gerade eben die Rinde berühren. Wollen Sie die Übung stattdessen erschweren, dann nehmen Sie Ihre Füße weiter hinter den Baumstamm. Dadurch müssen Sie bei der Abwärtsbewegung Ihren Körper nahezu waagerecht über dem Boden halten. Je nachdem, ob Sie sich mit Ihren Hände etwas höher oder tiefer festhalten, können Sie den Schwerpunkt dieser Übung auf den unteren Rücken oder den Schultergürtel und die Arme verlegen. Probieren Sie einfach aus!

Pleiten, Pech und Pannen

Sollte Ihnen die Rinde an den Händen unangenehm sein, ziehen Sie leichte Handschuhe an. Oder Sie schauen sich nach einem Laternenpfahl, dem Ende eines Geländers oder einem Straßenschild als „Trainingspartner" um.

Ausnahmsweise für den Menschen: die Leine.

Crunch It Up!

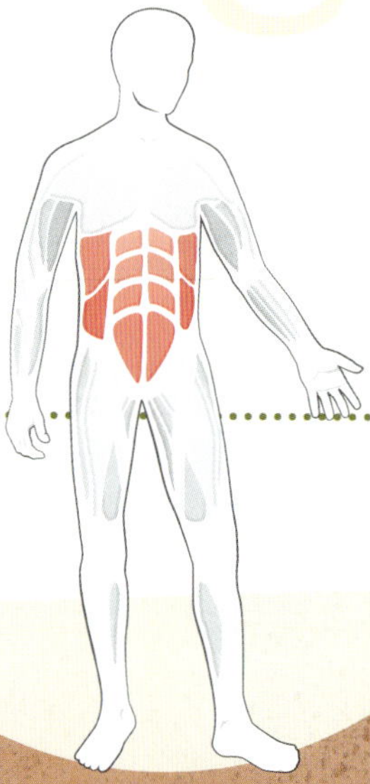

Was wird trainiert?

Mit dieser Übung trainieren Sie Ihre oberen Bauchmuskeln.

Der Core-Bereich beim Menschen beschreibt die Schnittstelle zwischen Ober- und Unterkörper. Mit der hier beschrieben Crunch-Übung fördern Sie die Bemuskelung Ihres Bauches und des unteren Rückens. Wichtig: Immer schön die Spannung halten. Dann kommen Sie dem „Six-Pack" immer näher!

Das brauchen Sie fürs Training

> Eine ebene Stelle zum Hinlegen

Und so geht's!

> Legen Sie sich auf den Rücken, Ihre Füße stehen hüftbreit auf dem Boden, Ihre Beine sind angewinkelt.
> Je näher Ihr Po bei Ihren Füßen ist, desto einfach ist die Übung.
> Achten Sie darauf, dass Ihre Halswirbelsäule während der Übung gerade bleibt. Ihr Blick geht dabei stets schräg nach oben.
> Verschränken Sie nun Ihre Arme vor der Brust und halten Sie sie fest am Körper.
> Spannen Sie Ihre Bauchmuskeln an und lösen Sie Ihren Kopf und die Schultern vom Boden.
> Im Idealfall kommen Sie so hoch, dass Sie mit Ihren Ellenbogen Ihre Oberschenkel berühren.
> Nun senken Sie Ihren Oberkörper wieder langsam ab. Widerstehen Sie der Versuchung, Kopf und Schultern abzulegen, sondern behalten Sie stattdessen Ihre Körperspannung bei. Dann geht's wieder nach oben!

Wollen Sie Ihre Crunches variieren, können Sie Ihre Beine rechtwinklig anheben. Überkreuzen Sie dabei Ihre Füße für eine bessere Stabilität. Ihre Arme verschränken Sie nun statt vor der Brust hinter dem Hinterkopf. Richten Sie sich nur mithilfe Ihrer Bauchmuskeln auf und nicht, indem Sie Ihren Kopf mit Ihren Armen nach oben ziehen!

Pleiten, Pech und Pannen

Sie schaffen es bei dieser Übung nur, so gerade eben Ihren Kopf anzuheben? Dann trainieren Sie wie etwa beim Klimmzug (Seite 72) auch hier die Übung andersherum: Begeben Sie sich in die Endposition und versuchen Sie so tief wie möglich herunterzugehen. Bevor Sie sich nicht mehr halten können oder Ihre Hals- und Nackenmuskulatur verkrampft, ziehen Sie sich wieder hoch.

Atmen nicht vergessen: beim Hochgehen aus-, beim Herablassen einatmen. Und lächeln!

Ellenbogenstütz

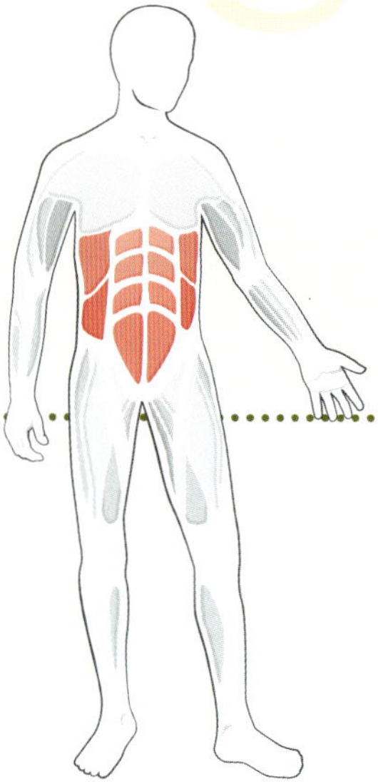

Was wird trainiert?

Die gesamte Skelettmuskulatur und die Bauchmuskulatur.

Der Ellenbogenstütz ist eine Halteübung, bei der alle Muskelgruppen aktiviert werden. Da eine saubere Ausführung nur mit einer guten Bauch- und Pomuskulatur gelingt, steht diese Übung hier bei den Core-Übungen. Halteübungen wie diese erfordern außerdem eine besonders bewusste Atemtechnik. Konzentrieren Sie sich! Zur Not hilft das Zählen, zum Beispiel auf vier Zähler ein- und auf drei Zähler ausatmen.

Das brauchen Sie fürs Training

> Einen möglichst ebenen und nicht zu harten Untergrund mit ausreichend Platz zum Ausstrecken
> Eventuell eine Decke oder einen Pullover, um die Unterarme zu polstern

Und los geht's!

> Begeben Sie sich für den Ellenbogenstütz in eine Art Liegestützposition.
> Statt sich mit Ihren Händen und durchgestreckten Armen abzustützen, winkeln Sie Ihre Arme an und stützen sich auf Ihren Unterarmen ab.
> Ihre Ellenbogen stehen schulterbreit auseinander sowie senkrecht unter Ihren Schultergelenken.
> Ihre Füße stehen auf den Zehenspitzen.
> Rücken, Po und Beine bilden eine Linie.
> Halten Sie diese Position für zwei bis drei Sekunden oder länger.

Wem das statische Halten zu langweilig wird, der kann in der Ellenbogenstützposition einen kleinen Stein von links nach rechts und zurück wandern lassen. Beginnen Sie damit, den Stein direkt neben Ihre linke Hand zu legen. Begeben Sie sich in den Ellenbogenstütz. Nun greifen Sie mit der linken Hand nach dem Stein und legen ihn mittig vor sich ab. Begeben Sie sich wieder in die Ausgangsposition zurück. Nun nehmen Sie den Stein mit der rechten Hand und legen ihn rechts neben sich ab, und so weiter. Nicht vergessen: immer schön die Körperspannung halten!

Pleiten, Pech und Pannen

Sie bekommen von dieser Übung Rückenschmerzen? Dann heben Sie Ihren Po zu wenig an und hängen im Hohlkreuz. Das drückt auf Ihre Bandscheiben. Üben Sie zu Hause vor dem Spiegel: Bilden Ihre Beine, Ihr Po, Ihr Rücken und Ihr Hals eine gerade Linie? Wenn ja, merken Sie sich diese Position für das Training draußen.

Ist der Untergrund zu steinig, legen Sie einfach einen Pullover unter die Arme.

Windmühle

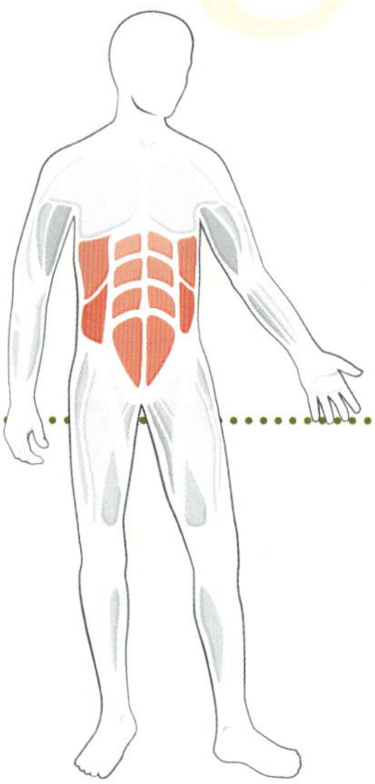

Was wird trainiert?

Sie trainieren die Mobilität Ihrer Hüfte und stärken Ihre Hüft- und Core-Muskulatur.

Richtig ausgeführt verbessert diese Übung die Stabilität Ihrer Wirbelsäule. Dies ist besonders wirksam gegen Rückenschmerzen.

Das brauchen Sie fürs Training

> Eine ebene Fläche mit Armfreiheit nach oben

Und los geht's!

Führen Sie die Windmühle zunächst langsam aus, um sich an den Bewegungsablauf zu gewöhnen. Atmen Sie aus, während Sie nach unten gehen. Atmen Sie ein, während Sie sich zurück in die Ausgangsposition begeben.

- Stellen Sie sich aufrecht hin. Ihre Füße sind etwas mehr als schulterbreit auseinander, die Knie nicht ganz durchgestreckt.
- Nun strecken Sie Ihren rechten Arm hoch an Ihrem Ohr vorbei. Ihren Rücken halten Sie gerade und aufrecht.
- Den linken Arm lassen Sie herunterhängen.
- Ihr Blick ist oben auf die Fingerspitzen Ihrer rechten Hand gerichtet.
- Neigen Sie Ihren Oberkörper nach vorn unten. Die rechte Hand bleibt nach oben gestreckt, ebenso Ihr Blick. Dabei drehen Sie automatisch Ihre Hüfte leicht nach rechts und strecken Ihren Po ein wenig nach hinten.
- Versuchen Sie mit Ihren linken Fingerspitzen den Boden zwischen Ihren Füßen zu berühren.
- Spannen Sie Ihren Po an und kehren Sie zurück in Ihre Ausgangsposition.
- Führen Sie zuerst alle Wiederholungen der rechten Seite aus, bevor Sie die Seite wechseln. Dies ist besser für Ihre Wirbelsäule.

Wenn Sie Ihre Knie bei der Ausführung der Windmühle etwas beugen, dann wird diese Übung einfacher. Mit einem Gewicht wie einem Stein oder Ast in Ihrer oberen Hand wird die Übung schwerer. Außerdem trainieren Sie auf diese Weiser zusätzlich Ihre Schultermuskulatur.

Pleiten, Pech und Pannen

Sie verlieren bei dieser Übung das Gleichgewicht? Wenn Sie einen Ihrer Füße direkt an eine Wand stellen, haben Sie einen besseren Bodenkontakt und können das Gleichgewicht besser halten. Probieren Sie es aus!

Wolken gucken: Der Kopf geht immer mit derjenigen Hand mit, die nach oben zeigt.

Pendelläufe

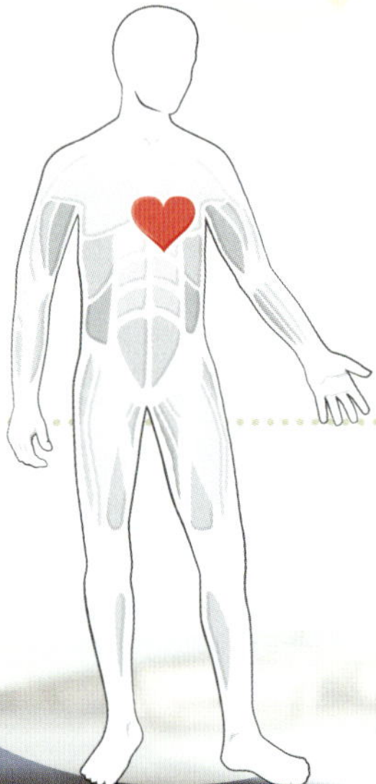

Was wird trainiert?

Sie steigern Ihre Kondition und üben wichtige Bewegungsmuster für Wendungen und plötzliche Stopps.

Geben Sie Gas, den Langsamsten beißen die Hunde!

Schon zehn Minuten langsames Laufen am Tag lässt uns länger und gesünder leben, so eine neue amerikanische Langzeit-Studie. Pendelläufe sind ideal für alle, die die Länge von Zehnkilometerläufen als „dreimal um die Welt" empfinden – und für alle, die einmal ihren ganzen Frust herauslassen wollen.

Das brauchen Sie fürs Training

> Eine gerade und ruhige Strecke von mindestens fünfzehn Metern Länge

Und los geht's!

Im folgenden Lauftraining trainieren Sie kleine Sprinteinlagen mit plötzlichem Abstoppen, Beschleunigungen und Richtungswechseln.

- Beginnen Sie damit, Ihr Herzkreislaufsystem auf das folgende Training vorzubereiten, indem Sie ganz langsam zehn Minuten joggen.
- Stecken Sie sich nun eine Strecke von zu Beginn fünfzehn Metern ab.
- Im Folgenden versuchen Sie so schnell wie möglich die fünfzehn Meter zu bewältigen. Stoppen Sie kraftvoll und mit fester Körperspannung ab, drehen Sie sich um 180 Grad und sprinten Sie wieder zurück zum Ausgangspunkt. Dort stoppen Sie ebenfalls ab und drehen sich wieder um 180 Grad.
- Gehen Sie im Anschluss dieselbe Strecke locker vor und zurück, um Ihre Atmung wieder zu beruhigen.
- Dann beginnen Sie von vorn, und im Anschluss gehen Sie wieder diese Strecke.
- Bleiben Sie immer in Bewegung, um das Herz bei seiner Arbeit zu unterstützen und die Muskulatur nicht auskühlen zu lassen.
- Versuchen Sie im Anschluss einen dritten Sprint mit Abstoppen und Richtungswechsel (= Pendellauf).
- Vergessen Sie am Ende nicht das erneute Abgehen der Strecke für die Atemkontrolle.

Wenn Sie die oben beschriebenen Intervalle gut bewältigen können, haben Sie unterschiedliche Möglichkeiten, Ihre Pendelläufe zu variieren: erhöhen Sie zum Beispiel die Anzahl der Richtungswechsel. Sie können ebenfalls die Anzahl der Richtungswechsel beibehalten und dafür die Sprintstrecke von fünfzehn Metern auf zwanzig und mehr verlängern. Eine weitere Steigerung wäre, nach dem Abstoppen einen Schlusssprung einfließen zu lassen.

Pleiten, Pech und Pannen

Sie schaffen es nicht, zehn Minuten am Stück zu Joggen? Das macht gar nichts. Suchen Sie sich Wegmarken wie etwa einen prägnanten Baum oder ein Straßenschild. Versuchen Sie bis dorthin locker zu joggen. Dann gehen Sie in etwa dieselbe Weglänge langsam weiter – beides dann immer im Wechsel, bis Sie zehn Minuten unterwegs waren.

Gemeinsam!

Übungen für Mensch und Hund

Workout im Wald

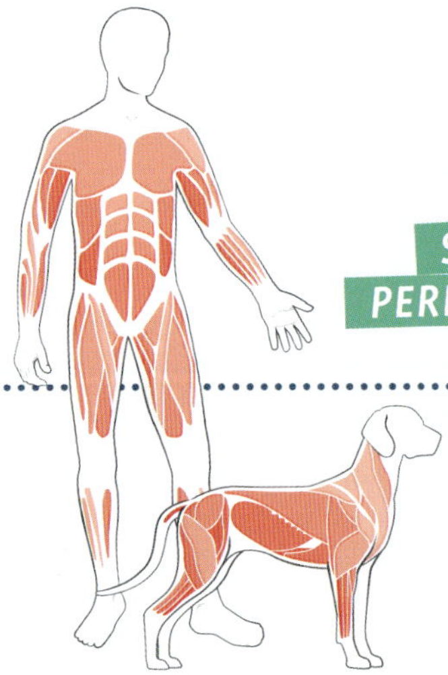

SIE HABEN DEN WALD DIREKT VOR DER HAUSTÜR? PERFEKT! UND FALLS NICHT, KOMMEN SIE VIELLEICHT WÄHREND DES URLAUBS IN DEN GENUSS.

Was wird trainiert?

Sie trainieren alle Körperregionen sowohl beim Hund als auch beim Menschen.

Das brauchen Sie fürs Training

> Eine gerade Strecke von mindestens fünfzehn Metern Länge
> Einen stehenden Baum
> Einen liegenden/gefällten Baum oder einen Felsen
> Die Hundeleine

Warm Up

> Joggen Sie locker und entspannt für zehn Minuten
> Lassen Sie Ihre Arme fünf Mal weiträumig kreisen
> Gehen Sie fünf Mal locker und tief in die Hocke
> Lassen Sie Ihren Hund jeweils fünf Mal einen Turn und einen Twissel machen (Seite 34)

Übung 1

Kondition aufbauen

Mensch	Hund	Einsteiger-Trainingsplan
Pendellauf (Seite 82)	Der Vierbeiner läuft bei Ihrem Pendellauf mit und trägt dabei eventuell einen Ast. Alternative: Lassen Sie ihn in Ihrer Umgebung herumschnüffeln.	3 Sätze à 15 Meter Sprint (hin und zurück) inklusive Atemkontrolle

Schnüffelparadies! Schäferhund Ares möchte unter diesen schönen Blättern am liebsten sofort nach Leckerchen suchen.

Übung 2

Bauchtraining und Übung Maus

Mensch	Hund	Einsteiger-Trainingsplan
Crunch It Up (Seite 76)	Maus (Seite 24)	3 Sätze à 5-12 Wiederholungen

Keks-Zeit! Sind Sie oben, bekommt der Hund anfangs ein Leckerchen.

Maus plus Crunch – so geht's:

- Legen Sie sich auf den Boden, Ihre Beine sind angewinkelt.
- Ihr Hund sitzt vor oder neben Ihnen.
- Während Sie die Bauchmuskelübung absolvieren, macht Ihr Vierbeiner stets dann Maus, wenn Sie über Ihre Knie gucken.
- Sie können eine Handvoll Leckerlis nehmen und immer dann, wenn Sie oben angekommen sind, Ihrem Hund einen Keks zustecken.
- Alternativ kann Ihr Hund auch solange in der Maus-Übung verweilen, bis Sie mit Ihren Crunches fertig sind.

Pleiten, Pech und Pannen

Gelingt es nicht, Ihren Hund während der Crunches in die Maus-Position zu bringen? Dann lassen Sie ihn zwischen Ihren Füßen sitzen. Auf diese Weise ist er näher an Ihrem Körper. Alternativ können Sie die Übung andersherum machen: Sie starten in der aufrechten Position und lassen den Vierbeiner Maus machen. Dann darf er wieder sitzen und Sie gehen mit dem Oberkörper so tief herunter, wie Sie können.

Wenn Sie sich dem Boden nähern, kann sich auch der Hund wieder entspannen.

Übung 3

Liegestütz und lockere Sprünge

Mensch	Hund	Einsteiger-Trainingsplan
Federnder Liegestütz (Seite 68)	Sprung über Hindernis (Seite 42)	3 Sätze à 12 Wiederholungen

Zunächst macht es Sinn, den Hund ohne die eigene Übung an das Hindernis zu gewöhnen.

Sprung plus Liegestütz – so geht's:

- Suchen Sie sich eine Stelle mit einem Felsen oder einem umgekippten Baum für den Hund sowie einen stehenden Baum oder eine Wand für sich selbst.
- Ihr Hund wartet vor seinem Hindernis, Sie stellen sich vor das Ihrige.
- Lassen Sie Ihren Vierbeiner über den Stamm springen, während Sie federnde Liegestütze machen.
- Es ist ratsam, Ihrem Hund das Sprungkommando zu geben, wenn Sie sich am tiefsten Punkt Ihres Liegestützes befinden. Auf diese Weise können Sie Ihren Hund besser kontrollieren.

Tipps und Variationen

Sobald Sie für die Liegestütze nur noch eine leichte Schräge benötigen oder sie sogar ganz waagerecht ausführen können, kann Ihr Hund auch direkt über Sie springen. Sie verharren am tiefsten Punkt Ihrer Liegestütze, während Ihr Vierbeiner über Sie springt. Danach sollte er warten, damit Sie sich einmal kräftig abstoßen können. Sobald Sie erneut den tiefsten Punkt erreicht haben, darf er ein weiteres Mal springen.

Im Anschluss kann dann die Liegestütz dazu genommen werden.

Übung 4

Explosivkraft und lockere Sprünge

Mensch	Hund	Einsteiger-Trainingsplan
Sprung auf Baumstamm (Seite 54)	Sprung auf Baumstamm (Seite 44)	3 Sätze à 12 Wiederholungen

Sprung plus Sprung – so geht's:

Schöner kann eine Kombiübung kaum sein: Sie und Ihr Hund trainieren gemeinsam dieselbe Übung!

> Suchen Sie sich einen breiten Baumstumpf.
> Gehen Sie in die Hocke.
> Ihr Hund macht neben Ihnen Sitz, oder, wenn es schwieriger sein soll, Platz.
> Warten Sie auf den Blickkontakt Ihres Hundes. Mit dem Draufspring-Kommando stoßen Sie sich gemeinsam kraftvoll ab, um auf dem Baumstamm zu landen.
> Achten Sie auf die Stabilität in Ihren Knien und Fußgelenken!
> Springen Sie gemeinsam wieder locker herunter.
> Und los geht es wieder mit der Einnahme Ihrer Grundposition.

Tipps und Variationen

Alternativ suchen Sie sich eine Parkbank. Ihr Hund sollte gut darauf landen können und nicht Gefahr laufen, mit seinen Pfoten in irgendwelche Ritzen zu rutschen.

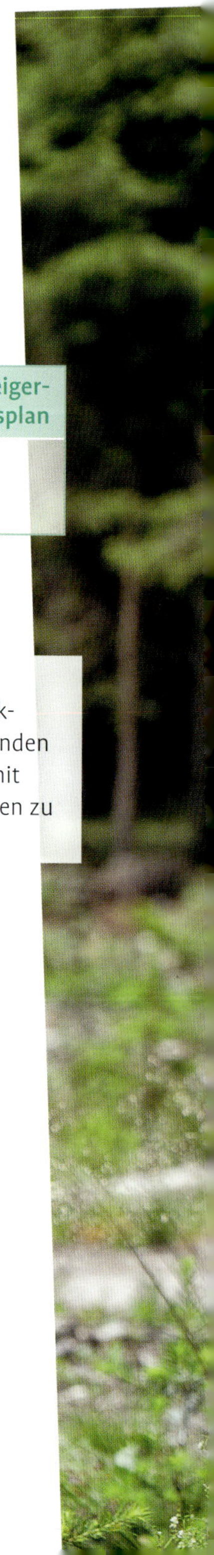

Und hopp:
Synchronaufspringen!

Übung 5

Beintraining und Balance

Mensch	Hund	Einsteiger-Trainingsplan
Kniebeuge, Variation „Überkopf“ (Seite 60)	Diener (Seite 30)	3 Sätze à 12 Wiederholungen

Kniebeuge plus Diener – so geht's:

- Nehmen Sie die Leine Ihres Hundes zur Hand, die nicht am Hund befestigt ist.
- Führen Sie Ihren abgeleinten Hund vor sich, damit Sie ihn gut sehen können.
- Ihre Hände greifen die Leine und halten sie während der Übung unter Spannung möglichst hoch über den Kopf.
- Ziel ist es, Ihren Hund in der Abwärtsbewegung Ihrer Kniebeuge einen Diener machen zu lassen.
- Sobald Sie sich wieder aufwärts bewegen, darf sich auch Ihr Hund wieder aufrichten.

Pleiten, Pech und Pannen

Manche Hunde neigen dazu, Ihrem Menschen das Gesicht ablecken zu wollen, wenn sie aufgeregt sind und dieser nah zu ihnen herunter kommt. Ist dies bei Ihrem Vierbeiner der Fall, lassen Sie Ihren Hund etwas weiter weg den Diener machen. Wenn dies nichts nützt, kehren Sie die Reihenfolge um: Lassen Sie Ihren Hund zuerst seine Übung durchführen und dann gehen Sie selbst in die Kniebeuge.

Der fleißige Touch wartet, während er den Diener macht, schon auf das nächste Kommando.

Cool Down im Wald

- Zunächst gehen Sie locker aber zügig. Werden Sie dann stetig langsamer.
- Atmen Sie bewusst ein und aus.
- Zum Dehnen versuchen Sie, den Boden mit Ihren Fingerspitzen zu berühren – bei möglichst durchgestreckten Beinen.
- Recken Sie sich in die Höhe mit ausgestreckten Armen als wollten Sie Früchte pflücken.
- Lassen Sie Ihre Arme fünf Mal weiträumig kreisen.
- Ihren Hund lassen Sie einen Diener (Seite 30) machen.
- Für den Hund können auch die Warm-Up-Übungen aus dem Einleitungsteil (Seite 14) als Dehnübungen im Cool Down genutzt werden.

Workout am Strand

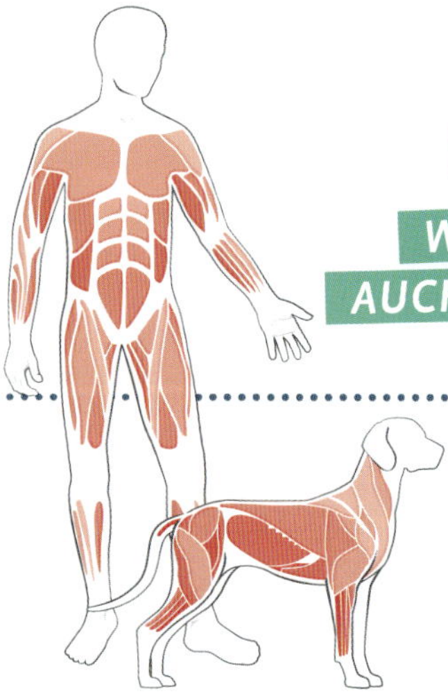

AM STRAND LÄSST ES SICH NICHT NUR WUNDERBAR LAUFEN UND FRISCHE LUFT TANKEN – AUCH GEMEINSAMES TRAINING IST HIER SEHR GUT MÖGLICH!

Was wird trainiert?

Sie trainieren alle Körperregionen sowohl beim Hund als auch beim Menschen.

Das brauchen Sie fürs Training

> Eine gerade Strecke von mindestens fünfzehn Metern Länge
> Einen stehenden Baum oder ein Klettergerüst
> Eine Wand
> Eine Hundeleine oder einen kleinen Stein

Warm Up

> Joggen Sie locker und entspannt für zehn Minuten
> Lassen Sie Ihre Arme fünf Mal weiträumig kreisen
> Gehen Sie fünf Mal locker und tief in die Hocke
> Lassen Sie Ihren Hund jeweils fünf Mal einen Turn und einen Twissel machen (Seite 34)

Übung 1

Kondition aufbauen

Mensch	Hund	Einsteiger-Trainingsplan
Pendellauf (Seite 82)	Der Vierbeiner läuft beim Pendellauf mit und trägt dabei eventuell einen Ast. Alternativ lassen Sie Ihren Vierbeiner Ihr Umfeld schnüffelnd erkunden.	3 Sätze à 15 Meter Sprint (hin und zurück) inklusive Atemkontrolle

Rennen lässt es sich am Strand ganz vortrefflich. Aber nicht nur das!

Übung 2

Bauchtraining und Beweglichkeit

Mensch	Hund	Einsteiger-Trainingsplan
Windmühle (Seite 80), beide Seiten	Twissel und Turn (Seite 34)	3 Sätze à 12 Wiederholungen

Windmühle plus Twissel – so geht's:

> Lassen Sie Ihren Hund vor oder neben sich warten.

> Nehmen Sie die Grundposition ein: Füße etwas weiter als schulterbreit, den rechten Arm hochgestreckt, den linken hängend, Ihren Rücken gerade, die Knie fast durchgestreckt.

> Während Ihr Blick hoch zu Ihrer rechten Hand geht, geben Sie Ihrem Hund das Signal, sich um seine rechte Achse zu drehen.

> Den Blick immer nach oben zur rechten Hand gerichtet versuchen Sie, mit der linken Hand den Boden zwischen Ihren Füßen zu berühren.

> Kommen Sie anschließend wieder in Ihre Ausgangsposition zurück.

> Trainieren Sie zunächst alle Wiederholungen mit dem rechten Arm und der rechten Seite und wechseln Sie dann auf den linken Arm bzw. die linke Seite bei Ihrem Hund.

Pleiten, Pech und Pannen

Das Timing zwischen Ihnen und Ihrem Hund stimmt noch nicht ganz? Dann nehmen Sie Ihre Ausgangsposition ein, den rechten Arm oben, den linken hängend. Nun geben Sie inklusive Handgeste des linken Arms das Kommando zum Um-die-Achse-drehen. Erst anschließend folgt Ihre eigene Bewegung.

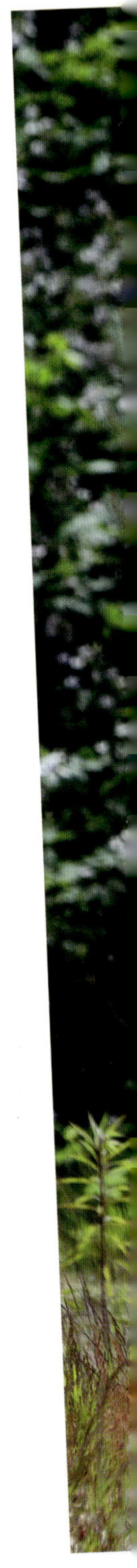

Vorsicht, Drehwurm! Lassen Sie Ihren Hund nicht zu oft um sich herumlaufen.

Übung 3

Armtraining und Balance

Klimmzüge plus Früchte klauen – so geht's:

> Wählen Sie einen Baum aus, an den sich Ihr Hund gut mit den Vorderläufen abstützen kann.
> Suchen Sie sich selbst einen stabilen mehr oder weniger hohen Ast, an dem Sie Klimmzüge machen können – gern am selben Baum.
> Während Sie Ihre Klimmzüge machen, trainiert Ihr Hund die Übung Früchte klauen: Entweder springt er pro Klimmzug neu an den Baum, oder er hält seine Position so lange, bis Sie mit einem Satz fertig sind.

Tipps und Variationen

Wenn Sie selbst an einem Geländer trainieren, dann kann Ihr Hund für seine Übung auch eine Straßenlaterne oder eine Wand, etwa ein Bushaltehäuschen, benutzen.

Mensch	Hund	Einsteiger-Trainingsplan
Klimmzüge (Seite 72)	Früchte klauen (Seite 26)	3 Sätze à 12 Wiederholungen

Los, Carlos, streck dich! Dann bist du fast so groß wie Hester.

Übung 4

Explosivkraft und Beweglichkeit

Mensch	Hund	Einsteiger-Trainingsplan
Bergsteiger (Seite 56)	Kriechen, vor und zurück (Seite 28)	3 Sätze à 12 Wiederholungen

Bergsteiger plus Kriechen – so geht's:

> Nehmen Sie eine Liegestütz-Position ein.
> Ihr Hund liegt direkt vor Ihnen und schaut Sie an.
> Ziel ist, dass Ihr Hund vor- und zurückkriecht, während Sie Ihre Füße für die Bergsteiger-Übung anheben.
> Nun stoßen Sie sich jeweils sechs Mal mit dem rechten und sechs Mal mit dem linken Bein ab.
> Während dieser 12 Wiederholungen kriecht Ihr Hund immer weiter rückwärts.
> Während des nächstens Satzes (also den nächsten 12 Wiederholungen) lassen Sie ihn auf sich zu kriechen, und beim nächsten Satz wieder zurück.

Pleiten, Pech und Pannen

Die meisten Hunde empfinden es als unangenehm, wenn die Füße des Menschen so trampeln. Beginnen Sie Ihre Kombiübung, indem Sie sie langsam ausführen, um Ihren Hund daran zu gewöhnen. Er wird sich rasch damit anfreunden und freudig vor- und zurückkriechen.

Ridgeback Carlos muss fürs Kriechen erst mal seine Beine sortieren.

Übung 5

Schwerpunkt Hüfte und Core-Training

Mensch	Hund	Einsteiger-Trainingsplan
Rumänisches Kreuzheben (Seite 66)	Rückwärtstraining, Variante „Back Up" (Seite 38)	3 Sätze à 12 Wiederholungen

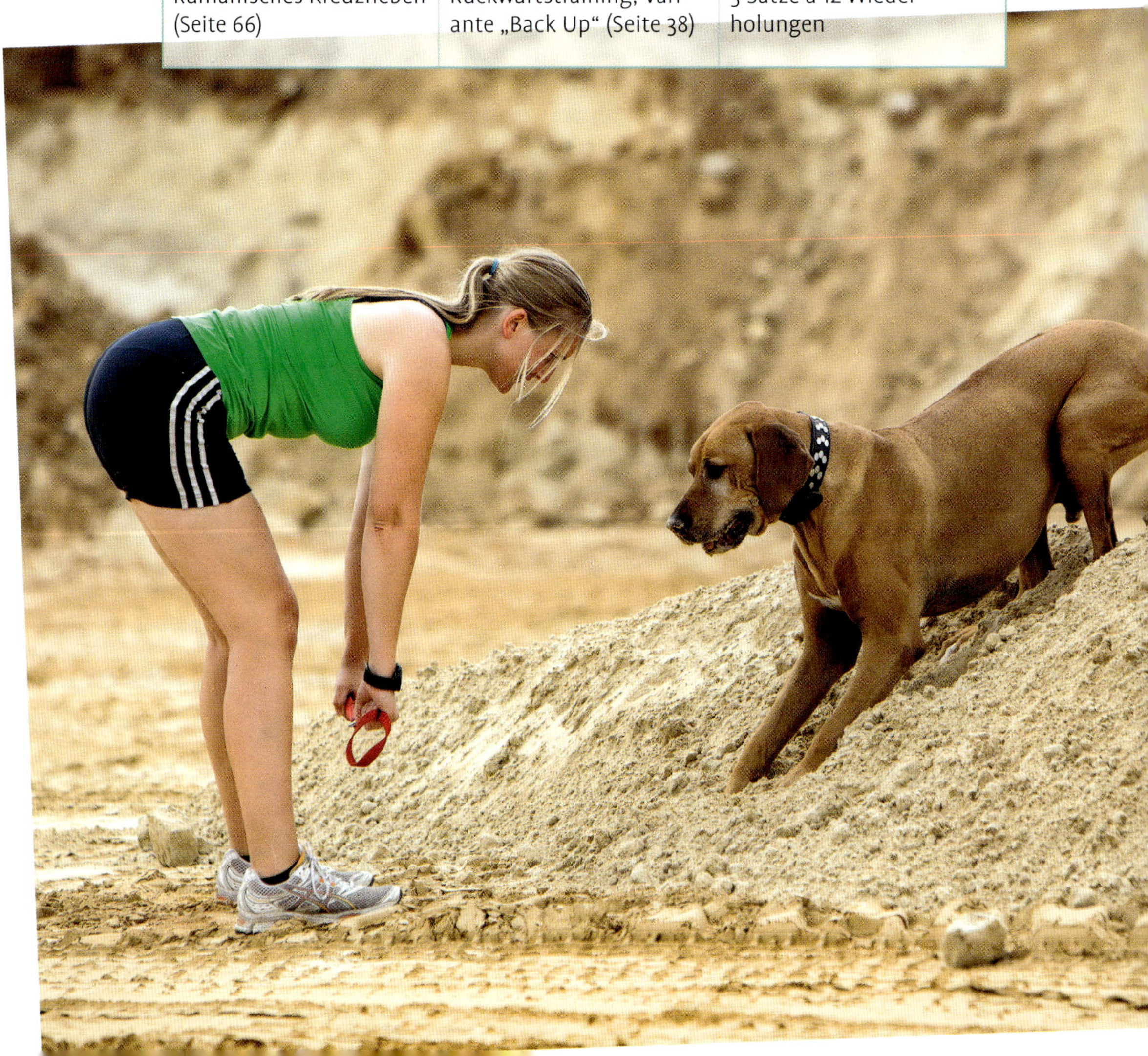

Kreuzheben plus Back Up – so geht's:

- Ziel ist es, den Hund rückwärts ins Back Up gegen eine Wand laufen zu lassen, während Sie mit dem Rumänischen Kreuzheben konzentriert Ihre Knie beugen.
- Wenn Sie sich wieder aufrichten, begibt sich auch Ihr Vierbeiner auf alle Viere.
- Auf diese Weise trainiert Ihr Hund sowohl das Bewegungsmuster der Übung als auch seine Haltemuskulatur, ohne aber dabei überzutrainieren. Von außen ist eine harmonische Schaukelbewegung zu erkennen.

Pleiten, Pech und Pannen

Sollten Sie keine richtige Wand am Strand finden, kann Ihr Hund auch rückwärts auf eine Parkbank oder einen Baumstamm klettern. Wenn Ihr Hund noch kein Back Up kann oder wenn Sie einen älteren Hund haben, dann darf Ihr vierbeiniger Sportsfreund stattdessen rückwärts über ein nicht zu hohes Hindernis klettern.

Hat Frauchen außer der Leine vielleicht auch noch einen Keks in der Hand?

Cool Down am Strand

- Zunächst gehen Sie locker aber zügig. Werden Sie dann stetig langsamer.
- Atmen Sie bewusst ein und aus.
- Zum Dehnen versuchen Sie, den Boden mit Ihren Fingerspitzen zu berühren – bei möglichst durchgestreckten Beinen.
- Recken Sie sich in die Höhe mit ausgestreckten Armen als wollten Sie Früchte pflücken.
- Lassen Sie Ihre Arme fünf Mal weiträumig kreisen.
- Ihren Hund lassen Sie einen Diener (Seite 30) machen.
- Für den Hund können auch die Warm-Up-Übungen aus dem Einleitungsteil (Seite 14) als Dehnübungen im Cool Down genutzt werden.

Workout in der Stadt

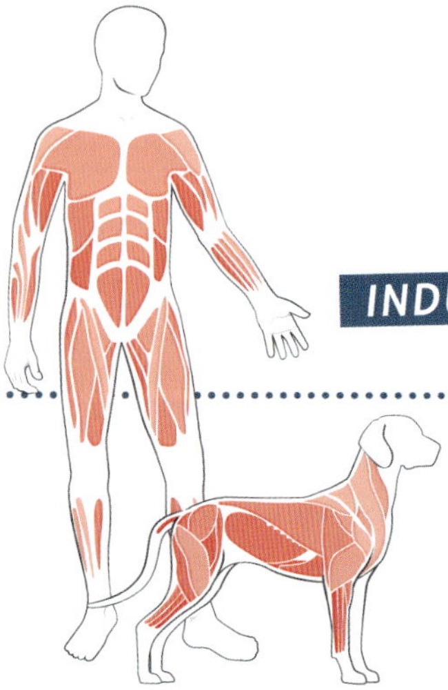

AUCH IN DER STADT UND SOGAR IN INDUSTRIEGEBIETEN WIE EINEM HAFEN KANN MAN PRIMA TRAINIEREN.

Was wird trainiert?

Sie trainieren alle Körperregionen sowohl beim Hund als auch beim Menschen.

Das brauchen Sie fürs Training

> Eine gerade Strecke von mindestens fünfzehn Metern Länge
> Eine Parkbank oder einen Mauersims
> Eine Stelle mit lockerer Erde für den Hund
> Eine Gebäudewand
> Einen Dummy oder ein Spielzeug zum Suchen für den Hund

Warm Up

> Joggen Sie locker und entspannt für zehn Minuten
> Lassen Sie Ihre Arme fünf Mal weiträumig kreisen
> Gehen Sie fünf Mal locker und tief in die Hocke
> Lassen Sie Ihren Hund jeweils fünf Mal einen Turn und einen Twissel machen (Seite 34)

Übung 1

Kondition aufbauen

Mensch	Hund	Einsteiger-Trainingsplan
Pendellauf (Seite 82)	Der Vierbeiner läuft bei Ihrem Pendellauf mit und trägt dabei eventuell ein schweres Spielzeug. Alternativ lassen Sie Ihren Vierbeiner ein wenig das Umfeld schnüffelnd erkunden.	3 Sätze à 15 Meter Sprint (hin und zurück) inklusive Atemkontrolle

Ein städtischer Hafen hat ein ganz eigenes Ambiente.

Übung 2

Core-Training und Beweglichkeit

Mensch	Hund	Einsteiger-Trainingsplan
Ellenbogenstütz (Seite 78)	Nach Leckerlis suchen oder buddeln (Seite 33)	3 Sätze à 12 Wiederholungen

Ellenbogenstütz plus Buddeln – so geht's:

> Sie suchen sich einen Platz mit lockerem Erdreich oder viel Laub.
> Ihr Hund befindet sich vor Ihnen im Platz und wartet.
> Sie begeben sich in den Ellenbogenstütz, den Leckerlibeutel unterhalb Ihrer Brust.
> Aus dieser Position heraus nehmen Sie ein Leckerli aus dem Beutel und vergraben dieses mit Ihrer linken Hand schräg links vor sich.
> Gehen Sie zurück in die Grundhaltung des Ellenbogenstützes auf beiden Unterarmen.
> Jetzt bekommt Ihr Hund den Befehl zum Buddeln. Sicherlich ist er schon sehr gespannt!
> Sobald er das Leckerli gefunden hat, schicken Sie Ihren Hund wieder in seine Warteposition vor Ihnen.
> Nun nehmen Sie mit Ihrer rechten Hand ein Leckerli und vergraben es schräg rechts von sich.
> Ihr Hund darf wiederum erst suchen, wenn Sie ihm den Befehl zum Suchen und Buddeln gegeben haben.

Tipps und Variationen

Sie können Ihrem Hund auch ein oder mehrere Spielzeuge oder Leckerlis im Boden vergraben oder verstecken. Während er sich die tollen Dinge ausbuddeln darf, üben Sie ganz in Ruhe Ihren Ellenbogenstütz.

Nur gut, dass Badger nach hinten buddelt.

Übung 3

Liegestütz und Balance

Mensch	Hund	Einsteiger-Trainingsplan
Military Press Liegestütz (Seite 70)	Diener (Seite 30)	3 Sätze à 12 Wiederholungen

Military Press Liegestütz plus Diener – so geht's:

> Im weitesten Sinne machen Sie und Ihr Hund dieselbe Übung!
> Ihr Hund kann sich neben oder vor Ihnen befinden.
> Gehen Sie tief herunter und geben Sie Ihrem Hund gleichzeitig das Signal, einen Diener zu machen.
> Wenn Sie sich wieder aufrichten, darf sich auch Ihr Hund wieder aufrichten.

Pleiten, Pech und Pannen

Ihr Hund gibt Ihnen das Gefühl, steif und unbeweglich zu sein? Das ist normal, gewöhnen Sie sich daran – auch das beste Training wird dies leider nicht ändern können.

Sport mit Aussicht:
So lässt es sich leben.

Übung 4

Explosivkraft und Nasenarbeit

Mensch	Hund	Einsteiger-Trainingsplan
Power-Halt (Seite 58)	Suchen eines Gegenstands (Seite 48)	3 Sätze à 12 Wiederholungen

Power-Halt plus Suchen – so geht's:

> Suchen Sie sich eine bequeme Wand oder einen Baumstamm, an dem Sie die Übung Power-Halt ausüben können, ohne sich den Rücken zu verletzen.
> Lassen Sie zunächst Ihren Hund warten und verstecken Sie seinen Ball oder Dummy in der Umgebung.
> Gehen Sie zu ihm zurück und geben Sie ihm den Befehl zum Suchen und Wiederbringen.
> Während Ihr Hund seine Beute sucht, begeben Sie sich in den Power-Halt.
> Versuchen Sie so lange auszuhalten, bis Ihr Hund seinen Dummy oder sein Spielzeug gefunden hat.

Tipps und Variationen

Wenn Sie nicht so lange gehockt bleiben können, wie Ihr Hund sucht, oder aber Ihr vierbeiniger Sportsfreund zu schnell wieder bei Ihnen ist: Variieren Sie die Schwierigkeit der Verstecke!

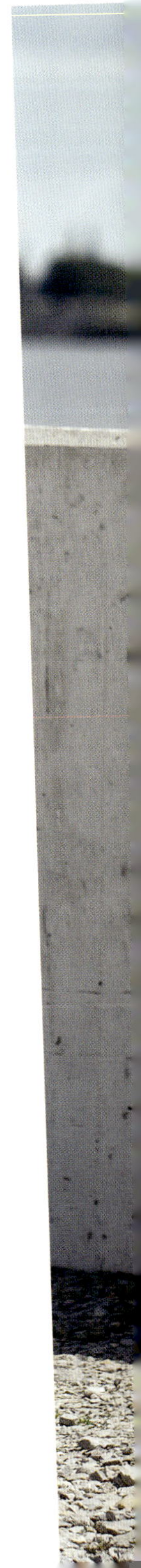

Gesucht und gefunden: als Belohnung gibt's für Badger den Inhalt des Futterbeutels.

Übung 5

Explosivkraft und Beweglichkeit

Mensch	Hund	Einsteiger-Trainingsplan
Ausfallschritte (Seite 62)	Slalom durch die Beine (Seite 36)	3 Sätze à 12 Wiederholungen

Ausfallschritte plus Slalom – so geht's:

> Mit Ihrem Hund an Ihrer Seite machen Sie einen großen Schritt nach vorn. Führen Sie den Hund links, machen Sie den Ausfallschritt mit Ihrem rechten Bein.
> Gehen Sie tief herunter in den Ausfallschritt und lassen Sie Ihren Hund von links nach rechts durch Ihre Beine hindurchtauchen.
> Machen Sie mit Ihrem linken Bein einen weiten Schritt nach vorn und wiederholen Sie die Übung, indem Sie Ihren Hund von rechts nach links laufen lassen.

Pleiten, Pech und Pannen

Wenn Sie einen großen Hund haben, dann ist es einfacher, die Bewegung etwas zu variieren: Geben Sie Ihrem großen Vierbeiner das Signal, durch Ihre Beine zu laufen, *bevor* Sie tief herunter gehen. Oder aber Sie lassen Ihren Hund tatsächlich hindurchkrabbeln – was die Übung für Ihren Sportsfreund allerdings erschwert.

Gut, dass Badger so ein schönes weiches Fell hat und keine Igelborsten.

Cool Down in der Stadt

> Zunächst gehen Sie locker, aber zügig. Werden Sie dann stetig langsamer.
> Atmen Sie bewusst ein und aus.
> Zum Dehnen versuchen Sie, den Boden mit Ihren Fingerspitzen zu berühren – bei möglichst durchgestreckten Beinen.
> Recken Sie sich in die Höhe mit ausgestreckten Armen, als wollten Sie Früchte pflücken.
> Lassen Sie Ihre Arme fünf Mal weiträumig kreisen.
> Ihren Hund lassen Sie einen Diener (Seite 30) machen.
> Für den Hund können auch die Warm-Up-Übungen aus dem Einleitungsteil (Seite 14) als Dehnübungen im Cool Down genutzt werden.

Workout in Feld und Flur

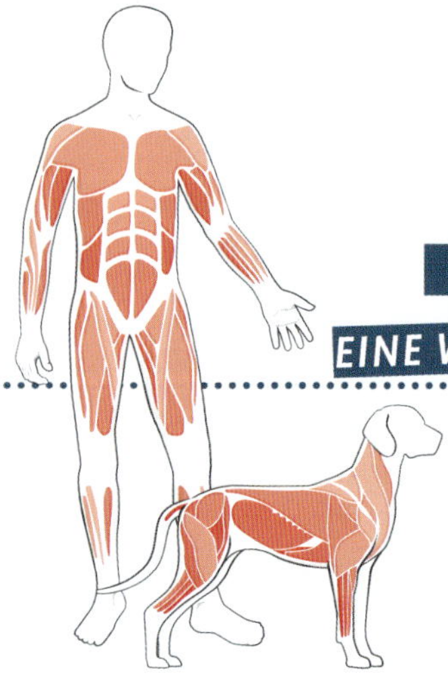

FÜR DIESES WORKOUT EIGNET SICH EINE WIESE, EIN PARK ODER DER EIGENE GARTEN.

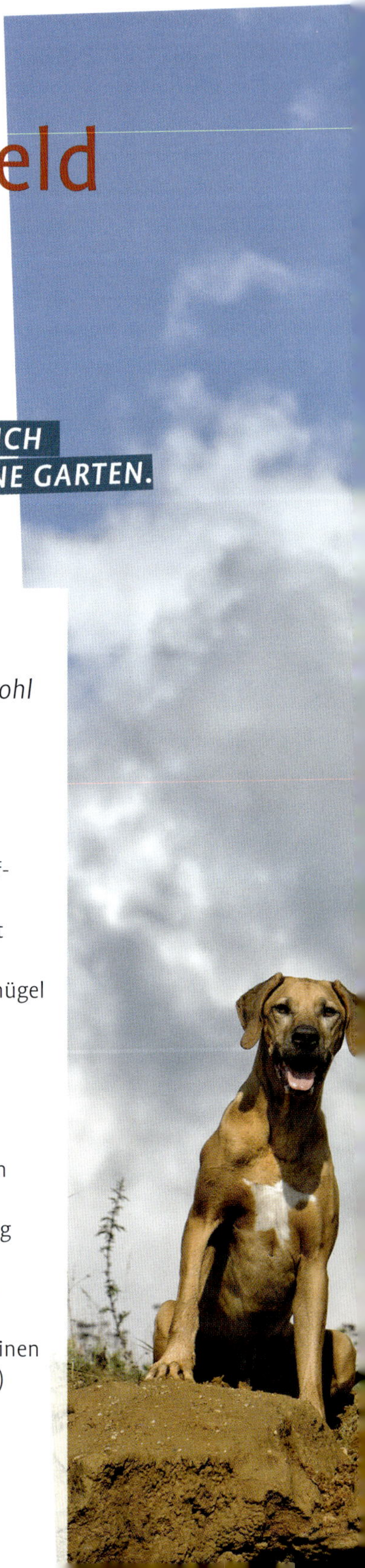

Was wird trainiert?

Sie trainieren alle Körperregionen sowohl beim Hund als auch beim Menschen.

Das brauchen Sie fürs Training

> Eine gerade Strecke von mindestens fünfzehn Metern Länge
> Einen stehenden Baum, ein Klettergerüst oder eine Straßenlaterne
> Einen Ast oder einen großen Maulwurfshügel

Warm Up

> Joggen Sie locker und entspannt für zehn Minuten
> Lassen Sie Ihre Arme fünf Mal weiträumig kreisen
> Gehen Sie fünf Mal locker und tief in die Hocke
> Lassen Sie Ihren Hund jeweils fünf Mal einen Turn und einen Twissel machen (Seite 34)

Übung 1
Kondition aufbauen

Mensch	Hund	Einsteiger-Trainingsplan
Pendellauf (Seite 82)	Der Vierbeiner läuft bei Ihrem Pendellauf mit und trägt dabei eventuell einen Ast. Alternativ lassen Sie Ihren Vierbeiner an einem am Baum festgebundenen Tau zerren.	3 Sätze à 15 Meter Sprint (hin und zurück) inklusive Atemkontrolle

Wir sind bereit fürs Training in Feld und Flur!

Übung 2

Explosivkraft und Koordination

Mensch	Hund	Einsteiger-Trainingsplan
Crunch It Up (Seite 76)	Positionswechsel Sitz – Platz – Steh	3 Sätze à 12 Wiederholungen

Bauchtraining plus Positionswechsel – so geht's:

> Legen Sie sich mit dem Rücken auf den Boden, Ihre Beine sind angewinkelt.
> Ihr Hund sitzt vor Ihnen.
> Während Sie die Bauchmuskelübung machen, geben Sie Ihrem Vierbeiner das Signal zum Sitz, Platz oder Steh – und zwar jedes Mal dann, wenn Sie über Ihre Knie schauen.
> Sie können sich eine Handvoll Leckerlis nehmen und immer, wenn Sie oben ankommen, Ihrem Hund einen Keks geben.

Tipps und Variationen

Alternativ können Sie Ihren Hund auch eine Rolle machen oder ihn winken lassen. Es gibt eine Vielzahl von Kombinationsmöglichkeiten.

Idgie ist schon ganz gespannt: Gleich gibt's das Leckerchen!

Übung 3

Oberkörpertraining und Rückwärtslaufen

Mensch	Hund	Einsteiger-Trainingsplan
Türziehen (Seite 74)	Rückwärtstraining (Seite 38)	3 Sätze à 12 Wiederholungen

Türziehen plus Rückwärtstraining – so geht's:

> Suchen Sie sich einen Baumstamm, der nicht rutschig ist.
> Klemmen Sie diesen Baumstamm zwischen Ihren Füßen ein.
> Schlingen Sie die Hundeleine um ihn herum. Alternativ umfassen Sie den Baumstamm mit Ihren Händen.
> Ihr Hund steht neben Ihnen (und dem Baumstamm).
> Während Sie sich nun abwechselnd nach hinten lehnen und wieder zum Baumstamm heranziehen, lassen Sie Ihren Hund rückwärts um sich selbst samt Baumstamm herumlaufen.

Tipps und Variationen

Wenn Sie es noch ein bisschen schwerer für Ihren Hund gestalten wollen, dann können Sie ein paar Äste als „Outdoor-Cavaletti" um den Baum platzieren, sodass Ihr Hund sehr konzentriert seine Pfoten setzen muss. Alternativ lassen Sie Ihren Vierbeiner im Wechsel einmal vorwärts und einmal rückwärts um den Baumstamm und sich selbst laufen.

Idgie ist schon fertig. Und Hester?

Übung 4

Explosivkraft und Beweglichkeit

Mensch	Hund	Einsteiger-Trainingsplan
Seitlicher Sprung über einen Ast, eine Variation der Übung Aufsprünge (Seite 54)	Winken (Seite 32)	3 Sätze à 12 Wiederholungen

Wenn das Winken sitzt, kann gesprungen werden – und zwar so hoch wie möglich!

Erst wird das Winken geübt.

Seitlicher Sprung plus Winken – so geht's:

- Nehmen Sie sich einen Ast und legen Sie ihn neben sich auf eine ebene Fläche. Ein Maulwurfshügel tut es auch.
- Ihren Hund lassen Sie einen oder zwei Meter vor sich Sitz machen.
- Gehen Sie tief in die Hocke – das soll gleichzeitig das Signal für Ihren Vierbeiner sein, zu winken.
- Daraufhin springen Sie mit geschlossenen Beinen kraftvoll über den Ast.
- Wenn Ihr Hund mit beiden Pfoten winken kann, dann können Sie ihn links vom Ast mit der linken Pfote winken lassen und nach Ihrem Sprung nach rechts mit der rechten Pfote.

Pleiten, Pech und Pannen

Ihr Hund will nicht winken, weil er sich über Sie wundert? Dann lassen Sie sich zunächst die Pfote geben – der Körperkontakt wird ihn ermutigen.

Übung 5

Hüfte-Po-Training und lockere Sprünge

Mensch	Hund	Einsteiger-Trainingsplan
Hüftheben nach Gray Cook (Seite 64)	Sprung über den Menschen (Seite 42)	3 Sätze à 12 Wiederholungen

Hüftheben plus Sprung – so geht's:

- Legen Sie sich mit angewinkelten Beinen auf den Rücken.
- Lassen Sie Ihren Hund einen halben Meter von sich entfernt seitlich warten.
- Begeben Sie sich in die Hüfthebeposition.
- In dem Moment, in dem Sie Ihre Hüfte nach oben heben, lassen Sie Ihren Hund über sich herüber springen.
- Entspannen Sie kurz und lassen Sie Ihren Hund währenddessen warten.
- Sobald Sie wieder Ihre Hüfte anheben, bekommt er sein Signal, erneut über Sie zu springen.

Pleiten, Pech und Pannen

Um dieses gemeinsame Training zu üben, können Sie Ihren Hund zunächst in entspannter Körperhaltung über sich springen lassen. Sie heben dann Stück um Stück die Hüfte. Bald hat Ihr Hund die ganze Höhe im Blick.

Kleinere Hunde als Idgie dürfen natürlich auch über Ihre Brust springen.

Cool Down in Feld und Flur

- Zunächst gehen Sie locker, aber zügig. Werden Sie dann stetig langsamer.
- Atmen Sie bewusst ein und aus.
- Zum Dehnen versuchen Sie, den Boden mit Ihren Fingerspitzen zu berühren – bei möglichst durchgestreckten Beinen.
- Recken Sie sich in die Höhe mit ausgestreckten Armen, als wollten Sie Früchte pflücken.
- Lassen Sie Ihre Arme fünf Mal weiträumig kreisen.
- Ihren Hund lassen Sie fünf Mal einen Diener (Seite 30) machen.
- Für den Hund können auch die Warm-Up-Übungen aus dem Einleitungsteil (Seite 14) als Dehnübungen im Cool Down genutzt werden.

Geschafft! Jetzt haben Sie sich die Entspannung verdient.

Service

Literatur-Tipps

- Boyle, Michael: Functional Training, Riva 2010
- Lauren, Mark: Fit ohne Geräte, Riva 2011
- Bogitzky, Axel: Grundkurs Erste Hilfe für Hunde, Ulmer 2000
- Sundance, Kyra: 101 Hundetricks, Ulmer 2009

Website-Tipps

- Website der Autorin: www.hestereick.de

Dank der Autorin

Ich bedanke mich bei all meinen Schülern, Menschen wie Hunden, ohne die ich nicht da wäre, wo ich heute bin. Ich habe ungemein viel von euch allen lernen dürfen. Ein paar Hundeschüler durfte ich in diesem Buch gar verewigen. Habt Dank für eure Geduld und eure Begeisterung!

Auch will ich meiner Lektorin Kathrin Gutmann und meiner Fotografin Gaby Ahnert danken – so viel Einsatz und Engagement ist ein Geschenk für jeden Autor.

Mein ganz besonderer Dank gilt meiner Frau. Ohne Dich, Nadine, würde es dieses Buch gar nicht geben. Für Dich war es nie eine Frage, dass meine Idee als Buch erscheinen würde. Stets bist Du mit Rat und Tat an meiner Seite. Ich bin ein sehr glücklicher Mensch!

Grundlagen und klinische Anwendung der Prostataarterien-Embolisation (PAE) bei benigner Prostatahyperplasie

UNI-MED

UNI-MED Verlag AG
Bremen - London - Boston

Kovács, Attila:
Grundlagen und klinische Anwendung der Prostataarterien-Embolisation (PAE) bei benigner Prostatahyperplasie/Attila Kovács.-
1. Auflage - Bremen: UNI-MED, 2022
ISBN 978-3-8374-2435-5

Printed in Europe

Vorwort und Danksagung

Es ist mir eine große Freude, die erste Ausgabe des Buches zum Thema Prostataembolisation fertiggestellt zu sehen.

Ich empfinde es als eine große Ehre, dass die wichtigsten internationalen Experten als Autoren für das Buch gewonnen werden konnten. Ihnen gilt mein besonderer Dank für die Bereitschaft, ihre Expertise einzubringen, die vorliegende Evidenz strukturiert zu analysieren, basierend auf ihren Erfahrungen Empfehlungen abzugeben und Perspektiven realistisch auszuloten. Sicher werden in Zukunft aktualisierte Ausgaben folgen, weil die Methode noch viel Potential in sich birgt.

Herrn Dr. Matthias Wulfmeyer vom UNI-MED Verlag danke ich für seine professionelle Unterstützung, für seine Motivation und nicht zuletzt für die reibungslosen Abläufe.

Bonn, im November 2021 *Attila Kovács*

Autoren

Priv.-Doz. Dr. Dominik Abt
Kantonsspital St. Gallen
Klinik für Urologie
Haus 03
Rorschacher Strasse 95
CH-9007 St. Gallen, Schweiz

Kap. 5.

Dr. Claudia Báez-Díaz
Jesus Uson Minimally Invasive Surgery Centre
Carretera N-521
ES-810071 Cáceres, España

Kap. 3.

Prof. Dr. Tiago Bilhim, MD, PhD, EBIR, FSIR
Radiology Professor, Nova Medical School
Interventional Radiologist Saint Louis Hospital and Curry Cabral Hospital, CHLC
Lissabon, Portugal

Kap. 7.

Dr. Peter Bischoff
Klinik für Interventionelle und Diagnostische Radiologie und Neuroradiologie
MEDICLIN Robert Janker Klinik
Villenstraße 8
53129 Bonn

Kap. 3.

Prof. Dr. Francisco César Carnevale
CRIEP
Rua Teodoro Sampaio, 352
cj 11 Pinheiros
Sao Paulo, República Federativa do Brasil
Kap. 10., 11.

Prof. Dr. Tobias Franiel
Universitätsklinikum Jena
Institut für Diagnostische und Interventionelle Radiologie
Am Klinikum 1
07747 Jena

Kap. 13.

Prof. Dr. Christian R. Habermann
Institut für Diagnostische und Interventionelle Radiologie
Katholisches Marienkrankenhaus Hamburg
Alfredstraße 9
D-22087 Hamburg
Kap. 12.

Priv.-Doz. Dr. Attila Kovács
Chefarzt der Klinik für Interventionelle und Diagnostische Radiologie und Neuroradiologie
MEDICLIN Robert Janker Klinik
Villenstraße 8
53129 Bonn

Kap. 1., 3.

Priv.-Doz. Dr. Alexander Massmann
Universitätsklinikum des Saarlandes und Medizinische Fakultät der Universität des Saarlandes
Klinik für Diagnostische und Interventionelle Radiologie
Kirrberger Straße
D-66421 Homburg

Kap. 9.

Prof. Dr. Bernhard Meyer
Institut für Diagnostische und Interventionelle Radiologie
Medizinische Hochschule Hannover
Carl Neuberg Str. 1
D-30625 Hannover

Kap. 4.

Dr. André Moreira de Assis
CRIEP
Rua Teodoro Sampaio, 352
cj 11 Pinheiros
Sao Paulo, República Federativa do Brasil
Kap. 10., 11.

Dr. Airton Mota Moreira
CRIEP
Rua Teodoro Sampaio, 352
cj 11 Pinheiros
Sao Paulo, República Federativa do Brasil

Kap. 10., 11.

Dr. Gautier Müllhaupt
Kantonsspital St. Gallen
Klinik für Urologie
Haus 03
Rorschacher Strasse 95
CH-9007 St. Gallen, Schweiz

Kap. 5.

Prof. Dr. Dr. Matthias Oelke
Klinik für Urologie, Kinderurologie und Urologische Onkologie
Prostatazentrum Nordwest
St. Antonius-Hospital
Möllenweg 22
D-48599 Gronau

Kap. 2.

Prof. Dr. Marc R. Sapoval, MD PhD
Department of Cardiovascular Radiology
Hôpital Européen Georges-Pompidou
Paris, France
Kap. 14.

Priv.-Doz. Dr. Lars Schimmöller
Institut für Diagnostische und Interventionelle Radiologie
Universitätsklinikum Düsseldorf
Heinrich-Heine-Universität Düsseldorf
Moorenstraße 5
D-40225 Düsseldorf

Kap. 8.

Prof. Dr. Hans-Peter Schmid
Kantonsspital St. Gallen
Chefarzt der Klinik für Urologie
Haus 03
Rorschacher Strasse 95
CH-9007 St. Gallen, Schweiz

Kap. 5.

Dr. Matthias E. Schmidt
Urologisches Zentrum Bonn
Friedensplatz 16
53111 Bonn

Kap. 6.

Dr. Fei Sun
Jesus Uson Minimally Invasive Surgery Centre
Carretera N-521
ES-810071 Cáceres, España

Kap. 3.

Prof. Dr. med. Ulf Teichgräber, MBA
Universitätsklinikum Jena
Direktor des Institutes für Diagnostische und Interventionelle Radiologie
Am Klinikum 1
07747 Jena

Kap. 13.

Inhaltsverzeichnis

1. Einführung 14

1.1. Literatur ... 14

2. Terminologie und Pathophysiologie des benignen Prostatasyndroms 16

2.1. Benigne Prostatahyperplasie (BPH) ... 16
2.2. Benignes Prostatasyndrom (BPS) ... 16
2.3. Benigne Prostatavergrößerung (BPE) ... 17
2.4. Blasenauslassobstruktion (BOO) und benigne Prostataobstruktion (BPO) ... 18
2.5. Symptome des unteren Harntraktes (LUTS) ... 20
2.6. Literatur ... 21

3. Rationale und Effekte der PAE 22

3.1. Rationale der PAE ... 22
3.1.1. PAE und ischämischer Infarkt ... 22
3.1.2. PAE und ischämische Apoptose ... 24
3.1.3. PAE und androgenbedingte Apoptose ... 25
3.1.4. PAE, intraprostatische Denervierung und Stickstoffmonoxid-Weg ... 26
3.2. Zusammenfassung ... 28
3.3. Literatur ... 28

4. Prä- und periprozedurale Bildgebung im Rahmen der PAE 32

4.1. Präprozedurale Bildgebung ... 32
4.2. Periprozedurale Bildgebung ... 32
4.2.1. Digitale Subtraktions-Angiographie und Durchleuchtung ... 32
4.2.2. 3D-Rotations-Angiographie ... 32
4.2.3. C-Arm-CT ... 33
4.2.3.1. Gefäßdarstellung in der CACT ... 33
4.2.3.2. Parenchymdarstellung in der CACT ... 35
4.2.4. Kombinierte C-Arm/MDCT-Geräte ... 35
4.2.5. Navigationstechniken ... 37
4.2.5.1. Angiographie-basierte Navigation ... 37
4.2.5.2. 3D-basierte Navigation ... 37
4.3. Literatur ... 38

5. Die PAE aus der Perspektive des operativen Urologen 39

5.1. Hintergrund ... 39
5.2. Minimal-invasive Therapien ... 39
5.3. PAE ... 40
5.3.1. Leitlinienempfehlungen ... 40
5.3.2. Evidenz ... 40
5.3.3. Indikation und Patientenselektion ... 40
5.3.4. Limitationen ... 41
5.4. Fazit ... 41
5.5. Literatur ... 41

6. Die PAE aus der Perspektive des niedergelassenen Urologen 43
6.1. Grundlagen ... 43
6.2. Allgemeine Therapieprinzipien ... 43
6.3. Der niedergelassene Urologe und die PAE ... 44
6.4. Literatur ... 46

7. Patientenauswahl 47
7.1. Klinisches Management von Patienten mit Symptomen des unteren Harntraktes (LUTS) ... 47
7.2. Patientenbewertung vor PAE ... 48
7.3. Was sind die idealen Voraussetzungen für eine PAE? ... 50
7.4. Schlussfolgerung ... 51
7.5. Literatur ... 51

8. Prä- und postinterventionelle MRT-Diagnostik 52
8.1. MRT-Diagnostik vor PAE ... 52
8.1.1. MRT-Protokoll ... 57
8.1.2. Alternative prä-interventionelle Bildgebung ... 57
8.2. MRT-Diagnostik nach PAE ... 59
8.3. Literatur ... 59

9. Präinterventionelle Vorbereitung und postinterventionelle Nachsorge 60
9.1. Zielparameter ... 60
9.2. Laborparameter ... 60
9.3. Konservative Therapie ... 61
9.4. Standardoptionen für urologische chirurgische Behandlungen ... 61
9.5. Entscheidungskriterien für eine PAE ... 62
9.6. Periinterventionelle Medikation ... 62
9.7. Komplikationen ... 63

10. Gefäßversorgung der Prostata, Varianten und angiographische Befunde 64
10.1. Ultraschall ... 64
10.2. Magnetresonanztomographie (MRT) ... 64
10.3. Muster der Gefäßanatomie ... 66
10.4. Anastomosierung ... 67
10.5. Zusammenfassung ... 68
10.6. Literatur ... 68

11. Embolisationstechniken bei der PAE 69
11.1. Technik ... 70
11.2. Zusammenfassung ... 74
11.3. Literatur ... 74

12. Katheter, Führungsdrähte und Embolisationsmaterial 76
12.1. Katheter ... 76
12.2. Führungsdrähte ... 78
12.3. Embolisationsmaterial ... 79
12.4. Literatur ... 80

13. PAE – Ergebnisse und Auswirkungen 82
13.1. Einführung ... 82
13.2. Kurzfristige Nachbeobachtung (Zeithorizont <2 Jahre) ... 82
13.3. Mittelfristige Nachbeobachtung (Zeithorizont 2 bis 5 Jahre) ... 83
13.4. Langzeit-Nachbeobachtung (Zeithorizont mehr als 5 Jahre) ... 83
13.5. Studien zum Vergleich der PAE mit etablierten chirurgischen Verfahren ... 84
13.6. Einfluss der Partikelgröße auf den klinischen Erfolg ... 85
13.7. Literatur ... 86

14. Zukünftige Perspektiven 90
14.1. Einführung ... 90
14.2. Klinische Perspektiven ... 90
14.3. Langzeitergebnisse ... 90
14.4. Stellenwert der PAE im Vergleich zur konservativen medizinischen Behandlung ... 90
14.5. Der Stellenwert der PAE im Vergleich zu MIST ... 91
14.6. Rolle des Emboliematerials ... 91
14.7. Verbesserte Bildführung ... 91
14.8. Verbessertes und optimiertes Nachsorgeprotokoll ... 91
14.9. PAE als Erstlinientherapie der BPH ... 92
14.10. PAE bei Prostatakarzinom ... 92
14.11. Ausbildung und Training ... 93
14.12. Patientenüberweisung ... 93
14.13. Zusammenfassung ... 93
14.14. Literatur ... 93

15. Abkürzungsverzeichnis 94

Index 95

2. Terminologie und Pathophysiologie des benignen Prostatasyndroms

2.1. Benigne Prostatahyperplasie (BPH)

Dieser Terminus wird nur zur histologischen (mikroskopischen) Beschreibung der Zellveränderungen in der Prostata benutzt [1]. Die histologische Klassifikation setzt die Entnahme von Prostatagewebe voraus, die aber für die klinische Diagnose des "benignen Prostatasyndroms" – anders als bei der Befundsicherung von onkologischen Erkrankungen – nicht notwendig ist. Das histologische Bild der BPH wird daher häufig als Nebendiagnose nach Entnahme von Prostata-Stanzbiopsien (zum Ausschluss eines Prostatakarzinoms) oder bei der Aufarbeitung von Gewebeproben im Rahmen einer anderen Prostataoperation (z.B. bei transurethraler Resektion der Prostata) gestellt.

Mikroskopisch sind Veränderungen einer oder mehrerer Gewebekomponenten der Prostata im Sinne einer echten Zellvermehrung (Hyperplasie) sichtbar. So kann eine Hyperplasie von Drüsen-(Epithel) oder Stromagewebe (glatte Muskelzellen und Bindegewebszellen) in unterschiedlicher Kombination und Ausprägung bei der histologischen Untersuchung nachweisbar sein.

Die Zellhyperplasie entsteht in der Transitionalzone der Prostata proximal des *Colliculus seminalis.* Die Ursachen für die Entstehung einer BPH sind weitestgehend unbekannt, so dass bis heute keine kausale Therapie oder Prophylaxe existiert.

Die mikroskopischen Veränderungen im Sinne einer BPH nehmen mit dem Alter zu. Während die Wahrscheinlichkeit für das Vorliegen einer BPH bei Männern in der 4. Lebensdekade nur etwa 8 % beträgt, steigt die Wahrscheinlich bei Männern in einem höheren Lebensalter kontinuierlich an [2]. So haben Männer in der 7. Lebensdekade in etwa 70 %, in der 8. Lebensdekade in etwa 80 % und in der 9. Lebensdekade in etwa 90 % eine BPH (☞ Abb. 2.1).

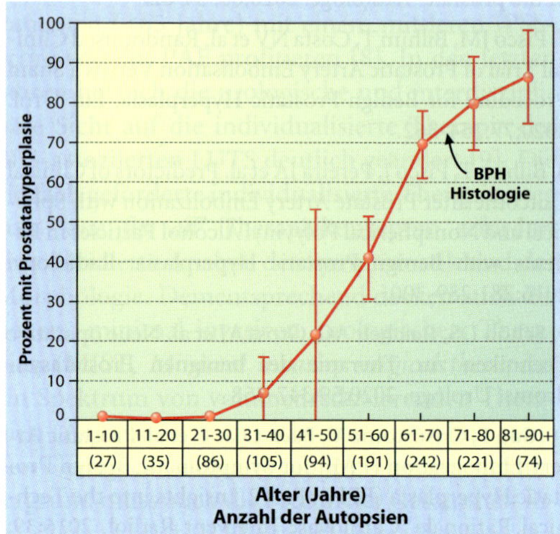

Abb. 2.1: Wahrscheinlichkeit für eine BPH in Abhängigkeit vom Lebensalter. Die Untersuchung basiert auf eine Meta-Analyse von Autopsiestudien mit mehr als 1.000 Männern [2].

2.2. Benignes Prostatasyndrom (BPS)

Dieser Begriff wird nur im deutschsprachigen Raum verwendet und beschreibt das variable Verhältnis zwischen:

- benigner Prostatavergrößerung (*benign prostatic enlargement*, BPE; ☞ Kap. 2.3.)
- Blasenauslassobstruktion (*bladder outlet obstruction*, BOO; ☞ Kap. 2.4.) und
- Symptomen des unteren Harntraktes (*lower urinary tract symptoms*, LUTS; ☞ Kap. 2.5.)

Der Terminus BPS darf nur dann verwendet werden, wenn der Mann älter als 40 Jahre ist, vermutlich eine BPH vorliegt und andere Pathologien des unteren Harntraktes ausgeschlossen wurden, insbesondere Karzinome der Prostata oder Harnblase sowie neurologische Erkrankungen oder Infektionen [3].

Die qualitativen Verhältnisse zwischen den drei Komponenten des BPS können anhand eines Diagrammes illustriert werden, das sog. "Hald-Diagramm" (☞ Abb. 2.2) [4]. Jede Komponente kann

12. Katheter, Führungsdrähte und Embolisationsmaterial 76
12.1. Katheter ... 76
12.2. Führungsdrähte ... 78
12.3. Embolisationsmaterial ... 79
12.4. Literatur ... 80

13. PAE – Ergebnisse und Auswirkungen 82
13.1. Einführung ... 82
13.2. Kurzfristige Nachbeobachtung (Zeithorizont <2 Jahre) ... 82
13.3. Mittelfristige Nachbeobachtung (Zeithorizont 2 bis 5 Jahre) ... 83
13.4. Langzeit-Nachbeobachtung (Zeithorizont mehr als 5 Jahre) ... 83
13.5. Studien zum Vergleich der PAE mit etablierten chirurgischen Verfahren ... 84
13.6. Einfluss der Partikelgröße auf den klinischen Erfolg ... 85
13.7. Literatur ... 86

14. Zukünftige Perspektiven 90
14.1. Einführung ... 90
14.2. Klinische Perspektiven ... 90
14.3. Langzeitergebnisse ... 90
14.4. Stellenwert der PAE im Vergleich zur konservativen medizinischen Behandlung ... 90
14.5. Der Stellenwert der PAE im Vergleich zu MIST ... 91
14.6. Rolle des Emboliematerials ... 91
14.7. Verbesserte Bildführung ... 91
14.8. Verbessertes und optimiertes Nachsorgeprotokoll ... 91
14.9. PAE als Erstlinientherapie der BPH ... 92
14.10. PAE bei Prostatakarzinom ... 92
14.11. Ausbildung und Training ... 93
14.12. Patientenüberweisung ... 93
14.13. Zusammenfassung ... 93
14.14. Literatur ... 93

15. Abkürzungsverzeichnis 94

Index 95

1. Einführung

Seit der Erstbeschreibung vor nunmehr 44 Jahren hat sich die Prostataarterien-Embolisation (PAE) für die Therapie von Blutungen prostatischen Ursprungs, z.B. bei blutenden Karzinomrezidiven, aber auch nach transurethralen Eingriffen an der Prostata und Biopsien erfolgreich bewährt [1]. Über vier Jahrzehnte hinweg wurde und wird die PAE, stets im Einvernehmen zwischen Urologen und interventionellen Radiologen, als Goldstandard für die zuvor genannten Indikationen betrachtet.

Aus dem Jahr 2000 stammt die Erkenntnis, dass die Embolisation aber nicht nur die Blutung zu stillen, sondern auch die mit dem benignen Prostatasyndrom (BPS) verbundenen Beschwerden zu lindern vermag [2]. Hieraus entwickelte sich die elektive Therapie der Symptome des unteren Harntraktes (LUTS, *lower urinary tract symptoms*) beim BPS mittels PAE. Die ersten Publikationen von Francisco Carnevale können als Pionierarbeiten und als zweite Geburtsstunde des Verfahrens betrachtet werden, weil sie den weltweiten PAE-Boom in der BPS-Therapie initiiert haben [3].

Die PAE erfreut sich seither einer stetig steigenden internationalen Beliebtheit, was nicht zuletzt auf die hohe Akzeptanz durch die Patienten zurückzuführen ist. Der klinische Alltag bestätigt, dass zunehmend viele informierte Patienten diese nebenwirkungsarme Therapie für sich beanspruchen. Die gute Verträglichkeit und die kurze Hospitalisation liegen in der Natur des minimal-invasiven, endovaskulären Verfahrens. Hinzu kommt, dass nach der PAE weder Inkontinenz noch eine retrograde Ejakulation befürchtet werden müssen. Die PAE ist eine männerfreundliche Therapie [4] – in erster Linie, aber nicht ausschließlich, jüngere Patienten priorisieren den Erhalt der sexuellen Funktion [5]. Es liegt bereits genug Evidenz vor, um die PAE als eine sichere und effektive Therapie des BPS einzuordnen [6]. Auch die Vermutung, dass die Effektivität der PAE als Placebo-Effekt einzuschätzen wäre, konnte widerlegt werden [7].

Eine entscheidende und immer noch nicht vollständig geklärte Frage ist, welche Patienten besonders von der PAE profitieren. Die initiale Einschätzung, dass die PAE in erster Linie den multimorbiden, nicht-operablen Patienten vorbehalten ist, hat sich über die Zeit als falsch herausgestellt. Bereits seit 2016 ist bekannt, dass vor allem jüngere Patienten (<65 Jahre) mit einem mittleren IPSS-Score von der PAE profitieren [8]. In den letzten Jahren hat sich die urologische und interdisziplinäre Sicht auf die individualisierte Therapie der BPS-assoziierten LUTS deutlich geändert [9]. Die vielfach geforderte individualisierte Therapie, weg von "*one fits all*"-Therapiekonzepten erfordert eine dezidierte Analyse der Symptomatik und der Morphologie. Dementsprechend decken auch die neuen, minimal-invasiven urologischen Therapien (MIST, *Minimal invasive surgical therapies*) ein Spektrum von volumenreduzierenden Therapien (AquaBeam®) zu nicht-volumenreduzierenden Therapien (UroLift®) ab [6]. Vor diesem Hintergrund muss auch die PAE in der Gesamtheit ihrer therapeutischen Effektivität betrachtet werden – über die Volumenreduktion hinaus, vermag es die PAE, die Architektur und die Textur der Prostata vielfältig zu ändern [10]. Es ist notwendig zu erforschen, für welche individuellen Beschwerden die PAE Mechanismen vorzuhalten vermag – und im Umkehrschluss, für welche sie ungeeignet ist. Die Position der PAE innerhalb der mannigfaltigen Therapieoptionen, in erster Linie der MIST, muss anhand der Evidenz, die es noch zu generieren gilt, definiert werden.

1.1. Literatur

1. Bischoff W, Goerttler U. [Successful intra-arterial embolization of bleeding carcinoma of the prostate (author's transl)]. Urologe A. 1977;16:99-102.

2. DeMeritt JS, Elmasri FF, Esposito MP et al. Relief of benign prostatic hyperplasia-related bladder outlet obstruction after transarterial polyvinyl alcohol prostate embolization. J Vasc Interv Radiol. 2000;11:767-770.

3. Carnevale FC, Antunes AA, da Motta Leal Filho JM et al. Prostatic artery embolization as a primary treatment for benign prostatic hyperplasia: preliminary results in two patients. Cardiovasc Intervent Radiol. 2010;33:355-361.

4. Kovács A, Bücker A, Grimm MO et al. Position Paper of the German Society for Interventional Radiology (DeGIR) on Prostatic Artery Embolization. Rofo. 2020;192: 835-846.

5. Marzano L, Thiounn N, Pereira H et al. Prostatic Artery Embolization Allows to Maintain Full Sexual Activity

in Patients Suffering from Bothersome Lower Urinary Tracts Symptoms related to Benign Prostatic Hyperplasia. Cardiovasc Intervent Radiol. 2020;43:1202-1207.

6. Kovács A. Interventional therapy in benign conditions of the prostate. Radiologe. 2020;60: 54-62.

7. Pisco JM, Bilhim T, Costa NV et al. Randomised Clinical Trial of Prostatic Artery Embolisation Versus a Sham Procedure for Benign Prostatic Hyperplasia. Eur Urol. 2020;77:354-362.

8. Bilhim T, Pisco J, Pereira JA et al. Predictors of Clinical Outcome after Prostate Artery Embolization with Spherical and Nonspherical Polyvinyl Alcohol Particles in Patients with Benign Prostatic Hyperplasia. Radiology. 2016;281:289-300.

9. Schöb DS, Reichelt AC, Gross AJ et al. Neue operative Techniken zur Therapie des benignen Prostatasyndroms. Urologe. 2020;59:347-358.

10. Sun F, Crisóstomo V, Báez-Díaz C et al. Prostatic Artery Embolization (PAE) for Symptomatic Benign Prostatic Hyperplasia (BPH): Part 2, Insights into the Technical Rationale. Cardiovasc Intervent Radiol. 2016;39: 161-169.

2. Terminologie und Pathophysiologie des benignen Prostatasyndroms

2.1. Benigne Prostatahyperplasie (BPH)

Dieser Terminus wird nur zur histologischen (mikroskopischen) Beschreibung der Zellveränderungen in der Prostata benutzt [1]. Die histologische Klassifikation setzt die Entnahme von Prostatagewebe voraus, die aber für die klinische Diagnose des "benignen Prostatasyndroms" – anders als bei der Befundsicherung von onkologischen Erkrankungen – nicht notwendig ist. Das histologische Bild der BPH wird daher häufig als Nebendiagnose nach Entnahme von Prostata-Stanzbiopsien (zum Ausschluss eines Prostatakarzinoms) oder bei der Aufarbeitung von Gewebeproben im Rahmen einer anderen Prostataoperation (z.B. bei transurethraler Resektion der Prostata) gestellt.

Mikroskopisch sind Veränderungen einer oder mehrerer Gewebekomponenten der Prostata im Sinne einer echten Zellvermehrung (Hyperplasie) sichtbar. So kann eine Hyperplasie von Drüsen-(Epithel) oder Stromagewebe (glatte Muskelzellen und Bindegewebszellen) in unterschiedlicher Kombination und Ausprägung bei der histologischen Untersuchung nachweisbar sein.

Die Zellhyperplasie entsteht in der Transitionalzone der Prostata proximal des *Colliculus seminalis.* Die Ursachen für die Entstehung einer BPH sind weitestgehend unbekannt, so dass bis heute keine kausale Therapie oder Prophylaxe existiert.

Die mikroskopischen Veränderungen im Sinne einer BPH nehmen mit dem Alter zu. Während die Wahrscheinlichkeit für das Vorliegen einer BPH bei Männern in der 4. Lebensdekade nur etwa 8 % beträgt, steigt die Wahrscheinlich bei Männern in einem höheren Lebensalter kontinuierlich an [2]. So haben Männer in der 7. Lebensdekade in etwa 70 %, in der 8. Lebensdekade in etwa 80 % und in der 9. Lebensdekade in etwa 90 % eine BPH (☞ Abb. 2.1).

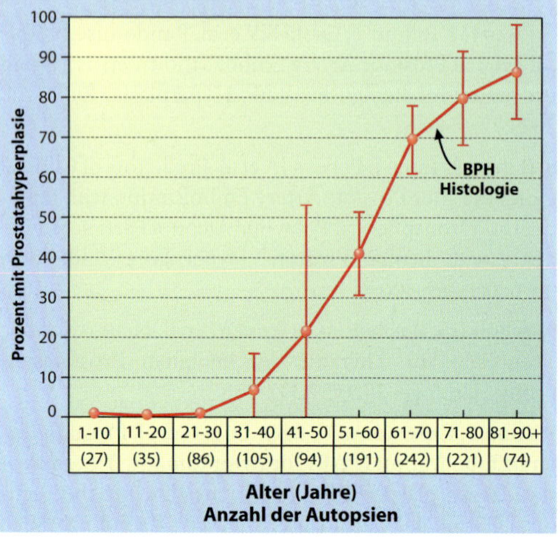

Abb. 2.1: Wahrscheinlichkeit für eine BPH in Abhängigkeit vom Lebensalter. Die Untersuchung basiert auf eine Meta-Analyse von Autopsiestudien mit mehr als 1.000 Männern [2].

2.2. Benignes Prostatasyndrom (BPS)

Dieser Begriff wird nur im deutschsprachigen Raum verwendet und beschreibt das variable Verhältnis zwischen:

- benigner Prostatavergrößerung (*benign prostatic enlargement*, BPE; ☞ Kap. 2.3.)
- Blasenauslassobstruktion (*bladder outlet obstruction*, BOO; ☞ Kap. 2.4.) und
- Symptomen des unteren Harntraktes (*lower urinary tract symptoms*, LUTS; ☞ Kap. 2.5.)

Der Terminus BPS darf nur dann verwendet werden, wenn der Mann älter als 40 Jahre ist, vermutlich eine BPH vorliegt und andere Pathologien des unteren Harntraktes ausgeschlossen wurden, insbesondere Karzinome der Prostata oder Harnblase sowie neurologische Erkrankungen oder Infektionen [3].

Die qualitativen Verhältnisse zwischen den drei Komponenten des BPS können anhand eines Diagrammes illustriert werden, das sog. "Hald-Diagramm" (☞ Abb. 2.2) [4]. Jede Komponente kann alleine oder in Kombinationen vorkommen. Beim Vorhandensein und Schweregrad einer Komponente kann nicht automatisch auf das Vorhandensein oder Schweregrad einer anderen Komponente geschlossen werden, so dass alle drei Komponenten bei allen Patienten immer separat abgeklärt und quantifiziert werden müssen.

Für Deutschland wurde in der sog. Herner-LUTS-Studie ermittelt, dass Männer ≥50 Jahre in 40,5 % LUTS, in 26,9 % eine BPE und in 17,3 % eine BOO haben [5]. Da es sich bei den Untersuchten um eine repräsentative Stichprobe handelte, wurde für die gesamte deutsche Bevölkerung errechnet, dass

- ca. 5 Millionen Männer LUTS (IPSS >7)
- ca. 3,2 Millionen Männer eine BPE (Prostatavolumen >25 ml) und
- ca. 2,1 Millionen Männer eine BOO (Harnstrahlstärke <10 ml/s)

haben.

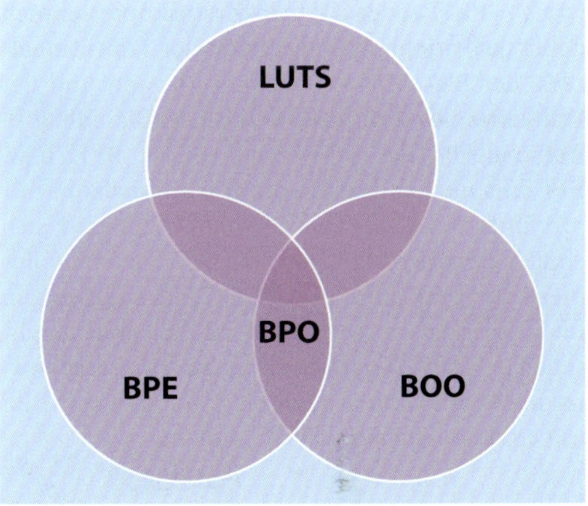

Abb. 2.2: Schematische Darstellung des benignen Prostatasyndroms, welches aus einer variablen Verteilung zwischen gutartiger Prostatavergrößerung (**BPE**), Blasenauslassobstruktion (**BOO**) und Symptomen des unteren Harntraktes (**LUTS**) besteht. Der Begriff "benigne Prostataobstruktion" (*benign prostatic obstruction*, **BPO**) bezeichnet eine BOO, die durch BPE hervorgerufen wurde.

Zwischen dem 50. und 80. Lebensjahr des Mannes kommt es zur signifikanten Zunahme des Prostatavolumens (im Mittel 24 → 38 cm³) und Abnahme der maximalen Harnflussrate (im Mittel 22,1 → 13,7 ml/s) [6]. Etwa 27 % der deutschen Männer im Alter ≥50 Jahren erfahren innerhalb der nächsten fünf Jahre eine Verschlechterung der LUTS, entwickeln einen akuten Harnverhalt oder müssen an der Prostata operiert werden [7].

Die BPS-Progression ist von den folgenden Parametern abhängig (Werte der MTOPS-Studie):

- höheres Lebensalter (>62 Jahre)
- moderate bis starke Symptomatik (IPSS >17)
- benigne Prostatavergrößerung (>31 ml)
- erhöhte PSA-Konzentration im Serum (>1,6 µg/l)
- abgeschwächter Harnstrahl (Qmax <10,6 ml/s) und
- Restharnbildung (>39 ml)

Signifikante Einzelfaktoren für Arztbesuche sind v.a. starke LUTS, Blasenspeichersymptome und Restharn >50 ml [8]. Das BPS ist nicht nur in Deutschland, sondern auch in allen anderen westlichen Industrienationen die häufigste urologische Erkrankung und die vierthäufigste sowie viertteuerste Erkrankung bei Männern ≥50 Jahren [9].

2.3. Benigne Prostatavergrößerung (BPE)

Innerhalb der Prostata können aufgrund der Drüsenmorphologie vier unterschiedliche Zonen differenziert werden, die als anteriore, zentrale und periphere Zone sowie Transitionalzone bezeichnet werden (☞ Abb. 2.3). Während in der peripheren Zone fast ausschließlich Prostatakarzinome und chronische Entzündungen entstehen, entwickelt sich die BPH in der Transitionalzone. Das Transitionalzonenvolumen beim jungen Erwachsenen beträgt nur ca. 5 %, nimmt aber in Abhängigkeit von der Ausprägung der BPH absolut und im Vergleich zu den anderen Prostatazonen auch relativ zu. Da die Volumina der anterioren, peripheren und zentralen Zone bei Patienten mit BPH konstant bleiben, wird die Größenzunahme der gesamten Prostata nur durch die Größenzunahme der Transitionalzone verursacht. Nach vollständiger Entfernung des bei einzelnen Patienten variablen Transitionalzonenvolumens bleibt das Volumen der Restprostata (anteriore + periphere + zentrale Zone) mit durchschnittlich ca. 22 ml konstant.

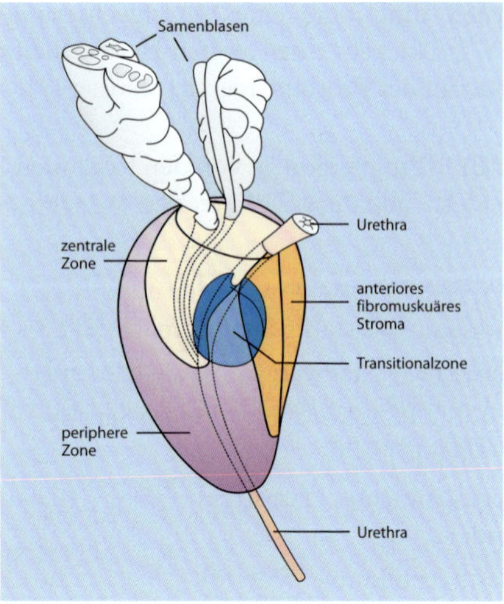

Abb. 2.3: Zonale Anatomie der Prostata [10]. Eine BPH entwickelt sich in der Transitionalzone.

Es wird geschätzt, dass etwa ein Drittel bis die Hälfte aller Männer mit den histologischen Zeichen einer BPH auch eine mess- oder tastbare BPE hat. Während bei Männern ohne Hinweise auf eine BPH das Prostatavolumen bis ins hohe Alter konstant bleibt, steigt das mittlere Prostatavolumen bei Männern mit BPH im Alter kontinuierlich an (☞ Abb. 2.4) [2].

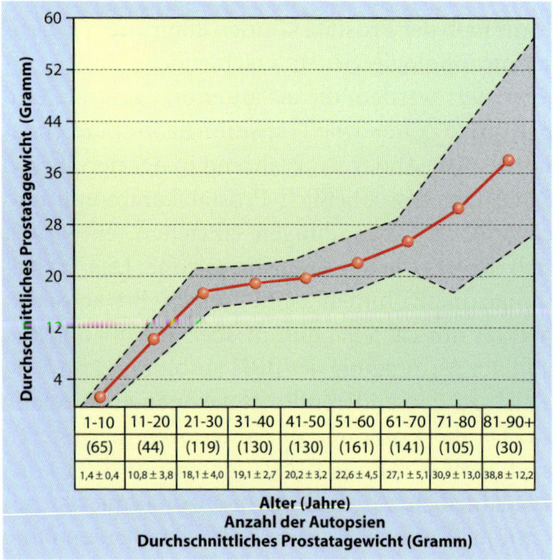

Abb. 2.4: Durchschnittliches Prostatavolumen in Abhängigkeit vom Lebensalter. Die Untersuchung basiert auf einer Meta-Analyse von Autopsiestudien mit mehr als 1.000 Männern [2]. 1 Gramm Prostatagewebe entspricht 1 cm³. Die grau dargestellte Zone entspricht der Standardabweichung.

Das durchschnittliche Prostatavolumen eines Mannes ohne BPH beträgt nach der Pubertät etwa 20 bis 25 cm³, so dass ein Prostatavolumen >25 cm³ als vergrößert erachtet und der Begriff "BPE" verwendet wird [1].

Mit der Vermehrung des Transitionalzonenvolumens kommt es auch zur Veränderung der Anatomie der prostatischen Harnröhre. Während bei Männern ohne BPH der *Colliculus seminalis* auf halber Strecke zwischen Blasenhals und *Diaphragma urogenitale* ins dorsale Lumen der Harnröhre ragt, diese in eine annähernd gleich lange proximale und distale prostatische Urethra von ca. 1 cm unterteilt und die proximale prostatische Urethra gegenüber der distalen prostatischen Urethra in einem Winkel von etwa 35° nach ventral abknickt, kommt es bei Patienten mit BPH durch Zunahme des Transitionalzonenvolumens zur Verlängerung der proximalen prostatischen Harnröhre (>1 cm) und zur Vergrößerung des Winkels zwischen proximaler und distaler prostatischer Harnröhre (>35°) [10]. Bei der Urethro-Zystoskopie nehmen daher bei Patienten mit vergrößerter Transitionalzone der Blasenhals-Colliculus-Abstand und der Winkel von *Colliculus seminalis* zum Blasenhals in Abhängigkeit des Schweregrades der BPH bzw. BPE entsprechend zu. Da die Transitionalzone nur proximal des *Colliculus seminalis* liegt und sich eine Vergrößerung des Transitionalzonenvolumens durch BPH nur zwischen *Colliculus seminalis* und Blasenhals entwickelt, bleibt die Länge der distalen prostatischen Harnröhre bis zum *M. sphinkter urethrae externus* auch bei Patienten mit BPE mit ca. 1 cm gleich.

2.4. Blasenauslassobstruktion (BOO) und benigne Prostataobstruktion (BPO)

Der Terminus BOO wird urodynamisch definiert und ist durch einen erhöhten Detrusordruck bei gleichzeitig erniedrigter Harnflussrate charakterisiert [1].

Allgemein gilt für den gesamten Harntrakt, dass von der Veränderung der Morphologie (sichtbare Einengung) nicht automatisch auf eine Veränderung der Funktion (BOO) geschlossen werden kann; alle Veränderungen der Morphologie und der Funktion müssen daher separat betrachtet und überprüft werden.

BOO ist die unspezifische Beschreibung eines erhöhten Blasenauslasswiderstandes, der durch Einengung des unteren Harntraktes irgendwo zwischen Blasenhals und *Meatus urethrae externus* entstehen kann, z.B. durch Blasenhalssklerose, BPE, Prostatakarzinom, Sphinktersklerose, Harnröhrenstriktur, urethrale Fremdkörper, Urothelkarzinom der Harnröhre oder Meatusstenose. Die weitere Diagnostik muss klären, wo und wodurch die BOO entstanden ist. Der Begriff "benigne Prostataobstruktion" (*benign prostatic obstruction*, BPO) ist dahingegen eine spezielle Form der BOO, bei der die Obstruktion durch die Prostatavergrößerung hervorgerufen wird (BOO als Folge der BPE) [1].

Obwohl die BPE die pathophysiologische Grundlage für eine BOO bzw. BPO darstellt, sind die Zusammenhänge zwischen Prostatagröße und BOO/BPO sowie dem Schweregrad der BOO/BPO nicht linear, so dass über die Messung des Prostatavolumens beim individuellen Patienten nur unzureichende Informationen über das Vorliegen einer BOO/BPO gewonnen werden können. Nur die Einengung der prostatischen Harnröhre durch die vergrößerte Transitionalzone führt zur BOO/BPO, ein nach außen gerichtetes Prostatawachstum hingegen nicht. Auch wenn prinzipiell die Wahrscheinlichkeit für eine BOO/BPO mit zunehmender Prostatagröße steigt, können Männer mit großer Prostata keine BPO und andererseits Männer mit kleiner Prostata bereits eine starke BOO/BPO haben. Somit sollte das Vorhandensein oder die Abwesenheit einer BOO/BPO – unabhängig vom Prostatavolumen – bei jedem Patienten einzeln überprüft werden.

Die BOO/BPO hat spezifische morphologische, biochemische und funktionelle Auswirkungen in der Harnblase. So wurde bei Männern mit BOO/BPO eine Hypertrophie der glatten Muskelzellen des Detrusors, Hyperplasie der Fibroblasten und Infiltrationen von kollagenen und elastischen Fasern zwischen Muskelzellbündeln des Detrusor gefunden. Das Blasengewicht bei Männern mit BPO als Resultat einer Blasenwandhypertrophie steigt um das 2- bis 4-fache im Vergleich zu Männern ohne BOO/BPO an. Das Ausmaß der Detrusorverdickung gibt Informationen über den BOO-/BPO-Grad [11], weshalb die sonographische Messung der Detrusordicke zur non-invasiven Diagnostik des BPS indirekte Hinweise auf eine BOO/BPO liefert. Die Blasenwandhypertrophie durch Verdickung des Detrusors und Anstieg der Detrusorkontraktilität scheinen Kompensationsmechanismen der Blase zu sein, um die Miktion gegen einen erhöhten Blasenauslasswiderstand in Anwesenheit einer BOO/BPO zu gewährleisten.

Urodynamische Untersuchungen bei Männern mit BPS zeigten mit zunehmendem Obstruktionsgrad eine zunehmende Wahrscheinlichkeit für eine Detrusorüberaktivität (☞ Abb. 2.5) und Abnahme der Blasen-Compliance (Dehnbarkeit der Blasenwand) [12]. Die erniedrigte Blasen-Compliance durch Blasenwandhypertrophie ist die Ursache für die bilaterale Dilatation des oberen Harntraktes mit konsekutiver Niereninsuffizienz bei Männern mit BPO. Die BOO/BPO ist auch verantwortlich für Blasensteine, Blasendivertikel, Harnverhalt, vesiko-ureteraler Reflux, Dilatation des oberen Harntraktes und Niereninsuffizienz bei Patienten mit BPS [13]. Aus diesem Grund ist die Abklärung und Behandlung der BOO/BPO bei Männern mit BPS von zentraler Bedeutung.

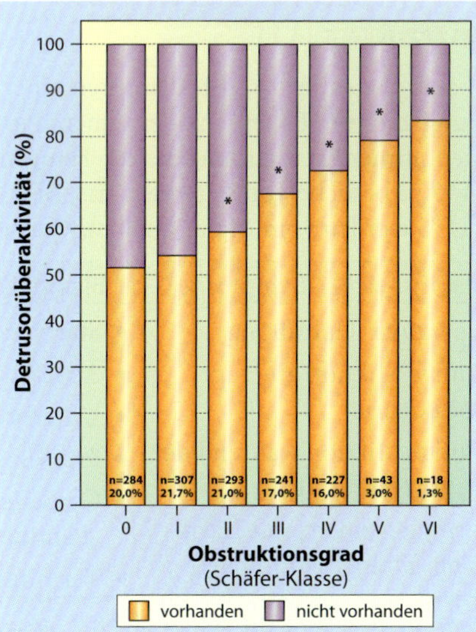

Abb. 2.5: Wahrscheinlichkeit einer Detrusorüberaktivität bei verschiedenen BOO-Graden (0 und I = keine BOO, II = grenzwertige BOO, III-VI = sichere BOO) [12]. Ab einem BOO-Grad von II ist die Wahrscheinlichkeit für eine Detrusorüberaktivität gegenüber den BOO-Graden 0 und I signifikant erhöht (*).

Prinzipiell sind alle morphologischen und funktionellen Veränderungen der Harnblase mit der Behandlung der BOO/BPO reversibel.

Nach operativer Behandlung der BPO kommt es zur raschen Verschmälerung der Blasenwand, die bereits eine Woche nach der Prostataoperation sonographisch messbar reduziert und nach ca. 6 Wochen auf Dicken von nicht-obstruktiven Männern zurückgegangen ist. Auch die Detrusorüberaktivität ist bei den meisten Patienten nach Beseitigung der BOO/BPO verschwunden. Die Reversibilität der Blasenmorphologie und -funktion scheint jedoch Grenzen zu haben. Eine sofortige operative Therapie der BOO/BPO nach Diagnosestellung führt zu signifikant besseren operativen Resultaten hinsichtlich Symptomreduktion, Harnstrahlstärke und Verminderung der Restharnmenge im Vergleich zu Männern mit BOO/BPO, die zunächst beobachtet ("*watchful waiting*") und erst zeitverzögert (nach 12 Monaten) die Prostataoperation erhielten [14]. Die erst später deobstruierten Patienten scheinen irreversible Blasenschäden zu entwickeln, weshalb mit der operativen Behandlung der BOO/BPO nicht allzu lange gewartet werden sollte.

2.5. Symptome des unteren Harntraktes (LUTS)

LUTS sind die subjektiven Indikatoren einer Erkrankung, die vom Patienten oder seinem Partner wahrgenommen werden und die die Hauptursache für Arztbesuche von Patienten mit BPS sind [1]. LUTS werden vom Mann qualitativ geäußert und können als Einzelsymptom oder Symptomkombination vorkommen. LUTS werden in 3 Kategorien eingeteilt, nämlich Blasenspeicher-Symptome, Blasenentleerungs-Symptome und Symptome nach der Miktion (☞ Tab. 2.1) [1]. Differentialdiagnostisch können Blasenspeichersymptome auch bei einer Detrusorunteraktivität (zu kurze oder zu schwache Detrusorkontraktion während der Miktion) vorkommen, ohne dass sich die LUTS bei BOO/BPO oder Detrusorunteraktivität qualitativ oder quantitativ unterscheiden.

LUTS sind unspezifisch für das Lebensalter, das Geschlecht und die zugrundeliegende Erkrankung. Frauen haben dieselben Symptome und denselben Symptomschweregrad wie gleichaltrige Männer. Die Qualität und der Schweregrad von LUTS lassen keine Rückschlüsse auf die zugrundeliegende Erkrankung oder auf urodynamische Veränderungen zu. Lediglich die Symptomkombination von Harninkontinenz mit imperativem Harndrang weist mit ausreichender Sicherheit auf die zugrundeliegende Blasenfehlfunktion hin (Dranginkontinenz = Harninkontinenz durch Detrusorüberaktivität). Neben der Prostata können LUTS auch durch viele Erkrankungen der Harnblase, der Harnröhre, des Beckenbodens, des zentralen oder peripheren Nervensystems oder sogar des Harnleiters im Fall von distalen Harnleitersteinen verursacht werden. Umgekehrt kann bei fehlenden LUTS auch keine BOO/BPO ausgeschlossen werden, wodurch Männer ohne LUTS, aber mit BOO/BPO häufig unentdeckt bleiben (stumme Obstruktion).

Blasenspeicher-Symptome	Blasenentleerungs-Symptome	Symptome nach der Miktion
• Imperativer Harndrang • Häufige Miktion am Tag (Pollakisurie)† • Häufige Miktion während der Nacht (Nykturie)† • Harninkontinenz mit Harndrang (Dranginkontinenz)	• Startverzögerung • Abgeschwächter Harnstrahl • Unterbrochene Miktion • Pressen zur Miktion • Gespaltener Harnstrahl (Palmurie) • Terminales Träufeln‡	• Nachträufeln‡ • Gefühl der unvollständigen Blasenentleerung (Restharngefühl)

Tab. 2.1: Klassifikation der Symptome des unteren Harntrakts [1].

† Pollakisurie ist definiert als die subjektiv zu häufig auftretende Miktionsfrequenz während des Tages, die aber nicht über eine bestimmte Frequenz charakterisiert wird. In der klinischen Routine wird eine Miktionsfrequenz ≥8x als Pollakisurie verstanden. Demgegenüber ist die Nykturie definiert als jede Miktion während der Nacht (nächtliche Miktionsfrequenz ≥1x), wenn die Person vor und nach dem Toilettengang geschlafen hat.

‡ Beim terminalen Träufeln handelt es sich um eine Blasenentleerung mit Tröpfchen am Ende der Miktion. Demgegenüber handelt es ich beim Nachträufeln um einen tröpfchenartigen Urinabgang nach Beendigung der Miktion.

Obwohl Blasenentleerungssymptome und Symptome nach der Miktion viel häufiger auftreten, verursachen insbesondere die Blasenspeichersymptome einen Leidensdruck beim Betroffenen. So gehören vor allem der imperative Harndrang und die nächtliche Miktion (Nykturie) zu den Symptomen, die die Lebensqualität des Mannes reduzieren und Auslöser für Arztbesuche sind [15].

2.6. Literatur

1. D'Ancona C, Haylen BT, Oelke M, et al. The International Continence Society (ICS) report on the terminology for adult male lower urinary tract and pelvic floor symptoms and dysfunction. Neurourol Urodyn. 2019; 38:433-477.

2. Berry SJ, Coffey DS, Walsh PC, Ewing LL. The development of benign prostatic hyperplasia with age. J Urol 1984;132:474-479.

3. Berges R, Dreikorn K, Höfner K et al. Diagnostik und Differentialdiagnostik des benignen Prostatasyndroms (BPS). Urologe A. 2009;48:1356-1360.

4. Hald T. Urodynamics in benign prostatic hyperplasia: a survey. Prostate Suppl. 1989;2:69-77.

5. Berges RR, Pientka L, Höfner K, et al. Male lower urinary tract symptoms and related health care seeking in Germany. Eur Urol. 2001;39:682-687.

6. Berges R, Oelke M. Age-stratified normal values for prostate volume, PSA, maximum urinary flow rate, IPSS, and other LUTS/BPH indicators in the German community-dwelling population aged 50 years or older. World J Urol. 2011;29:171-178.

7. Berges R. Epidemiologie des benignen Prostatasyndroms. Assoziierte Risiken und Versorgungsdaten bei deutschen Männern über 50. Urologe A. 2008;47:141-148.

8. Hutchison A, Farmer R, Chapple C, et al. Characteristics of patients presenting LUTS/BPH in six European countries. Eur Urol. 2006;50:555-562.

9. Issa MM, Fenter TC, Black L et al. An assessment of the diagnosed prevalence of diseases in men 50 years or older. Am J Manag Care. 2006;12(4 Suppl.):S83-89.

10. McNeal JE. The prostate and prostatic urethra: a morphologic synthesis. J Urol 1972;107:1008-1016.

11. Oelke M, Höfner K, Wiese B, Grünewald V, Jonas U. Increase in detrusor wall thickness indicates bladder outlet obstruction (BOO) in men. World J Urol. 2002;19: 443-452.

12. Oelke M, Baard J, Wijkstra H, et al. Age and bladder outlet obstruction are independently associated with detrusor overactivity in patients with benign prostatic hyperplasia. Eur Urol. 2008;54:419-426.

13. Oelke M, Kirschner-Hermanns R, Thiruchelvam N, Heesakkers J. Can we identify men who will have complications from benign prostatic obstruction (BPO)? ICI-RS 2011. Neurourol Urodyn. 2012;31:322-326.

14. Flanigan RC, Reda DJ, Wasson JH et al. 5-year outcome of surgical resection and watchful waiting for men with moderately symptomatic benign prostatic hyperplasia: a Department of Veterans Affairs cooperative study. J Urol. 1998;160:12-17.

15. Oelke M, Wiese B, Berges R. Nocturia and its impact on health related quality of life and health care seeking behaviour in German community-dwelling men aged 50 years or older. World J Urol. 2014;32:1155-1162.

3. Rationale und Effekte der PAE

Die Transkatheter-Embolisation wird seit den 1970er Jahren zur Blutstillung bei hartnäckigen Hämaturien prostatischen Ursprungs, z.B. bei Prostatakarzinomen, aber auch nach Eingriffen wie der Transurethralen Resektion der Prostata (TURP) eingesetzt [1-3]. Anfänglich wurde die *A. iliaca* interna mit verschiedenen Embolisaten wie Gelschaum, autologen Blutgerinnseln und Polyvinylalkohol (PVA)-Partikeln verschlossen. Hierbei wurde üblicherweise ein 6-Fr-Angiographie-Katheter in den vorderen Teil oder den Hauptstamm der *A. iliaca interna* positioniert und anschließend die Embolisation unselektiv durchgeführt [3]. Diese unselektive Technik war zwar hinsichtlich der Blutstillung klinisch wirksam, aber auch mit Komplikationen aufgrund ischämischer Schäden an Muskeln, Haut, Nerven und umgebenden Organen verbunden [3, 4]. In den 1980er Jahren ermöglichte die Entwicklung von Mikrokathetern und lenkbaren Mikrodrähten die superselektive Katheterisierung von peripherer gelegenen Zielgefäßen, wodurch selektivere endovaskuläre Eingriffe möglich wurden. Die koaxiale Verwendung der Mikrokatheter hat die Kontrolle und dadurch die technische Sicherheit erheblich verbessert. Die superselektive Prostataarterien-Embolisation (PAE) wurde erstmals im Jahr 2000 von DeMeritt et al. ausführlich beschrieben [5]. In diesem klinischen Einzelfallbericht litt der Patient mit einer benignen Prostatahyperplasie (BPH) an rezidivierenden transfusionspflichtigen Hämaturien aus der Prostata. Die untere Blasenarterie wurde mit einem 3-Fr-Mikrokatheter sondiert und mit 150-250 µm-PVA-Partikeln embolisiert. Die Blutung wurde unmittelbar nach der PAE erfolgreich gestillt. Die Nachuntersuchungen zeigten eine ischämische Nekrose der Prostata, ferner die Schrumpfung der vergrößerten Prostata und eine Linderung der BPH-Symptome.

DeMerritts Publikation zeigte erstmalig eine mögliche therapeutische Option für die Behandlung der symptomatischen BPH auf, die acht Jahre später durch die tierexperimentellen Studien von Sun et al. bestätigt wurden [6]. Im Jahr 2010 veröffentlichten Carnevale et al. ihre erfolgreiche Anwendung von PAE als Primärbehandlung bei zwei Patienten mit akutem, BPH-bedingten Harnverhalt [7]. In der Folge berichteten mehrere internationale Gruppen über ihre klinische Serie von PAE bei der Behandlung der symptomatischen BPH [8-18].

> Bis zum heutigen Tag haben sich weltweit schätzungsweise 20.000 Patienten einer PAE unterzogen.

Basierend auf der aktuellen Evidenz ist die PAE eine vielversprechende Therapie der BPH, die sicher, wirksam und nebenwirkungsarm ist, mit hoher Patientenzufriedenheit und niedrigen Re-Interventionsraten vergesellschaftet ist [19]. Bei der BPH handelt es sich um ein komplexes klinisches Syndrom mit multifaktorieller Pathophysiologie. Auf der anderen Seite sind auch die Wirkmechanismen der PAE vielfältig, auch wenn diese noch nicht vollständig aufgeklärt sind, so dass sie noch weiter untersucht werden müssen. Das Verständnis dieser Mechanismen ist für die technische Verfeinerung, für die individuelle Adaptation an die Patienten und Entwicklung potenziell neuer Techniken unabdingbar.

3.1. Rationale der PAE

Bereits im Jahr 2008 wurden tierexperimentelle Daten veröffentlicht, welche die Effekte der PAE auf statische und dynamische Komponenten der BPH untersuchten [20]. Sun et al. postulierten, dass die PAE primär eine Schrumpfung der BPH infolge ischämischer Nekrose sowie Apoptose induziert, die sekundär zu lokaler Hypoxie, Entzug von intraprostatischem freiem Plasmatestosteron und der daraus folgenden Elimination von umgewandeltem Dihydrotestosteron (DHT) in der Prostata führt. Ein weiterer Effekt ist die Entspannung des erhöhten Tonus der glatten Prostatamuskulatur, indem die Anzahl und Dichte der α_1-adrenergen Rezeptoren im Prostatastroma reduziert werden.

3.1.1. PAE und ischämischer Infarkt

Die statische Komponente der BPH hängt mit dem Masseneffekt der vergrößerten Prostata zusammen. Eine über die Zeit zunehmende noduläre Proliferation, die an sich nicht unbedingt problematisch ist, kann zu einer Verengung des Harnröhrenlumens führen und den Harnröhrenwiderstand gegen den Urinfluss bei der Blasenentleerung erhöhen, was schließlich zu einer Blasenauslassobstruktion (BOO) führt [6]. Dementsprechend ist die Massenreduktion beziehungsweise die verzögerte Volumenzunahme der vergrößerten Prostata zur Entlastung der LUTS seit langem ein wichtiges therapeutisches Ziel in der konventionellen klinischen Behandlung wie z.B. der transurethralen Resektion (TUR) beziehungsweise der medikamentösen Therapie mit 5α-Reduktase-Hemmern.

Die aktuelle Technik der PAE zielt darauf ab, durch den Verschluss präkapillärer Arteriolen gezielt eine irreversible Ischämie in der zentralen Drüse der Prostata zu erzeugen. Diese intraprostatisch periphere Embolisation führt zu einer vollständigen Anoxie, die wiederum zu einer ischämischen Nekrose und der damit verbundenen Entzündungsreaktionen einschließlich eines zytotoxischen Ödems und einer leukozytären Infiltration führt [21]. Im Verlauf wird das Ödem absorbiert und das infarzierte Gewebe umgebaut – dabei schrumpft die Prostata.

Zwei Kriterien sind entscheidend, um diese oben beschriebenen Effekte der PAE zu erzielen: einerseits die optimale Größe und die Verdünnung des Embolisates, andererseits der technische Endpunkt der Embolisation. Derzeit finden bei der PAE für die Therapie der BPH folgende Embolisate Verwendung:

- sphärische Mikrosphären aus Polyethylen-Glykol (HydroPearl®, Terumo)
- sphärische Mikrosphären aus Trisacryl-Gelatine (Embosphere®, Merit Medical) oder einem von Polyzene-F ummantelten Hydrogel-Kern (Embozene™-Mikrosphären, CeloNova BioSciences) sowie
- nicht-sphärische PVA-Partikel (Cook Medical) [8, 22-25]

Die gegenwärtige Meinung geht davon aus, dass PVA-Partikel eine Tendenz zur Partikelaggregation haben, die während der Embolisation zu einem unvorhersehbaren und eher proximalen arteriellen Verschluss führen kann [26]. Demgegenüber sind Mikrosphären genauer kalibriert, komprimierbar und erzeugen eine stabilere Suspension, so dass sie eine vorhersagbarere und distalere Penetration aufweisen, was zu einer effektiveren Ischämie führt. Bis heute liegen jedoch noch keine Daten über randomisierte direkte Vergleichsstudien von PVA im Vergleich zu anderen Mikrosphären bei PAE vor. Bei der Auswahl der Größe des Embolisates besteht allgemein die Vermutung, dass kleinere Embolisate weiter distal in das Prostataparenchym eindringen können, was zu mehr Drüsenischämie und einer größeren klinischen Verbesserung führt [27]. Brook et al. verwendeten Embosphere® verschiedener Größe, um die spontane BPH bei 12 erwachsenen Beagles zu embolisieren [28]. Im postinterventionellen, kontrastverstärkten MRT wurde bei Tieren, die mit 100-300 μm-Partikeln embolisiert wurden, häufiger postinterventionelle Infarkte festgestellt als bei Tieren, die mit 300-500- bzw. 500-700 μm-Partikeln embolisiert wurden. In einer prospektiven randomisierten kontrollierten Studie zu PAE bei Patienten mit mittelschwerem oder schwerem LUTS verglichen Bilhim et al. die klinischen Ergebnisse anhand der Verwendung von 100 und 200 μm-PVA-Partikeln [29]. Die Autoren fanden heraus, dass die subjektive klinische Verbesserung (IPSS und QoL-Score) der Patienten mit der Verwendung von 200 μm-Partikeln besser war, während die Verbesserung objektiver Parameter wie des Prostatavolumens, des prostataspezifischen Antigens (PSA) und der maximalen Flussrate (Qmax) in der 100 μm-Gruppe ausgeprägter war. Die Unterschiede waren mit Ausnahme des PSA-Wertes nicht signifikant. Die Schmerz-Scores und die Rate unerwünschter Ereignisse nach PAE war in beiden Patientengruppen vergleichbar. Um die Wirksamkeit der PAE weiter zu verbessern, schlugen Bilhim et al. vor, die Embolisate während des Eingriffs zu vergrößern, ergo die PAE mit kleineren Partikeln zu beginnen und mit größeren zu beenden. In jüngerer Zeit berichteten Wang et al. über die Verwendung einer Kombination von 50 und 100 μm-PVA-Partikeln in PAE zur Behandlung von LUTS/BPH mit Prostatagröße um 80 ml während eines mittelfristigen *Follow-up* über 24 Monate [27]. Die klinischen Gesamtergebnisse einschließlich der Verbesserung von LUTS und urodynamischer Parameter zeigten jedoch keinen zusätzlichen Nutzen im Vergleich zu einer anderen Studie mit größeren Trisacryl-Gelatine-Mikrosphären (300-500 µm) [30].

Zusammenfassend lässt sich feststellen, dass es zum jetzigen Zeitpunkt keine einheitliche Meinung über die richtige Größe für PAE gibt.

Der Endpunkt der ursprünglich beschriebenen PA-Embolisation (original PAE, oPAE) basiert auf der *Free Flow*-Embolisation (oder flussgesteuerten Embolisation) [31, 32]. Nach Kanülierung der Prostataarterie mit einem Mikrokatheter wird das Embolisat bei der oPAE durch den Blutfluss in das Zielgebiet eingeschwemmt. Im Allgemeinen werden bei der Partikelembolisation großer Läsionen, z.B. bei Uterusmyomen, die Embolisate durch den dominanten Blutfluss selektiv in die hypervaskulären Läsionen transportiert [31]. Distal einer Bifurkation ist die Partikelverteilung nämlich proportional zum Fluss in der jeweiligen Arterie, sofern beide Arterien einen mindestens 30-mal größeren Durchmesser als die Partikel haben [33]. Die prostatische Arterie ist hingegen mit ihrem mittleren Durchmesser von 1,6 ± 0,3 mm beim Menschen jedoch so klein, dass bei der Verwendung von Emboliepartikeln von üblicherweise 100-500 µm diese Regel nicht zutrifft und eine homogene Verteilung der Partikel in der Prostata angenommen werden kann [34]. Es ist bekannt, dass die benigne Prostatahyperplasie im periurethralen Bereich und in der Übergangszone (Transitionalzone, TZ) auftritt [35]. Daher sollten der periurethrale Bereich und die TZ als primäres Zielgebiet der PAE betrachtet werden. Der periurethrale Drüsenbereich ist sogar aufgrund einer lokal erhöhten Mikrogefäßdichte relativ hypervaskulär [36]. Leider ermöglicht die Technik der oPAE nur selten eine superselektive Embolisation dieses primären Zielbereichs. Die flussgesteuerte oPAE birgt darüber hinaus das Risiko eines proximalen Verschlusses der *A. prostatica* aufgrund einer vorzeitigen Aggregation des Embolisates, selbst wenn die Emboliemittel sphärisch sind und in der Suspension diese stark mit Kochsalzlösung und Kontrastmittel verdünnt werden. Carnevale et al. beobachteten, dass, nachdem eine nahezu vollständige Stase in der Prostata als Endpunkt der oPAE erreicht wurde, die kleineren Prostata-versorgenden Arterien immer noch antegrad perfundiert waren [16]. Es wurde vermutet, dass dies ein Grund für die Rekanalisation der Mikrogefäße und das Wiederauftreten von Symptomen nach PAE sein könnte. Dementsprechend verfeinerte Carnevale den Endpunkt der oPAE und entwickelte die PErFecTED-Technik (Proximale Embolisation zuerst, dann Embolisation distal)-Technik [16]. Hierbei wird ein Mikrokatheter zunächst in die Prostataarterie proximal ihrer Verzweigungen zur zentralen Drüse und zur peripheren Zone gelegt. Aus dieser Position wird die flussgesteuerte Embolisation (*Free Flow*-Embolisation) mit einer homogenen Verteilung des Embolisates durchgeführt. Anschließend wird der Mikrokatheter nach distal in die Arterien zur zentralen Drüse bis zur Wedge-Position vorgeschoben, was bedeutet, dass der Mikrokatheter die Gefäßzirkumferenz abdichtet, so dass zwischen Katheterspitze und Gefäßwand kein Blut mehr fließt. Aus dieser Wedge-Position erfolgt die zweite, sogenannte "distale" Embolisation. Hierbei werden die Partikel nicht mehr flussgetragen eingeschwemmt, sondern vorsichtig manuell gegen einen gewissen Widerstand injiziert. Die PErFecTED-Embolisation resultiert in der Tat in einer verbesserten Devaskularisierung, indem mehr Embolisat in die intraprostatischen Arteriolen gepackt wird [16, 18]. Darüber hinaus ermöglicht der zweite Schritt der distalen Embolisation eine superselektive Devaskularisierung auch der Übergangszone und überwindet damit die Einschränkungen der oPAE-Technik. Carnevale et al. haben beobachtet, dass mit der PErFecTED-Technik mindestens 30-50 % mehr Embolisat in die Prostata eingebracht werden konnte, was in der zentralen Drüse zu ausgeprägteren Devaskularisations-Zonen geführt hat [37].

Trotz der höheren klinischen Wirksamkeit ist die PErFecTED-Technik nicht risikofrei. Die Wedged-Embolisation birgt ein zusätzliches Risiko der Embolisat-Fehlverteilung, nämlich durch die retrograde Perfusion von intraprostatischen Gefäß-Shunts [37].

3.1.2. PAE und ischämische Apoptose

Neben der ischämischen Nekrose ist die Apoptose ein weiterer wichtiger Mechanismus der PAE. Kerr et al. führten 1972 den Begriff der Apoptose als Abgrenzung zu der Nekrose ein [38]. Morphologisch zeichnet den Zelltod die Schwellung des Zytoplasmas und der Organellen, der Verlust der selektiven Permeabilität der Zellmembran und das Austreten von Zellinhalt in das angrenzende Gewebe aus. Letztere führt zu einer lokalen Entzündungsreaktion. Im Gegensatz dazu ist die Apoptose der programmierte Zelltod, ein zellulärer Selbstmordprozess, der typischerweise als Teil physiologischer Ereignisse auftritt, z.B. in der Gebärmutter nach der Entbindung und in der Brustdrüse nach der Entwöhnung. Im Gegensatz zu der Nekrose wird die Apoptose von der betreffenden Zelle selbst aktiv durchgeführt und ist somit Teil des Stoffwechsels der Zelle. Während der Apoptose schrumpfen die Zellen, wobei ihre Plasmamembran vorerst intakt bleibt. Später desintegrieren die Zellen in apoptotische Teilchen, die phagozytiert werden. Die Apoptose löst also im Allgemeinen keine Entzündungsreaktion aus und gilt als Phänomen des physiologischen Zelltods.

In Tierversuchen konnte bei Ratten nachgewiesen werden, dass sowohl eine temporäre Prostataischämie durch Abklemmen der Beckenarterie wie auch eine dauerhafte Ischämie nach Kastration eine ausgeprägte Apoptose der Prostatazellen innerhalb der ersten 24 Stunden bzw. der ersten 7 Tage induzieren. Die Apoptose führte im Verlauf zum Verlust von bis zu 86 % der Prostatadrüsenzellen [39-41]. In Studien am BPH-Modell des Hundes reduzierte sich das Prostatavolumen 1 Monat nach der chirurgischen Kastration aufgrund der Prostataapoptose auf durchschnittlich 23,6 % seiner ursprünglichen Größe [42]. Die Ergebnisse der tierexperimentellen Studien legen die Vermutung nahe, dass die Ischämie-induzierte Apoptose durch PAE einer der wahrscheinlichen Mechanismen bei der Schrumpfung der vergrößerten Prostata ist. Diese Annahme wird durch die Ergebnisse klinischer Studien untermauert. Frenk et al. stellten im postinterventionellen MRT fest, dass etwa 29 % der Patienten nach PAE keine ischämischen Nekrosen aufwiesen; trotzdem blieb die Schrumpfung des Prostatavolumens bei diesen Patienten bis 12-18 Monate bestehen [43].

3.1.3. PAE und androgenbedingte Apoptose

Neben der Ischämie spielt auch die hormonelle Regulation der Androgene eine entscheidende Rolle bei der Apoptose der Prostata. Die Prostata ist ein Androgen-abhängiges Organ. Die entscheidenden Auswirkungen von Androgenen auf die Entwicklung und das Wachstum der normalen Prostata sowie auf die Pathogenese von BPH oder Prostatakrebs hängen von einer funktionellen Androgen-Signalachse ab. Die Hauptbestandteile der Achse umfassen die Testosteronsynthese, die Umwandlung von Testosteron in DHT außerhalb und innerhalb der Prostata, den Transport von Testosteron und DHT zum Zielgewebe und die Bindung von DHT an den Androgenrezeptor mit der daraus folgenden Modulation der Expression von Genen und der Sekretion von Wachstumsfaktoren, die die zelluläre Proliferation und Apoptose steuern [44]. Daher kann angenommen werden, dass Interventionen an jedem beliebigen Punkt der Androgen-Signalachse substanzielle biologische Effekte erzielen. Ein typisches Beispiel ist der Einsatz von Finasterid in der medizinischen Therapie bei LUTS/BPH. Finasterid ist ein kompetitiver und spezifischer Typ II-5α-Reduktase-Hemmer (5α-RI). Er hemmt die Typ-II-Enzymaktivität in der Prostata, wodurch das intraprostatische DHT beim Menschen um 85 bis 90 % reduziert wird [45, 46]. Die effektive Hemmung der Umwandlung von Testosteron in DHT in der Prostata greift in die funktionelle Androgen-Signalachse ein, was wiederum die Zellproliferation hemmt und die Apoptose des Epithels induziert. Nach 6 Monate Finasterid-Therapie kann eine Verkleinerung der Prostata um ca. 20-30 % erzielt werden [46]. An die Apoptose des Drüsengewebes ist eine Reduktion der Epithelfunktion geknüpft, so dass der PSA-Wert im Serum unter Finasterid-Therapie um 40 bis 50 % sinken kann [47]. Bei der PAE wird nicht nur die Blutversorgung der Prostata, sondern folglich auch die funktionelle Androgen-Signalachse gedrosselt, indem der Transport von Testosteron und DHT in die Prostata blockiert wird, wodurch eine mit Finasterid vergleichbare Wirkung erzielt wird. Der wesentliche Unterschied ist, dass Finasterid systemisch wirkt und somit auch mit systemischen Nebenwirkungen vergesellschaftet ist, während die PAE lediglich lokal in die Hormonachse der Prostata eingreift. In der klinischen Praxis manifestiert sich die Prostataapoptose nach PAE histologisch durch eine Atrophie des Prostatagewebes, die sich in der Bildgebung als Schrumpfung der Drüse nachweisen lässt. Bilhim et al. haben darauf hingewiesen, dass die Ischämie 3 Monate nach PAE oder später in der Regel gar nicht mehr nachweisbar ist [29]. Trotzdem schrumpft das Prostatavolumen bis 6 Monate nach PAE weiter; dies geschieht zwar nicht mit derselben Dynamik, aber stetig [48, 49]. Die Ischämie- bzw. die Androgenentzugs-bedingte Apoptose sind mögliche Mechanismen hinter der Schrumpfung der Prostata nach PAE, die über die Phase der Ischämie hinaus dauert. Antunes et al. untersuchten die PSA-Veränderungen nach PAE und beobachteten, dass das PSA 24 Stunden nach PAE im Vergleich zum Ausgangswert um das Achtfache anstieg [50]. Ein Monat nach PAE sank der mittlere PSA-Wert auf normale Werte; danach blieb er mit etwa 50 % des Ausgangswertes bis zu 12 Monate auf einem niedrigeren Niveau. Der PSA-Verlauf wurde von den Autoren mit der zellulären Apoptose erklärt.

3.1.4. PAE, intraprostatische Denervierung und Stickstoffmonoxid-Weg

Betrachtet man die klassischen operativen Therapien der BPH, so ist das Debulking der vergrößerten Prostata eines der Hauptziele dieser Eingriffe. Für die PAE hat sich hingegen gezeigt, dass die Volumenreduktion der Prostata nur bedingt mit den klinischen Ergebnissen korreliert [48, 51, 52]. Ähnliches wurde bei BPH-Patienten mit einer 5α-Reduktase-Hemmer-Therapie beobachtet [53]. Dies ist insofern nicht überraschend, da frühere Evidenz gezeigt hat, dass die Prostatagröße weder mit dem Schweregrad der BOO noch mit den LUTS bei therapienaiven Patienten korreliert [54, 55]. Pisco et al. stellten fest, dass Patienten mit vergleichbaren Prostatavolumina ganz unterschiedliche klinische Symptome haben können [56]. Ein ähnliches Bild zeichnet sich auch nach PAE ab: Die LUT-Symptome können persistieren, obwohl eine signifikante Verringerung des Prostatavolumens zu verzeichnen ist. Umgekehrt berichten Patienten über Verbesserung der klinischen Beschwerden trotz unveränderten Prostatavolumens nach PAE [48]. Diese Ergebnisse deuten darauf hin, dass die Verringerung des Prostatavolumens nicht der einzige Mechanismus ist, der an der Symptomverbesserung nach PAE beteiligt ist. Basierend auf Ergebnissen tierexperimenteller Studien postulierten Sun et al., dass ein weiterer Mechanismus der PAE bei der Linderung von LUTS auf die Entspannung des erhöhten Tonus der glatten Muskulatur der Prostata zurückzuführen sein könnte [20].

Die Prostata wird durch adrenerge, cholinerge sowie durch nicht-adrenerge, nicht-cholinerge Nerven innerviert, die aus den retroperitonealen Ganglien entspringen. In erster Linie reguliert die sympathische Innervation den Tonus der glatten Muskulatur. In der Prostata wird Noradrenalin durch adrenerge Fasern freigesetzt, die postsynaptische α_1-Rezeptoren auf den glatten Muskelzellen im Stroma stimulieren, drei verschiedene intrazelluläre Signalwege von Kalzium, Proteinkinase C und Rho-Kinase aktivieren und dadurch die Kontraktion des glatten Muskels der Prostata induzieren. α_1-Adrenozeptoren überwiegen im Prostatastroma [57]. Bei Patienten mit BPH ist die intraprostatische α_1-Adrenozeptordichte bei der Expression von α_1-Adrenozeptoren in den BPH-Proben signifikant erhöht, und zwar um das Sechsfache der Expression von α_1-Adrenozeptoren in Nicht-BPH-Proben [58]. Etwa 40 % des gesamten Harnröhrendrucks bei BPH-Patienten kann auf den α_1-Adrenozeptor-vermittelten Muskeltonus zurückgeführt werden [59]. Der erhöhte Tonus der glatten Muskulatur im Prostatastroma, in der Prostatakapsel und am Blasenhals stellt die dynamische Komponente der BPH dar, auf die der therapeutische Einsatz von α_1-Adrenozeptor-Antagonisten (auch α_1-[Rezeptoren-]Blocker genannt) abzielt. α_1-Blocker werden in der Therapie der LUTS eingesetzt, um den Harnröhrenwiderstand zu verringern und dadurch den Harnstrahlfluss zu erhöhen. Die Wirksamkeit von α_1-Blockern wurde in früheren Placebo kontrollierten Studien mit einer Verbesserung der Symptome um 30-40 % (10-20 % gegenüber Placebo) und einer Erhöhung der Qmax in 15-30 % (10-15 % gegenüber Placebo) gut dokumentiert [60]. Im Vergleich zu 5-α-RI wirken α_1-Blocker bei Patienten mit BPH schneller (Stunden bis Wochen) in der Verbesserung des Symptomscores und der Qmax [61]. Die PAE erzeugt durch die intraprostatische Hyp-/Anoxie einen lokalen Infarkt und induziert die Apoptose epithelialer und stromaler Zellen. Es wird angenommen, dass dies auch zum Verlust von adrenergen Rezeptoren und somit zu einer α-adrenergen Denervierung im Bereich des Infarkts oder der Apoptose führt. In einer klinischen Studie zu PAE bei Patienten mit mittelschwerem bis schwerem LUTS stellten Pisco et al. fest, dass 102 von 238 Patienten (42,85 %) nach 24 h nach PAE eine rasche Verbesserung des LUTS zeigten [48]. Carnevale et al. berichteten ähnlich über einen raschen Wirkungseintritt der PAE bei Patienten mit Harnverhalt und stellten fest, dass die überwiegende Mehrheit Patienten nach Entfernung des Blasenkatheters spontan urinieren konnten [62, 63]. Die klinische Erfahrung bestätigt, dass einige Patienten eine sofortige Verbesserung der klinischen Symptome verspüren, z.B. eine bemerkenswerte Erhöhung der Harnflussrate bereits wenige Stunden nach dem PAE-Eingriff. Offensichtlich kann die Volumenreduktion der Prostata innerhalb von 24 Stunden nach PAE nicht für die o.g. Symptombesserung verantwortlich gemacht werden. Der wahrscheinlichste Mechanismus zur frühen Linderung der Symptome bei diesen Patienten könnte ein Effekt auf die dynamische Komponente der BPH sein. MRT-Studien bei Patienten nach PAE unterstützen diese Annahme [64]. Frenk et al. konnten in MRT-Untersuchungen nach PAE bei einigen Patienten weder Prostatainfarkte, noch eine Volumenreduktion nachweisen und dennoch berichteten die Patienten über eine anhaltende Verbesserung seines LUTS. Daher stellten die Autoren die Hypothese auf, dass eine mögliche Verringerung der Zahl der α_1-adrenergen Rezeptoren zu einem verminderten Muskeltonus und damit zu einer verminderten Harnabflussobstruktion führen könnte [64]. Carnevale et al. schlugen vor, dass die PAE die Wirkung von α_1-Blocker nachahmen könnte, die bei der benignen Prostatahyperplasie zur Entspannung der glatten Muskulatur eingesetzt werden. Der weichere Tastbefund der Prostata bei der digitalen rektalen Untersuchung nach PAE unterstützt diese Annahme [16, 62].

Diese frühe Reaktion kann aber auch auf einen Anstieg des intraprostatischen Stickstoffmonoxid (NO)-Spiegels nach PAE zurückgeführt werden. NO ist ein nicht-adrenerger, nicht-cholinerger Neurotransmitter und ein potentes Relaxans glatter Muskelzellen. In der TZ der menschlichen Prostata wurde eine dichte nitrinerge Innervation sowohl im fibromuskulären Stroma als auch im Drüsenepithel und in den Blutgefäßen nachgewiesen [65]. In all diesen Strukturen werden Schlüsselproteine des NO-Signalwegs exprimiert. NO spielt auch bei der Entspannung des männlichen Schwellkörpers des Penis, bei der Regulierung des Tonus der glatten Muskulatur in der Prostata, der sekretorischen Funktion der Drüsen und des lokalen Blutflusses eine wichtige Rolle. NO wird aus der Aminosäure L-Arginin synthetisiert. Nach der Freisetzung aus Nervenendigungen oder aus dem Endothel diffundiert NO in die glatte Muskelzelle und führt über Zwischenschritte zu einer Entleerung von intrazellulärem Ca^{2+} und zusätzlich zu einer Desensibilisierung kontraktiler Proteine gegenüber Ca^{2+}. Diese synergistischen Effekte führen zu einer raschen und ausgeprägten Entspannung der glatten Muskelzellen [66]. Es wird vermutet, dass die PAE-induzierte lokale Ischämie mit einer sofortigen Aktivierung der NO-Synthase und einem daraus resultierenden NO-Überschuss in der Prostata verbunden ist. Der Mechanismus der Aktivierung der NO-Synthase in Ischämien anderer Organe wie z.B. Herz und Gehirn ist bekannt und bereits gut untersucht [67]. Schon nach 5 Minuten Myokardischämie ist eine signifikante Erhöhung der NO-Synthase-Aktivität nachweisbar, und diese Erhöhung persistiert während der gesamten ischämischen Periode [68]. Inwiefern der Anstieg der NO-Konzentration in der embolisierten Prostata für die akute, ggf. aber auch für die vorübergehende Verbesserung bei LUTS nach PAE verantwortlich gemacht werden kann, bedarf noch weiterer Forschung.

Zwei Originalarbeiten, die 2020 publiziert worden sind, können wegweisende neue Ergebnisse vorweisen. Pisco et al. konnten in einer randomisierten Studie die signifikante Überlegenheit der PAE im Vergleich zu einem Scheinverfahren nachweisen [69]. 80 Patienten wurden in die Studie eingeschlossen und 1:1 in die PAE oder in die Scheinverfahren-Gruppe randomisiert. Die Verbesserungen der subjektiven und objektiven Variablen nach PAE sind denen, die auf den Placeboeffekt zurückzuführen sind, bei weitem überlegen. Der IPSS-Score und die Lebensqualität haben sich in der PAE-Gruppe um 17,1 ± 7,25 bzw. um 3 ± 1,13 verbessert (jeweils $p<0{,}0001$). Im Vergleich dazu lagen die entsprechenden Werte in der Placebogruppe bei 5,03 ± 8,13 und 1,03 ± 1,19. Der IIEF-Score verbesserte sich in der PAE-Gruppe ebenfalls deutlicher als in der Placebogruppe (9,53 ± 15,4 vs 5,95 ± 18,7, $p=0{,}29$). Die Veränderungen der objektiven Parameter waren nach der PAE denen nach dem Scheineingriff ebenfalls überlegen. In der PAE-Gruppe konnte das Prostatavolumen um 17,6 ± 18,5 cm^3 ($p=0{,}002$) reduziert, der maximale Harnstrahl um 6,82 ± 6,25 ml/s ($p=0{,}005$) gesteigert und die Restharn-Menge um 59,0 ± 109,3 ml ($p=0{,}03$) reduziert werden. Die entsprechenden Werte lagen in der Placebogruppe bei 0,06 ± 20,9 cm^3, 2,8 ± 4,75 ml/s und 8,63 ± 127,1 ml.

Maclean et al. sind in einer prospektiven Studie der Frage nachgegangen, ob die PAE eher die irritativen Speicherungssymptome oder eher die Entleerungssymptome verbessert oder gar beide [70]. 43 konsekutive Patienten sind in die Studie eingeschlossen worden. Der Nachbeobachtungszeitraum betrug ein Jahr. Sowohl bei den Entleerungs- als auch bei den Speicherungssymptomen wurden nach 3 Monaten und nach einem Jahr statistisch signifikante Verbesserungen festgestellt. Daraus folgerten die Autoren, dass die PAE eine wirksame Behandlung sowohl für Speicher- als auch für Entleerungssymptome ist. Die mittlere Entleerungs-IPS verringerte sich von 13,35 auf 5,39 ($p<0{,}001$), und die mittlere Speicher-IPS sank von 9,67 auf 5,08 ($p<0{,}001$). Vor der PAE überwogen bei 58,1 % die Speicherungssymptome. Speicherungssymptome stellen für BPS-Patienten ein erhebliches Problem dar. Entsprechend empfindet die Mehrheit der Patienten die Speicherungssymptome als schwerwiegender. Umso erfreulicher ist die Erkenntnis, dass bevorzugt Patienten mit einer schweren Dranginkontinenz und einer erhöhten Miktionsfrequenz (beides Speichersymptome) mit hoher Wahrscheinlichkeit einen größeren Gesamtnutzen (globale IPSS-Reduktion) aus der PAE ziehen. Die Studie hat auch gezeigt, dass die PAE die Speicherungssymptome nach 3 und 12 Monaten bei der überwiegenden Mehrheit der Patienten konsequent zu verbessern vermag (die Dringlichkeit verbesserte sich bei 86 % der Patienten, die Häufigkeit und die Nykturie bei jeweils 77 %). Das ist ein wichtiges Ergebnis vor dem Hintergrund, dass Speichersymptome im Vergleich zu den Entleerungssymptomen oft eine komplexere Ursache haben und nicht monokausal auf die benigne prostatische Obstruktion zurückzuführen sind. Die Therapie der BPS soll individuell und symptomorientiert sein [9]. Wichtig ist hierbei zu bedenken, dass die meisten BPS-Patienten Speicherungssymptome als ihre belastendsten Beschwerden angeben.

3.2. Zusammenfassung

Die PAE induziert durch die Devaskularisierung der vergrößerten Prostata eine ischämische Nekrose und ischämische Apoptose und blockiert ferner die Zirkulation von Testosteron in die Prostata, um so die therapeutische Effektivität durch die Androgen-bedingte Apoptose zu verstärken. Die PAE-vermittelte α_1-adrenerge Denervation der Prostata sowie die Erhöhung des intraprostatischen NO-Spiegels reduzieren den Tonus der glatten Muskulatur bei BPH, was wiederum den Harnröhrenwiderstand verringert und den Harnfluss erhöht. So vielfältig das BPS einerseits und die therapeutischen Mechanismen der PAE andererseits sind, müssen künftige Studien neue Behandlungsstrategien jenseits der blanden Embolisation evaluieren; so z.B. die Kombination von PAE mit der lokalen Verabreichung von Hormonen, α-Blockern oder auch NO-Donatoren.

3.3. Literatur

1. Mitchell ME, Waltman AC, Athanasoulis CA et al. Control of massive prostatic bleeding with angiographic techniques. J Urol. 1976;115:692-695.

2. Bischoff W, Goerttler U. [Successful intra-arterial embolization of bleeding carcinoma of the prostate (author's transl)]. Urologe A. 1977;16:99-102.

3. Pisco JM, Martins JM, Correia MG. Internal iliac artery: embolization to control hemorrhage from pelvic neoplasms. Radiology. 1989;172:337-339.

4. Hare WS, Holland CJ. Paresis following internal iliac artery embolization. Radiology. 1983;146:47-51.

5. DeMeritt JS, Elmasri FF, Esposito MP et al. Relief of benign prostatic hyperplasia-related bladder outlet obstruction after transarterial polyvinyl alcohol prostate embolization. J Vasc Interv Radiol. 2000;11:767-770.

6. Sun F, Crisostomo V, Baez-Diaz C et al. Prostatic Artery Embolization (PAE) for Symptomatic Benign Prostatic Hyperplasia (BPH): Part 1, Pathological Background and Clinical Implications. Cardiovasc Intervent Radiol. 2016;39:1-7.

7. Carnevale FC, Antunes AA, da Motta Leal Filho JM et al. Prostatic artery embolization as a primary treatment for benign prostatic hyperplasia: preliminary results in two patients. Cardiovasc Intervent Radiol. 2010;33:355-361.

8. Kovacs A. [Prostate artery embolization (PAE) : Technique and results]. Radiologe. 2017;57:641-651.

9. Kovács A. Interventional therapy in benign conditions of the prostate. Radiologe 2020;60(Suppl 1):54-62.

10. Sapoval M, Dariane C, Pellerin O et al. [Prostatic artery embolisation for symptomatic BPH]. Presse Med. 2019;48:447-453.

11. Bagla S, Martin CP, van Breda A et al. Early results from a United States trial of prostatic artery embolization in the treatment of benign prostatic hyperplasia. J Vasc Interv Radiol. 2014;25:47-52.

12. Bagla S, Smirniotopoulos J, Orlando J et al. Cost Analysis of Prostate Artery Embolization (PAE) and Transurethral Resection of the Prostate (TURP) in the Treatment of Benign Prostatic Hyperplasia. Cardiovasc Intervent Radiol. 2017;40:1694-1697.

13. Bhatia S, Kava B, Pereira K et al. Prostate Artery Embolization for Giant Prostatic Hyperplasia. J Vasc Interv Radiol. 2015;26:1583-1585.

14. Bhatia S, Sinha V, Bordegaray M et al. Role of Coil Embolization during Prostatic Artery Embolization: Incidence, Indications, and Safety Profile(). J Vasc Interv Radiol. 2017;28:656-664.e653.

15. Bilhim T, Pisco J, Rio Tinto H et al. Unilateral versus bilateral prostatic arterial embolization for lower urinary tract symptoms in patients with prostate enlargement. Cardiovasc Intervent Radiol. 2013;36:403-411.

16. Carnevale FC, Moreira AM, Antunes AA. The "PErFecTED technique": proximal embolization first, then embolize distal for benign prostatic hyperplasia. Cardiovasc Intervent Radiol. 2014;37:1602-1605.

17. Abt D, Hechelhammer L, Mullhaupt G et al. Comparison of prostatic artery embolisation (PAE) versus transurethral resection of the prostate (TURP) for benign prostatic hyperplasia: randomised, open label, non-inferiority trial. BMJ 2018;361:k2338.

18. Amouyal G, Thiounn N, Pellerin O et al. Clinical Results After Prostatic Artery Embolization Using the PErFecTED Technique: A Single-Center Study. Cardiovasc Intervent Radiol. 2016; 39: 367-375.

19. McWilliams JP, Kuo MD, Rose SC et al. Society of Interventional Radiology position statement: prostate artery embolization for treatment of benign disease of the prostate. J Vasc Interv Radiol. 2014;25:1349-1351.

20. Sun F, Sánchez FM, Crisóstomo V et al. Benign prostatic hyperplasia: transcatheter arterial embolization as potential treatment—preliminary study in pigs. Radiology. 2008;246:783-789.

21. Camara-Lopes G, Mattedi R, Antunes AA et al. The histology of prostate tissue following prostatic artery embolization for the treatment of benign prostatic hyperplasia. Int Braz J Urol. 2013;39(2):222-7.

22. Teichgraber U, Aschenbach R, Diamantis I et al. Prostate Artery Embolization: Indication, Technique and Clinical Results. Rofo. 2018;190: 847-855.

23. Uflacker A, Haskal ZJ, Bilhim T et al. Meta-Analysis of Prostatic Artery Embolization for Benign Prostatic Hyperplasia. J Vasc Interv Radiol. 2016;27:1686-1697.

24. Wang XY, Zong HT, Zhang Y. Efficacy and safety of prostate artery embolization on lower urinary tract symptoms related to benign prostatic hyperplasia: a systematic review and meta-analysis. Clin Interv Aging. 2016;11: 1609-1622.

25. Yu H, Isaacson AJ, Burke CT. Review of Current Literature for Prostatic Artery Embolization. Semin Intervent Radiol. 2016;33:231-235.

26. Young S, Golzarian J. Prostatic artery embolization for benign prostatic hyperplasia: a review. Curr Opin Urol. 2018;28:284-287.

27. Wang MQ, Zhang JL, Xin HN et al. Comparison of Clinical Outcomes of Prostatic Artery Embolization with 50-mum Plus 100-mum Polyvinyl Alcohol (PVA) Particles versus 100-mum PVA Particles Alone: A Prospective Randomized Trial. J Vasc Interv Radiol. 2018;29:1694-1702.

28. Brook OR, Faintuch S, Brook A et al. Embolization therapy for benign prostatic hyperplasia: influence of embolization particle size on gland perfusion. Journal of magnetic resonance imaging. JMRI 2013;38:380-387.

29. Bilhim T, Pisco J, Campos Pinheiro L et al. Does polyvinyl alcohol particle size change the outcome of prostatic arterial embolization for benign prostatic hyperplasia? Results from a single-center randomized prospective study. J Vasc Interv Radiol. 2013;24:1595-1602.e1591.

30. Wang MQ, Guo LP, Zhang GD et al. Prostatic arterial embolization for the treatment of lower urinary tract symptoms due to large (>80 mL) benign prostatic hyperplasia: results of midterm follow-up from Chinese population. BMC Urol. 2015;15:33.

31. Golzarian J, Weng L. Particle embolization: factors affecting arterial distribution. J Vasc Interv Radiol. 2014; 25:1773-1774.

32. Golzarian J, Antunes AA, Bilhim T et al. Prostatic artery embolization to treat lower urinary tract symptoms related to benign prostatic hyperplasia and bleeding in patients with prostate cancer: proceedings from a multidisciplinary research consensus panel. J Vasc Interv Radiol. 2014;25:665-674.

33. Ofjord ES, Clausen G. Intrarenal flow of microspheres and red blood cells: skimming in slit and tube models. American Journal of Physiology-Heart and Circulatory Physiology. 1983;245:H429-H436.

34. Bilhim T, Pisco JM, Rio Tinto H et al. Prostatic arterial supply: anatomic and imaging findings relevant for selective arterial embolization. J Vasc Interv Radiol. 2012; 23:1403-1415.

35. Oelke M, Bschleipfer T, Hofner K. [Fake News BPH - what is really true!]. Urologe A. 2019;58:271-283.

36. Pareek G, Shevchuk M, Armenakas NA et al. The effect of finasteride on the expression of vascular endothelial growth factor and microvessel density: a possible mechanism for decreased prostatic bleeding in treated patients. J Urol. 2003;169:20-23.

37. Carnevale FC, Moreira AM, Harward SH et al. Recurrence of Lower Urinary Tract Symptoms Following Pro-

state Artery Embolization for Benign Hyperplasia: Single Center Experience Comparing Two Techniques. Cardiovasc Intervent Radiol. 2017;40:366-374.

38. Kerr JF, Wyllie AH, Currie AR. Apoptosis: a basic biological phenomenon with wide-ranging implications in tissue kinetics. Br J Cancer. 1972;26:239-257.

39. Lekås E, Johansson M, Widmark A et al. Decrement of blood flow precedes the involution of the ventral prostate in the rat after castration. Urol Res. 1997;25:309-314.

40. Lekås E, Engstrand C, Bergh A et al. Transient ischemia induces apoptosis in the ventral prostate of the rat. Urol Res. 1999;27:174-179.

41. Shabsigh A, Chang DT, Heitjan DF et al. Rapid reduction in blood flow to the rat ventral prostate gland after castration: preliminary evidence that androgens influence prostate size by regulating blood flow to the prostate gland and prostatic endothelial cell survival. Prostate. 1998;36:201-206.

42. Sun F, Sánchez FM, Crisóstomo V et al. Transarterial prostatic embolization: initial experience in a canine model. AJR Am J Roentgenol. 2011;197:495-501.

43. Frenk NE, Baroni RH, Carnevale FC et al. MRI findings after prostatic artery embolization for treatment of benign hyperplasia. AJR Am J Roentgenol. 2014;203: 813-821.

44. Carson C 3rd, Rittmaster R. The role of dihydrotestosterone in benign prostatic hyperplasia. Urology. 2003; 61:2-7.

45. Span PN, Völler MC, Smals AG et al. Selectivity of finasteride as an in vivo inhibitor of 5alpha-reductase isozyme enzymatic activity in the human prostate. J Urol. 1999;161:332-337.

46. Steers WD. 5alpha-reductase activity in the prostate. Urology. 2001;58:17-24;discussion 24.

47. Guess HA, Gormley GJ, Stoner E et al. The effect of finasteride on prostate specific antigen: review of available data. J Urol. 1996;155:3-9

48. Pisco JM, Rio Tinto H, Campos Pinheiro L et al. Embolisation of prostatic arteries as treatment of moderate to severe lower urinary symptoms (LUTS) secondary to benign hyperplasia: results of short- and mid-term follow-up. Eur Radiol. 2013;23:2561-2572.

49. Pisco JM, Bilhim T, Pinheiro LC et al. Medium- and Long-Term Outcome of Prostate Artery Embolization for Patients with Benign Prostatic Hyperplasia: Results in 630 Patients. J Vasc Interv Radiol. 2016;27:1115-1122.

50. Antunes AA, Carnevale FC, da Motta Leal Filho JM et al. Clinical, laboratorial, and urodynamic findings of prostatic artery embolization for the treatment of urinary retention related to benign prostatic hyperplasia. A prospective single-center pilot study. Cardiovasc Intervent Radiol. 2013;36:978-986.

51. Pisco J, Bilhim T, Pinheiro LC et al. Prostate Embolization as an Alternative to Open Surgery in Patients with Large Prostate and Moderate to Severe Lower Urinary Tract Symptoms. J Vasc Interv Radiol. 2016;27:700-708.

52. Bilhim T. Endovascular Resection of the Prostate: How Much Is Enough for Prostate Artery Embolization? J Vasc Interv Radiol. 2019;30:225-227.

53. Smith AB, Carson CC. Finasteride in the treatment of patients with benign prostatic hyperplasia: a review. Ther Clin Risk Manag. 2009;5:535-545.

54. Ezz el Din K, Kiemeney LA, de Wildt MJ et al. Correlation between uroflowmetry, prostate volume, postvoid residue, and lower urinary tract symptoms as measured by the International Prostate Symptom Score. Urology. 1996;48:393-397.

55. Barry MJ, Cockett AT, Holtgrewe HL et al. Relationship of symptoms of prostatism to commonly used physiological and anatomical measures of the severity of benign prostatic hyperplasia. J Urol. 1993;150:351-358.

56. Pisco JM, Pinheiro LC, Bilhim T et al. Prostatic arterial embolization to treat benign prostatic hyperplasia. J Vasc Interv Radiol. 2011;22:11-19; quiz 20.

57. Kobayashi S, Tang R, Shapiro E et al. Characterization and Localization of Prostatic Alpha1 Adrenoceptors Using Radioligand Receptor Binding on Slide-Mounted Tissue Section. J Urol. 1993;150:2002-2006.

58. Nasu K, Moriyama N, Kawabe K et al. Quantification and distribution of alpha 1-adrenoceptor subtype mRNAs in human prostate: comparison of benign hypertrophied tissue and non-hypertrophied tissue. Br J Pharmacol. 1996;119:797-803.

59. Furuya S, Kumamoto Y, Yokoyama E et al. Alpha-adrenergic activity and urethral pressure in prostatic zone in benign prostatic hypertrophy. J Urol. 1982;128: 836-839.

60. Djavan B, Chapple C, Milani S et al. State of the art on the efficacy and tolerability of alpha1-adrenoceptor antagonists in patients with lower urinary tract symptoms suggestive of benign prostatic hyperplasia. Urology. 2004;64:1081-1088.

61. Resnick MI, Roehrborn CG. Rapid onset of action with alfuzosin 10 mg once daily in men with benign prostatic hyperplasia: a randomized, placebo-controlled trial. Prostate Cancer Prostatic Dis. 2007;10:155-159.

62. Carnevale FC, da Motta-Leal-Filho JM, Antunes AA et al. Quality of life and clinical symptom improvement support prostatic artery embolization for patients with acute urinary retention caused by benign prostatic hyperplasia. J Vasc Interv Radiol. 2013;24:535-542.

63. de Assis AM, Moreira AM, de Paula Rodrigues VC et al. Prostatic artery embolization for treatment of benign prostatic hyperplasia in patients with prostates > 90 g: a prospective single-center study. J Vasc Interv Radiol. 2015;26:87-93.

64. Frenk NE, Baroni RH, Carnevale FC et al. MRI findings after prostatic artery embolization for treatment of benign hyperplasia. AJR Am J Roentgenol. 2014;203: 813-821.

65. Hedlund P. Nitric oxide/cGMP-mediated effects in the outflow region of the lower urinary tract—is there a basis for pharmacological targeting of cGMP? World J Urol. 2005;23:362-367.

66. Kedia GT, Uckert S, Jonas U et al. The nitric oxide pathway in the human prostate: clinical implications in men with lower urinary tract symptoms. World J Urol. 2008;26:603-609.

67. Chen K, Pittman RN, Popel AS. Nitric oxide in the vasculature: where does it come from and where does it go? A quantitative perspective. Antioxid Redox Signal. 2008;10:1185-1198.

68. Depré C, Fiérain L, Hue L. Activation of nitric oxide synthase by ischaemia in the perfused heart. Cardiovasc Res. 1997;33:82-87.

69. Pisco JM, Bilhim T, Costa NV et al. Randomised Clinical Trial of Prostatic Artery Embolisation Versus a Sham Procedure for Benign Prostatic Hyperplasia. Eur Urol. 2020;77:354-362.

70. Maclean D, Kong M, Lim J et al. Does Prostate Artery Embolization (PAE) Improve Voiding Symptoms, Storage Symptoms, or Both? Cardiovasc Intervent Radiol. 2020;43:23-28.

4. Prä- und periprozedurale Bildgebung im Rahmen der PAE

Die Prostataarterien-Embolisation (PAE) ist ein technisch anspruchsvoller transarterieller Präzisionseingriff, bei dem die Bildgebung vor und während der Prozedur eine wichtige Rolle spielt. Grundlage einer sicheren und umfänglichen Embolisation ist die korrekte Identifikation aller Prostataarterien. Die adäquate Abbildung der Lagebeziehung zu rektalen, vesikalen und penilen Arterien sowie die Darstellung von Anastomosen ist erforderlich um Fehlembolisationen zu vermeiden.

Eine komplexe Anatomie, enge räumliche Verhältnisse und insbesondere kleine Gefäßdurchmesser stellen für die detaillierte Abbildung der Prostataarterien eine Herausforderung dar. Um die verfügbaren Modalitäten zielführend einzusetzen, ist es hilfreich, die diagnostische Wertigkeit der Verfahren zu kennen.

4.1. Präprozedurale Bildgebung

Präprozedural akquirierte Schnittbildgebung kann hilfreiche Informationen über die Prostata und über die Gefäßanatomie liefern.

Die **multiparametrische MRT der Prostata** ist wertvoller Bestandteil der urologischen Diagnostik des Prostatakarzinoms und verbessert die Detektion und Lokalisation karzinomsuspekter Herdbefunde in der Prostata [1]. Vor einer geplanten PAE ist die MRT nicht zwingend erforderlich. Ist sie vorhanden, so liefert sie genaue Informationen zur Größe, Seitendominanz, der intravesikalen Prostataprotrusion (IPP), des prostatischen Harnröhrenwinkels (*prostatic urethral angle*, PUA) oder der Gewebedominanz (adenom- oder stromadominante Prostatavergrößerung) [2]. Wird die Bildgebung der Prostata mit einer MR-Angiographie des Beckens kombiniert, lassen sich höhergradige Stenosen und Verschlüsse der Beckenarterien, die dem technischen Erfolg der PAE entgegenstehen, in der Regel ausschließen.

Erfolgt eine **präprozedurale CT**, wird diese in der Regel als dünnschichtige CT-Angiographie durchgeführt und erlaubt eine detaillierte Abbildung von arteriosklerotischen Veränderungen, atheromatösen und verkalkten Plaques und Gefäßlumenweite der Aorta und der Beckenarterien. Bei Ortsauflösungen im Submillimeterbereich ist ebenfalls eine Darstellung der abgangsnahen Prostataarterien möglich. In Anbetracht der hohen Variabilität der Prostataarterienanatomie kann diese Information hilfreich für die Auswahl des uni- oder bilateralen Zugangsweges und des zur Anwendung kommenden Materials sein [3].

Stehen im Rahmen der Prozedur ein C-Arm-CT-taugliches Gerät oder ein DSA-CT-Kombinationsgerät zur Verfügung, so kann auf eine präprozedurale CTA in der Regel verzichtet werden.

4.2. Periprozedurale Bildgebung

Die periprozedurale Bildgebung weist gegenüber der nicht-invasiven präprozeduralen Bildgebung die Möglichkeit der intraarteriellen Kontrastmittelgabe auf. Hieraus ergeben sich insbesondere für die 3D-Bildgebung wesentliche Vorteile.

4.2.1. Digitale Subtraktions-Angiographie und Durchleuchtung

> Standardbildgebung für die Durchführung einer PAE sind Fluoroskopie und digitale Subtraktions-Angiographie (DSA).

In Tabelle 4.1 sind typische Abbildungsbereiche von DSA-Serien und deren Indikationen dargestellt. Je nach Verfügbarkeit von prä- und periprozeduraler Schnittbildgebung kann auf zahlreiche Angiographie-Serien verzichtet werden, wenn die entsprechende Information bereits aus diesen gewonnen werden kann.

Die Sondierung der Prostataarterien erfolgt unter fluoroskopischer Kontrolle. Im Interesse einer Strahlenexpositionsreduktion können Navigationstechniken wesentlich zu einer präzisen und schnellen Katheterpositionierung beitragen (☞ unten).

4.2.2. 3D-Rotations-Angiographie

Die historisch erste technische Umsetzung der intraarteriell kontrastierten dreidimensionalen Gefäßdarstellung am C-Arm stellt die 3D-Rotations-

Region Abbildungsbereich	Technik	Indikation
Distale Aorta, Beckenarterien Aortenbifurkation bis zum Leistenband einschließlich der *A. epigastrica inferior*	• Frontale Projektion, 2-4 Bilder/s • Zentrale Kontrastmittelgabe, z.B. über Pigtailkatheter in der kaudalen Aorta	• Übersichts-Angiographie • Planung des Zugangsweges (*Cross-over*-Manöver, Sondierung der *A. iliaca interna*)
Unilaterale Beckenarterien Aortenbifurkation bis zum *Pecten ossis pubis*	• 30° kontralateral-oblique Projektion, 1-2 Bilder/s • Selektive Kontrastmittelgabe mittels Diagnostikkatheter in der *A. iliaca communis*	• Sondierung der *A. iliaca interna*
Unilaterale *A. iliaca interna* Abgang der *A. iliaca interna* bis zum Beckenboden	• 30-45° ipsilateral-oblique Projektion, 1-2 Bilder/s • Selektive Kontrastmittelgabe in die *A. iliaca interna*	• Darstellung des Abgangs der *A. prostatica* • Planung der Mikrokatheterposition
Prostataarterie Prostataarterie und Prostata, ggf. angrenzende Blase, Perineum und Rektum	• 30-45° ipsilateral-oblique Projektion oder frontale Projektion, ggf. mit 10° caudocranialer Winkelung • Selektive Kontrastmittelgabe über den Mikrokatheter	• Darstellung des Embolisationsgebietes und von potentiellen Anastomosen

Tab. 4.1: Einsatz der konventionellen Angiographie.

Aangiographie dar. Nach der Aufnahme eines Maskenlaufes wird während der Injektion von in der Regel unverdünntem Kontrastmittel in die *Aorta abdominalis*, die *A. iliaca communis* oder die die *A. iliaca interna* ein im Hinblick auf Bildzahl, Projektionsposition und -winkel identischer Kontrastmittellauf aufgenommen. Durch Subtraktion der projektionsradiographischen Bilder entstehen digitale subtraktions-angiographische Bilder, die wiederum in ein dreidimensionales Gefäßbild rückprojiziert werden (☞ Abb. 4.1). Die hohe Ortsauflösung des Angiographiedetektors in Verbindung mit der intraarteriellen Kontrastmittelgabe erlaubt eine detaillierte Darstellung auch kleiner Arterien wie die der Prostataarterie. Im Gegensatz zur C-Arm-CT erlaubt die Rotations-Angiographie jedoch auf Grund der begrenzten Niedrigkontrastauflösung keine Weichteildarstellung und wird daher in der Regel nur bei fehlender Verfügbarkeit der C-Arm-CT genutzt. Ein beispielhaftes Rotations-Angiographie-Protokoll ist in Tabelle 4.2 aufgeführt.

4.2.3. C-Arm-CT

Die C-Arm-CT (CACT) stellt die Weiterentwicklung der Rotations-Angiographie dar. Durch die Verbesserung der Detektordynamik und die gesteigerte Röntgenröhrenleistung moderner Systeme ist es technisch möglich geworden, mehr Projektionen in annähernd gleicher Zeit aufzunehmen und dadurch die Niedrigkontrastauflösung zu steigern. Die C-Arm-CT erlaubt daher neben einer sehr detaillierten Gefäßdarstellung auch eine Weichteilabbildung.

4.2.3.1. Gefäßdarstellung in der CACT

Die Darstellung des arteriellen pelvinen Gefäßsystems mittels C-Arm-CT erfolgt unter Kontrastmittelinjektion in der Regel in die distale Aorta abdominalis oder selektiv in die Beckenarterien und dient der Visualisierung der Prostataarterien sowie ihres Ursprungs. Die intraarterielle Kontrastmittelgabe lässt einen vielfach höheren intraarteriellen Kontrast im Vergleich zur üblichen peripher-venösen Kontrastmittelgabe im Rahmen der Multidetektor-Computertomographie (MDCT) zu. Dies ermöglicht in Verbindung mit einer Ortsauf-

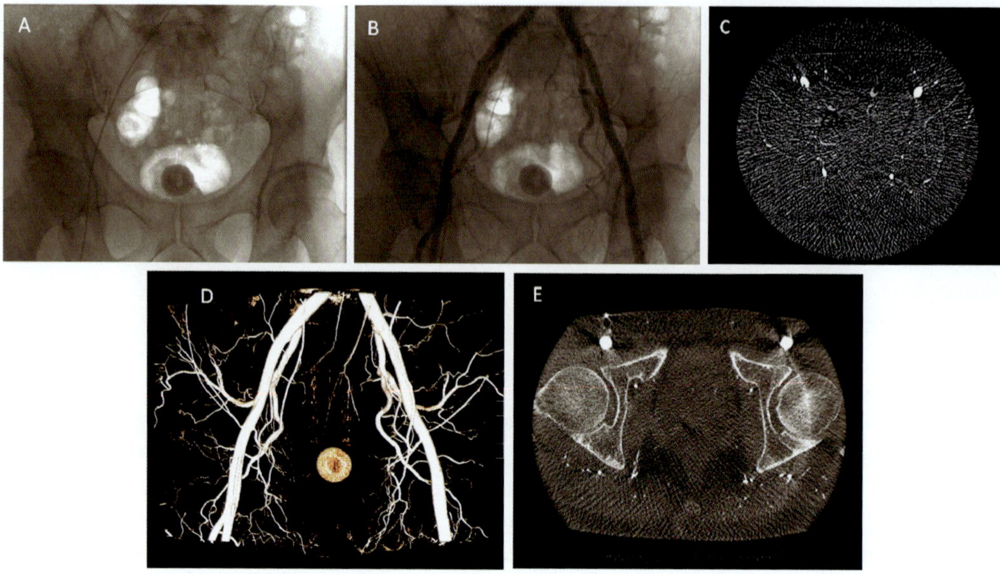

Abb. 4.1: Rotations-Angiographie des Beckens unter Kontrastmittelinjektion in die Aorta. Nach einem nativen Lauf mit 250 Bildern (**A**) wird ein identischer Kontrastmittellauf während der Kontrastmittelinjektion (**B**) aufgenommen. Die Subtraktionsbilder aus beiden werden zur Berechnung des 3D-Rotations-Angiographie-Datensatzes verwendet (**C**). Dieser lässt sich anschließend als VRT-Bild (**D**) zur Navigation einsetzen. Wird aus dem Kontrastmittellauf ein Weichteilbild berechnet (**E**), ist im Vergleich zur C-Arm-CT der Weichteilkontrast geringer. Die Prostataorgangrenzen sind z.B. nur schwer zu bestimmen. C-Arm-CT am Artis Q®, Siemens Healthcare GmbH. Quelle: Medizinische Hochschule Hannover.

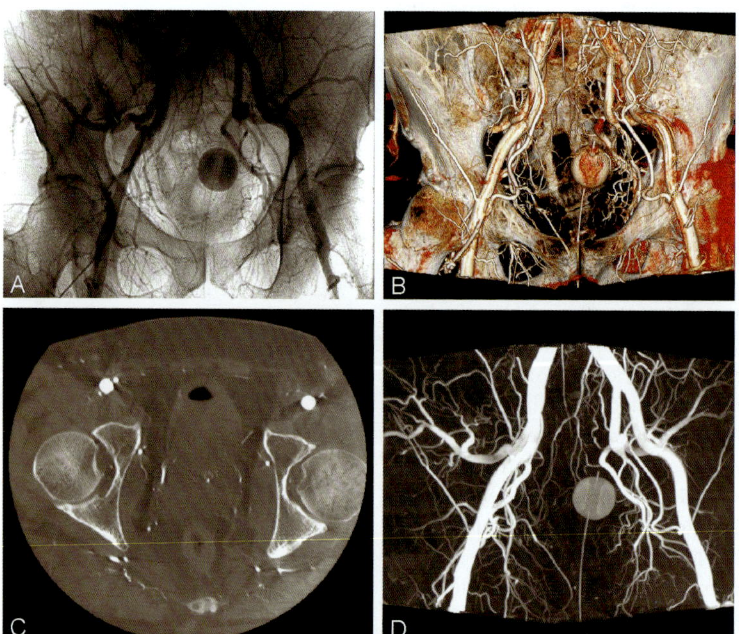

Abb. 4.2: C-Arm-CT des Beckens unter Kontrastmittelinjektion in die Aorta. Beispiel eines Projektionsbildes während der Akquisition (**A**). Der aus 396 solchen Projektionsbildern berechnete 3D-Datensatz lässt sich anschließend als VRT-Bild (**B**), axiale Schicht (**C**) oder als frontale Dickschicht-MIP darstellen; hier nach softwarebasierter Konchenentfernung (**D**). CACT am Artis Q®, Siemens Healthcare GmbH. Quelle: Medizinische Hochschule Hannover.

lösung von unter 0,5 mm eine detaillierte Darstellung der Prostataarterien, ihrer Aufzweigungen sowie z.B. anderer Äste der *A. iliaca interna*. Das der CACT physikalisch bedingt immanente geringere Signal-zu-Rausch-Verhältnis (SNR) wird hierdurch bei einer im Vergleich zur MDCT geringeren Strahlenexposition mehr als kompensiert [4]. Des Weiteren erlaubt die lokale Kontrastmittelgabe eine signifikant geringe Kontrastmittelmenge je Akquisition im Vergleich zur MDCT (☞ Tab. 4.2).

Im Vergleich zur alleinigen angiographischen Darstellung bestehend aus einer frontalen DSA der Beckenarterien ergänzt durch zwei ipsilateral angulierte selektive Akquisitionen der *A. iliaca interna* bietet die CACT einen wesentlichen Mehrwert, da in mehr als der Hälfte der Patienten Informationen abgeleitet wurden, die den Verlauf der Intervention beeinflussten [5].

4.2.3.2. Parenchymdarstellung in der CACT

Potentielle Komplikationen der PAE liegen insbesondere in der Fehlembolisation benachbarter Gefäßterritorien. Daher erfolgt in der Regel nach Erreichen der antizipierten Embolisationsposition eine Sicherung mittels DSA. Da eine exakte Organzuordnung in der Projektions-Angiographie limitiert sein kann, bietet sich routinehaft oder zumindest bei Zweifel an der korrekten Katheterposition eine CACT an (☞ Abb. 4.3). Hierzu wird über den in Embolisationsposition platzierten Mikrokatheter Kontrastmittel injiziert und die Kontrastmittelaufnahme in der CACT beurteilt. Hieraus lassen sich Aussagen bezüglich der vollständigen Erfassung der ipsilateralen Prostata, potentieller Kontrastierungsdefekte als Ausdruck zusätzlicher Prostataarterien sowie einer Füllung der kontralateralen Prostata treffen und damit den Verlauf der Intervention beeinflussende Informationen ableiten [6]. Da bei der Parenchymdarstellung in der Regel nur ein begrenzter Bereich des Beckens dargestellt werden soll, ist die kollimierte CACT im Hinblick auf die Strahlenexposition und die Bildqualität der uneingeblendeten CACT vorzuziehen [7].

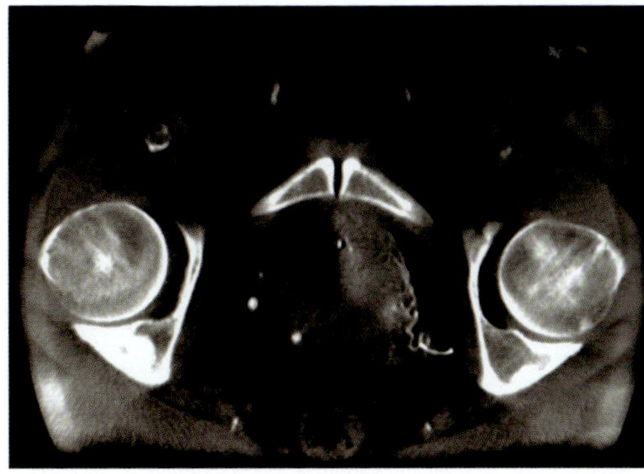

Abb. 4.3: Selektive C-Arm-CT der Prostata. Axiale MPR eines CACT unter Kontrastmittelinjektion in die linke Prostataarterie zur Darstellung des Embolisationsgebietes und zum Ausschluss einer potentiellen Fehlembolisation. Der linke Prostatalappen zeigt eine regelrechte Parenchymkontrastierung, während sich außerhalb der Prostata, z.B. im Rektum keine Kontrastierung nachweisen lässt. CACT am Artis Q®, Siemens Healthcare GmbH. Quelle: Medizinische Hochschule Hannover.

4.2.4. Kombinierte C-Arm/MDCT-Geräte

Analog zur CACT kann bei Verfügbarkeit eines kombinierten Angiographie-/MDCT-Systems die Gefäß- und Parenchymdarstellung auch mittels MDCT erfolgen (☞ Abb. 4.4).

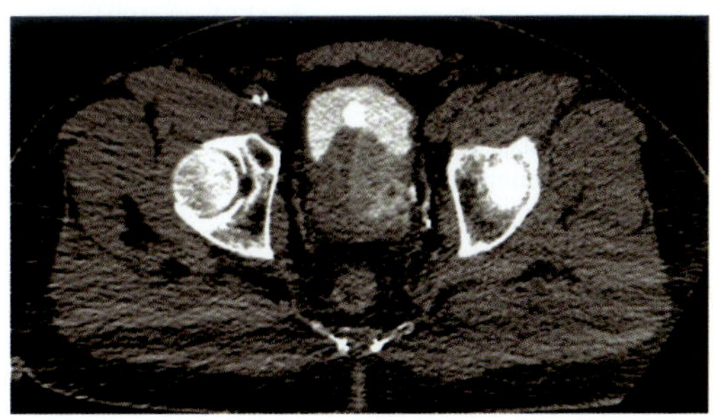

Abb. 4.4: Selektive MDCT (*Multi-Detector Spiral Computer Tomography)* der Prostata unter Kontrastmittelinjektion in die linke Prostataarterie zur Darstellung des Embolisationsgebietes mit regelrechter Parenchymkontrastierung. Die Aufnahme wurde mit stark verdünntem Kontrastmittel durchgeführt. C-Arm/MDCT-Kombinationsgerät Nexaris®, Siemens Healthcare GmbH. Quelle: PD Dr. Michael Moche.

Auf dem Angiographiegerät wird hierzu der Katheter positioniert, anschließend wird der Patient in das MDCT transferiert und unter Kontrastmit-

Region Abbildungsbereich	Technik	Indikation
	3D-Rotations-Angiographie	
Distale Aorta, Beckenarterien Aortenbifurkation bis zum Leistenband einschließlich der *A. epigastrica inferior*	• nativer und kontrastierter Lauf (2 x 250 Bilder)[1] • zentrale Kontrastmittelgabe, z.B. über Pigtailkatheter in der kaudalen Aorta • **Kontrastmittelgabe**[2]: - Flussrate 8 ml/s, unverdünntes Kontrastmittel - Injektionsdauer 8 s (Akquisitionsdauer des Kontrastmittellaufs von 5 s + Röntgenverzögerung von 3 s)	3D-Gefäßdarstellung: • Übersichts-Angiographie zur Planung des Zugangsweges und Identifikation der Prostataarterien, Nutzung zur Navigation
	C-Arm-CT	
Distale Aorta, Beckenarterien Aortenbifurkation bis zum Leistenband einschließlich der *A. epigastrica inferior*	• kontrastierter Lauf (400 Bilder)[1] • zentrale Kontrastmittelgabe, z.B. über Pigtailkatheter in der kaudalen Aorta • **Kontrastmittelgabe**[2]: - Flussrate 8 ml/s, verdünntes Kontrastmittel (70 % Kontrastmittel + 30 % physiologische Kochsalzlösung) - Injektionsdauer 8,5 s (Röntgenverzögerung von 2,5 s + Akquisitionsdauer des C-Arm-CT von 6 s)	3D-Gefäß- und Weichteildarstellung: • Übersichts-Angiographie zur Planung des Zugangsweges, Abbildung der Prostataarterien und der Drüse, Nachweis von Anastomosen, Nutzung zur Navigation
Unilaterale *A. iliaca interna* Abgang der *A. iliaca interna* bis zum Beckenboden	• kontrastierter Lauf (400 Bilder)[1] • selektive Kontrastmittelgabe über Diagnostikkatheter (z. B. Vertebraliskatheter) in der zentralen *A. iliaca interna* • **Kontrastmittelgabe**[2]: - Flussrate 3-5 ml/s, verdünntes Kontrastmittel (70 % Kontrastmittel + 30 % physiologische Kochsalzlösung) - Injektionsdauer 8,5 s (Röntgenverzögerung von 2,5 s + Akquisitionsdauer des C-Arm-CT von 6 s)	3D-Gefäß- und Weichteildarstellung: • Selektive Darstellung der Äste der *A. iliaca interna*, Abbildung der Prostataarterien und der Drüse, Darstellung einer seitendominanten Versorgung, Nachweis von Anastomosen, Nutzung zur Navigation
Prostataparenchym Prostataarterie und Prostata, ggf. angrenzende Blase, Perineum und Rektum	• kontrastierter Lauf (400 Bilder)[1] • selektive Kontrastmittelgabe über einen Mikrokatheter in der *A. prostatica* (Embolisationsposition) • **Kontrastmittelgabe**[2]: • Flussrate 0,3 ml/s, unverdünntes Kontrastmittel • Injektionsdauer 21 s (Röntgenverzögerung von 15 s + Akquisitionsdauer des C-Arm-CT von 6 s)	3D-Gefäß- und Weichteildarstellung: • Selektive Darstellung der *A. prostatica*, Darstellung einer seitendominanten Versorgung, Nachweis von Anastomosen • Abbildung der Prostata und Kontrastierung des Embolisationsgebietes, Identifikation potentieller Fehlembolisationen insbesondere von Blase, Penis und Rektum

Tab. 4.2: Beispiele für 3D-Bildgebung mit dem C-Arm.
[1] beispielhafte Parameter eines Siemens Artis Q® Angiographiesystems, Softwareversion VD11C
[2] Sämtliche Kontrastmittelangaben sind als beispielhaft zu verstehen und müssen an die spezifischen Anforderungen und die individuellen Gegebenheiten angepasst werden. Sie beziehen sich auf ein jodhaltiges Kontrastmittel mit 300 mg Jod/ml.

telgabe erfolgt die Bildakquisition. Die MDCT-immanente höhere Niedrigkontrastauflösung erlaubt eine sehr kontrastmittelsparende Parenchymdarstellung. Nachteil gegenüber der CACT ist das Verschieben des Patienten aus dem Angiographiegerät ins benachbarte CT.

4.2.5. Navigationstechniken

Schnittbildgebung beinhaltet häufig wertvolle Informationen, die im Rahmen der Intervention genutzt werden können. Neben der reinen Anatomie kann z. B. die Kenntnis des für die überlagerungsfreie Darstellung des Prostataarterienabgangs aus der *A. iliaca interna* idealen Abbildungswinkels die Aufnahme einer DSA optimieren.

Moderne Angiographiegeräte bieten die Möglichkeit sowohl Angiographiebilder als auch 3D-Informationen nach vorausgegangener Registrierung auf das Fluoroskopiebild zu überlagern. Liegt eine 3D-Bildgebung (MDCT oder C-Arm-CT) vor, so kann diese z. B. durch ein natives C-Arm-CT (3D/3D-Registrierung) oder unter Zuhilfenahme von zwei Durchleuchtungsbildern (2D/3D-Registrierung) auf den Patienten registriert werden. Damit stehen die Informationen der 3D-Bildgebung während der Prozedur in Echtzeit zur Navigation zur Verfügung.

4.2.5.1. Angiographie-basierte Navigation

Die älteste Form der Angiographie-basierten Navigation stellt die Roadmap-Technik dar. Alternativ können bei aktuellen Angiographiegeräten DSA-Bilder digital in verschiedenen Transparenzstufen auf das Durchleuchtungsbild überlagert werden. Beide Techniken stellen so neben dem Gefäßverlauf auch Gefäßaufzweigungen und regionale Gefäßdurchmesser dar und erlauben insbesondere bei der Mikrokathetersondierung eine sehr schonende und kontrastmittelsparende Arbeitstechnik.

4.2.5.2. 3D-basierte Navigation

Sowohl die präprozedurale CT-Angiographie als auch die periprozedurale C-Arm-CT kann während der Intervention zur Navigation genutzt werden. Durch die hohe Ortsauflösung und die intraarterielle Kontrastmittelgabe ist die C-Arm-CT der MDCT bei der Darstellung der Prostataarterie jedoch überlegen [5].

Die einfachste Form der Navigation stellt, in Anlehnung an Roadmaptechniken, die Überlagerung einer Volume Rendering Darstellung des arteriellen Gefäßbaums auf das Fluoroskopiebild dar. Die graphische Darstellung des Gefäßverlaufs kann diese ergänzen oder alternativ genutzt werden; hierzu wird in der Regel die Prostataarterie manuell markiert oder semiautomatisch in ihrem Verlauf detektiert und als graphische Repräsentation oder als Gefäßrendering der Fluoroskopie überlagert (☞ Abb. 4.5). Vermehrt finden bereits auf künstlicher Intelligenz basierende Softwareanwendungen Anwendung, um z.B. die Prostata zu segmentieren oder bei MDCT- oder C-Arm-CT-

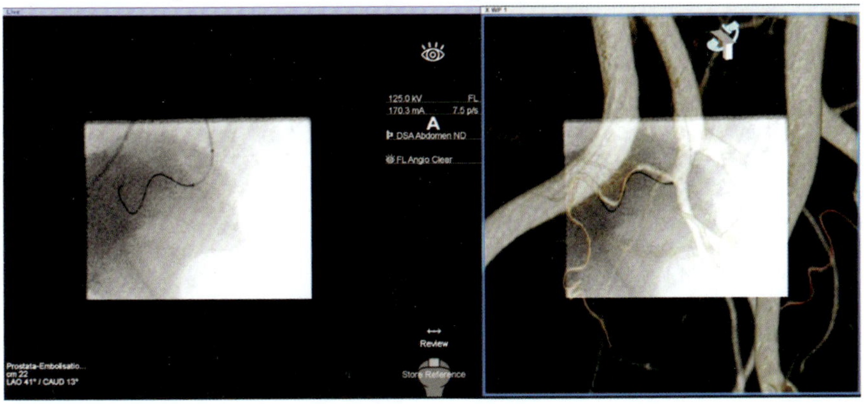

Abb. 4.5: Navigationstechniken bei der Prostataembolisation. Doppelt-anguliertes Durchleuchtungsbild (**links**) und Fusion von Durchleuchtung und in Vergrößerung und Winkelung korrespondierendem Volume Rendering eines C-Arm CT der Beckenarterien (**rechts**). Neben der Vorhersage der besten Winkelung zur Sondierung liefert das VRT ein dreidimensionales Roadmap des Prostataarterienverlaufs. XWP mit PURE® des Siemens Artis Q®, Siemens Healthcare GmbH. Quelle: Medizinische Hochschule Hannover.

Bildern den im VRT störenden Knochen zu entfernen.

Der Einsatz von Navigationstechniken stellt immer eine Abwägung zwischen individuellem Aufwand und Nutzen dar. Mit fortschreitender Automatisierung der Anwendung liegt die Vermutung nahe, dass die Nutzung dieser Techniken zukünftig weiter zunehmen wird.

4.3. Literatur

1. Schlemmer HP. Multiparametrische Prostata-MRT: Vorzüge und Grenzen. Suppl. Perspektiven der Onkologie. Dtsch Arztebl. 2018;115(47):[4].

2. Drost FH, Osses D, Nieboer D, Bangma CH, Steyerberg EW, Roobol MJ, Schoots IG. Prostate Magnetic Resonance Imaging, with or Without Magnetic Resonance Imaging-targeted Biopsy, and Systematic Biopsy for Detecting Prostate Cancer: A Cochrane Systematic Review and Meta-analysis. Eur Urol. 2020;77(1):78-94.

3. Bilhim T, Pisco J, Rio Tinto H, Fernandes L, Campos Pinheiro L, Duarte M, Pereira JA, Oliveira AG, O'Neill J. Unilateral versus bilateral prostatic arterial embolization for lower urinary tract symptoms in patients with prostate enlargement. Cardiovasc Intervent Radiol. 2013;36 (2):403-11.

4. Desai H, Yu H, Ohana E, Gunnell ET, Kim J, Isaacson A. Comparative Analysis of Cone-Beam CT Angiogram and Conventional CT Angiogram for Prostatic Artery Identification Prior to Embolization. J Vasc Interv Radiol. 2018;29(2):229-232.

5. Wang MQ, Duan F, Yuan K, Zhang GD, Yan J, Wang Y. Benign Prostatic Hyperplasia: Cone-Beam CT in Conjunction with DSA for Identifying Prostatic Arterial Anatomy. Radiology. 2017;282(1):271-280.

6. Bagla S, Rholl KS, Sterling KM, van Breda A, Papadouris D, Cooper JM, van Breda A. Utility of cone-beam CT imaging in prostatic artery embolization. J Vasc Interv Radiol. 2013;24(11):1603-7.

7. Werncke T, von Falck C, Luepke M, Stamm G, Wacker FK, Meyer BC. Collimation and Image Quality of C-Arm Computed Tomography: Potential of Radiation Dose Reduction While Maintaining Equal Image Quality. Invest Radiol. 2015;50(8):514-21.

5. Die PAE aus der Perspektive des operativen Urologen

5.1. Hintergrund

Die chirurgische Therapie des benignen Prostatasyndrom (BPS) beschränkte sich lange Zeit auf die transurethrale Resektion der Prostata (TURP) oder eine offene Adenomenukleation. Erst ab den 1990er Jahren wurde das Behandlungsspektrum deutlich erweitert, so dass heute eine große Vielzahl operativer Techniken zur Verfügung steht [1].

Üblicherweise wird eine chirurgische Behandlung empfohlen, wenn die konservative Behandlung fehlschlägt oder beim Auftreten von BPS-assoziierten Komplikationen. So stellen postrenale Niereninsuffizienz infolge Mitbeteiligung des oberen Harntrakts, rezidivierende Harnwegsinfekte oder Harnverhalte und Blasensteine klare Operationsindikationen dar. Die typischen BPS-assoziierten Beschwerden und unkomplizierter Restharn stellen dagegen relative Operationsindikationen dar.

Die chirurgische Behandlung wird in den USA bei mehr als 100.000 Männern jährlich durchgeführt [1], wobei die transurethrale Resektion der Prostata (TURP) nach wie vor der am häufigsten durchgeführte Eingriff ist und bei einem Prostatavolumen (PV) von 30 bis ca. 80 ml als Standardverfahren gilt [2,3].

Das optimale Verfahren hängt neben der Prostatagröße jedoch auch von der Morbidität des Patienten ab, wie in den aktuellen Empfehlungen der *European Association of Urology* (EAU) zusammengefasst (☞ Tab. 5.1) [2].

Gewebeabtragende Resektionsverfahren führen zu einer zuverlässigen Desobstruktion, sind jedoch mit einer gewissen Morbidität (insbesondere Blutungen, Infekte, Strikturen und Sexualfunktionsstörungen) verbunden [4,5]. Zudem nehmen ca. 40 % der Patienten innerhalb von fünf Jahren nach klassischer Operationsverfahren wieder Medikamente zur Therapie von Beschwerden des unteren Harntraktes (LUTS) ein [6].

Unter Berücksichtigung des lukrativen Marktfeldes und der genannten Limitationen operativer Standardverfahren erscheint die hohe Anzahl neuer Therapieoptionen, welche in den letzten Jahren auf den Markt gekommen sind, nicht verwunderlich. Aufgrund zunehmender Co-Morbiditäten, aber auch höherer Ansprüche der Patienten, erfreuen sich dabei vor allem minimal-invasive Therapien (MITs) wachsender Beliebtheit.

5.2. Minimal-invasive Therapien

Neben der Prostataarterien-Embolisation (PAE) zählen UroiLft®, iTIND® und Rezum® zu den aktuell viel verwendeten MITs. Sie wurden insbesondere mit dem Ziel entwickelt, die persistierende Morbidität transurethraler gewebeentfernender Verfahren zu reduzieren. Für die genannten Ver-

Prostatagröße			
<30 ml	30 bis 80 ml	>80 ml	Unter Antikoagulation: alle Volumina
• TUIP* • TURP	• TURP* • HoLEP • ThuLEP • BipolEP • Laser-Vaporisation	• Offene Adenomenukleation* • HoLEP* • BipoLEP* • ThuLEP • Laser-Vaporisation • TURP	• Laser-Vaporisation* • HoLEP • ThuLEP

Tab. 5.1: Transurethrale und offene Resektionsverfahren sowie deren Empfehlung in Anlehnung an die Leitlinien der *European Association of Urology* 2019 (EAU). **TUIP**: Transurethrale Inzision der Prostata, **TURP**: Transurethrale Resektion der Prostata, **HoLEP**: Holmiumlaser-Enukleation der Prostata, **ThuLEP**: Thuliumlaser-Enukleation der Prostata, **BipolEP**: Bipolare Enukleation der Prostata
* erste Wahl

fahren existieren derzeit unterschiedlich starke Evidenzen, welche zu unterschiedlichen Empfehlungen in aktuellen Leitlinien führten [2, 7]. Traditionell wurden MITs in ihrer Erprobungsphase immer mit klassischen Operationsverfahren verglichen. Stets fand sich dabei eine unterlegene Effektivität für die untersuchten Miktionsparameter bei jedoch guter Verbesserung der Beschwerden (zumeist gemessen am *International Prostate Symptom Score* (IPSS) und überlegenem Sicherheitsprofil.

Das steigende Angebot von Therapieoptionen bietet Chancen für eine patientenzentrierte Therapie. Dass neue operative Verfahren zumeist trotz zumindest initial schlechter Evidenzlage zugelassen und vergütet werden, erschwert jedoch auch eine saubere Untersuchung in klinischen Studien und damit Aussagen zur optimalen Indikationsstellung, Patientenberatung und Therapiesequenz.

5.3. PAE

5.3.1. Leitlinienempfehlungen

Aufgrund mangelnder randomisierter Studien mit ausreichenden Nachkontrollzeiträumen zum Zeitpunkt der Literatursuche wurde die Prostataarterien-Embolisation (PAE) bislang nicht in internationale urologische Leitlinien aufgenommen [2, 7]; die EAU-Leitlinien führen sie derzeit als "*under investigation*" [2]. Dagegen wurde die PAE 2018 vom *National Institute for Health and Care Excellence* (NICE) als minimal-invasiver Ansatz für LUTS/BPH zugelassen [8].

Unabhängig davon wird der Eingriff im klinischen Alltag zunehmend durchgeführt.

5.3.2. Evidenz

Eine detailliertere Beschreibung der vorhandenen Evidenz findet sich in Kapitel 13. Im Folgenden soll jedoch das Wirkungs- und Nebenwirkungsprofil grob orientierend mit dem etablierter chirurgischer Verfahren verglichen werden.

In der Regel wird die von Patienten berichtete Symptomverbesserung als wichtigstes Resultat operativer Verfahren betrachtet [9], wobei in Studien häufig der IPSS zur Beurteilung herangezogen wird. Die bislang vorhandenen komparativen Studien zeigten in einer Meta-Analyse [10], dass mit der PAE eine subjektive Beschwerdeverbesserung erreicht werden kann, die einer TURP zwar unterlegen ist, jedoch sehr nahe an deren Resultate heranreicht und eine bedeutende klinische Effektgröße hat [11].

Dagegen wurden signifikante und klinisch relevante Vorteile von TURP und offener Enukleation gegenüber der PAE bezüglich der Verbesserung von funktionellen Parametern wie maximalem Harnstrahl, Restharn und Prostatavolumen gezeigt [10]. Wie in urodynamischen Untersuchungen gezeigt werden konnte [12], liegt dies wohl am unterlegenen desobstruktiven Effekt der PAE. Die Diskrepanz zwischen den fast gleichwertigen subjektiven und den klar unterlegenen objektiven Parametern kann zum einen über eine zusätzliche Wirkung der PAE auf Rezeptor- und Hormonebene erklärt werden, zum anderen über die nur bedingte Korrelation des Ausmaßes der Obstruktion mit subjektiven wahrgenommenen Symptomen.

Klare Vorteile konnten dagegen für die Sicherheit der PAE gezeigt werden. Durch den deutlich unterschiedlichen Therapieansatz kommt es zwar zum Auftreten eines Komplikationsprofils, welches sich von dem transurethraler Eingriffe klar unterscheidet. Insgesamt sind Komplikationen jedoch milder und auch deutlich seltener (ca. 50 % weniger) [10].

Während die unmittelbar Kosten zur Durchführung von PAE und TURP sehr ähnlich sind [13], können bislang keine verlässlichen Aussagen zur Kosteneffektivität der beiden Verfahren gemacht werden. Hierzu gilt es, klinische Resultate und Re-Interventionsraten aus Langzeituntersuchungen abzuwarten.

5.3.3. Indikation und Patientenselektion

Generell sollte das Profil einer operativen Therapie möglichst gut mit den Erfordernissen und Wünschen des einzelnen Patienten übereinstimmen. Die optimale Indikationsstellung ist somit nur mit ausreichenden Daten zur optimalen Patientenselektion eines Verfahrens möglich.

Einen klaren Vorteil bietet die PAE bei Patienten, bei denen eine Voll- oder Spinalnarkose nicht möglich ist oder die gerinnungshemmenden Medikamente nicht abgesetzt werden können. Zudem gilt es, das oben beschriebene Sicherheits- und Wirkungsprofil zu beachten. Daneben muss berücksichtigt werden, dass die Resultate nach PAE stark variieren. Zur Vorhersage eines guten Ansprechens sowohl bezüglich IPSS als auch der Verbesserung des maximalen Harnstrahls konnten einige Prädiktoren identifiziert werden. Hierbei scheint die Prostatagröße und insbesondere das Volumen der zentralen Zone der wichtigste Prädiktor zu sein, wobei als optimaler *cut-off* zur Vorhersage eines guten Ansprechens ein Prostatavolumen von mindestens 39 ml beschrieben wurde. Es muss jedoch betont werden, dass auch Patienten mit kleinerer Prostata ein sehr gutes Ansprechen auf eine PAE zeigen können [14].

Durch den geringeren desobstruktiven Effekt stellt die PAE bei Patienten mit kompliziertem Verlauf, bei denen eine maximale Beseitigung der Obstruktion im Vordergrund steht, sicher nicht die erste Wahl dar. Ein Einsatz zwischen Pharmakotherapie und klassischen Operationsverfahren oder gar anstelle von Medikamenten erscheint dagegen durchaus sinnvoll, wenngleich hierzu keine spezifischen Daten vorliegen.

So gilt es, die optimale Rolle und das Indikationsspektrum der PAE mittels hochwertiger Studien noch weiter herauszuarbeiten.

5.3.4. Limitationen

Neben der eingeschränkten desobstruktiven Effektivität der PAE sollten weitere Faktoren bei der Indikationsstellung berücksichtigt werden.

Gerade bei alten Patienten mit schwierigen Gefäßverhältnissen kann der Eingriff mit einer erhöhten Interventionsdauer und Kontrastmittel-Gabe assoziiert oder gar technisch nicht möglich sein. In einer hierzu publizierten Patientenserie konnte dennoch eine hohe technische Erfolgsrate gezeigt werden [15]. Während bei älteren Patienten die Nierenfunktion beachtet werden muss, sollte gerade bei jüngeren Patienten ein klares Augenmerk auf die Strahlenbelastung gelegt werden.

LUTS können neben einem BPS durch eine Vielzahl anderer Erkrankungen verursacht sein. Vor einer PAE sollte also in jedem Fall eine gründliche urologische Abklärung erfolgen. Die Indikation für eine Zystoskopie vor Durchführung der PAE sollte dabei sehr großzügig gestellt werden, da eine solche im Gegensatz zu etablierten transurethralen Verfahren nicht im Rahmen des eigentlichen Eingriffs erfolgt.

MITs gehen üblicherweise mit einer relevanten Re-Interventionsrate einher. Die vorhanden Daten erlauben keine Aussage darüber, ob eine Re-PAE oder eine PAE nach einer anderen im Vorfeld durchgeführter MIT (z.B. Rezum®) den gleichen klinischen Effekt erzielt. Während unzureichende Aussagen zum Langzeiteffekt eine weitere Limitation darstellen, relativieren sich einige der genannten Limitation durch ausreichende Expertise und eine intensive Zusammenarbeit zwischen Urologie und Radiologie.

5.4. Fazit

Vor einem allzu unkritischen Einsatz der PAE muss abgeraten werden. Die bislang vorliegenden Daten lassen einige Fragen offen, insbesondere solche zum langfristigen Therapieeffekt, zur Strahlenbelastung und zur besten Patientenselektion.

Auch die Tatsache, dass ältere minimal-invasive Verfahren wie die Transurethrale Mikrowellenthermotherapie (TUMT), die Transurethrale Nadel-Ablation der Prostata (TUNA) und Stents ähnlich vielversprechende kurz- und mittelfristige Resultate hatten wie die PAE, bereits fix in den Leitlinien verankert waren, jedoch nicht den "*test-of-time*" bestanden, sollte im Hinterkopf behalten werden. Neben einer eingeschränkten Langzeit-Effektivität könnte hierfür jedoch auch eine ungünstige, nämlich zu späte Indikationsstellung verantwortlich gewesen sein.

Die PAE ist jedoch eine wertvolle Alternative zu TURP bei der Behandlung von BPH-LUTS und kann bei Patienten in Betracht gezogen werden, bei denen die Indikation zur Operation in erster Linie auf Symptomen beruht. Bei Komplikationen im Zusammenhang mit gutartiger Prostatahyperplasie sollte dagegen wenn möglich eine chirurgische Methode mit besserer desobstruktiver Wirkung bevorzugt werden. Weitere vergleichende Studienergebnisse, einschließlich längerer *Follow-up*-Zeiträume und Subgruppenanalysen, sollten abgewartet werden, bevor die PAE als klinische Routinetherapie betrachtet werden kann.

5.5. Literatur

1. Malaeb BS, Yu X, McBean AM, Elliott SP. National trends in surgical therapy for benign prostatic hyperplasia in the United States (2000-2008). Urology. 2012;79: 1111-6.

2. Gravas S CJ, Drake MJ, et al. EAU Guidelines on management of non-neurogenic male lower urinary tract symptoms (LUTS), incl. benign prostatic obstruction (BPO). 2019 https://uroweborg/guideline/treatment-of-non-neurogenic-male-luts/.

3. McVary KT RC, Avins AL, et al. American Urological Association Guideline: management of benign prostatic hyperplasia (BPH). Revised, 2010. https://wwwauanetorg/benign-prostatic-hyperplasia-(2010-reviewed-and-validity-confirmed-2014).

4. Ahyai SA, Gilling P, Kaplan SA, et al. Meta-analysis of functional outcomes and complications following transurethral procedures for lower urinary tract symptoms resulting from benign prostatic enlargement. Eur Urol. 2010;58:384-97.

5. Reich O, Gratzke C, Bachmann A, et al. Morbidity, mortality and early outcome of transurethral resection of the prostate: a prospective multicenter evaluation of 10,654 patients. J Urol. 2008;180:246-9.

6. Lukacs B, Cornu JN, Aout M, et al. Management of lower urinary tract symptoms related to benign prostatic hyperplasia in real-life practice in france: a comprehensive population study. Eur Urol. 2013;64(3):493-501.

7. Foster HE, Dahm P, Kohler TS, et al. Surgical Management of Lower Urinary Tract Symptoms Attributed to Benign Prostatic Hyperplasia: AUA Guideline Amendment 2019. J Urol. 2019;202:592-8.

8. Mayor S. NICE recommends prostate artery embolisation as a treatment option for BPH symptoms. BMJ. 2018;361:k1879.

9. Speakman MJ, Cornu JN, Gacci M, et al. What Is the Required Certainty of Evidence for the Implementation of Novel Techniques for the Treatment of Benign Prostatic Obstruction? Eur Urol Focus. 2019;5:351-6.

10. Zumstein V, Betschart P, Vetterlein MW, et al. Prostatic Artery Embolization versus Standard Surgical Treatment for Lower Urinary Tract Symptoms Secondary to Benign Prostatic Hyperplasia: A Systematic Review and Meta-analysis. Eur Urol Focus. 2019;5:1091-1100.

11. Barry MJ, Williford WO, Chang Y, et al. Benign prostatic hyperplasia specific health status measures in clinical research: how much change in the American Urological Association symptom index and the benign prostatic hyperplasia impact index is perceptible to patients? J Urol. 1995;154(5):1770-4.

12. Abt D, Hechelhammer L, Müllhaupt G, et al. Comparison of prostatic artery embolisation (PAE) versus transurethral resection of the prostate (TURP) for benign prostatic hyperplasia: randomised, open label, non-inferiority trial. BMJ. 2018;361:k2338.

13. Mullhaupt G, Hechelhammer L, Engeler DS, et al. In-hospital cost analysis of prostatic artery embolization compared with transurethral resection of the prostate: post hoc analysis of a randomized controlled trial. BJU Int. 2019;123:1055-60.

14. Abt D, Mullhaupt G, Mordasini L, et al. Outcome prediction of prostatic artery embolization: post hoc analysis of a randomized, open-label, non-inferiority trial. BJU Int. 2019;124:134-44.

15. du Pisanie J, Abumoussa A, Donovan K, Stewart J, Bagla S, Isaacson A. Predictors of Prostatic Artery Embolization Technical Outcomes: Patient and Procedural Factors. J Vasc Interv Radiol. 2019;30:233-40.

6. Die PAE aus der Perspektive des niedergelassenen Urologen

6.1. Grundlagen

Für die Therapie des benignen Prostatasyndroms (BPS) stehen vielfältige konservative und operative Therapieverfahren zur Verfügung, auf die hier kurz eingegangen werden soll, bevor der Stellenwert der Prostataarterien-Embolisation erörtert wird.

Um das BPS zu diagnostizieren und andere Ursachen einer Harnblasenentleerungsstörung auszuschließen ist eine sorgfältige Diagnostik notwendig. Als Beispiele seien hier die Harnröhrenstriktur, die Blasenhalssklerose oder auch die verschiedenen Formen der neurogenen Harnblasenfunktionsstörungen sowie inflammatorische Erkrankungen genannt.

6.2. Allgemeine Therapieprinzipien

Ist die Diagnostik abgeschlossen und das BPS gesichert, folgt die Wahl des Therapieverfahrens. Dies richtet sich in erster Linie nach dem Grad der Beeinträchtigung und der Patientencompliance.

- Bei Patienten mit leichten Symptomen (IPSS 1-7, ☞ Kap. 9.1.) sind die Beobachtung und eine Änderung des Lebensstils (Vermeidung von nächtlichem Trinken, Reduzierung von Alkohol und Koffein, Gewichtsabnahme und körperliche Aktivität, Reduktion von Stress) die wichtigsten Behandlungsansätze
- Bei mäßigen Symptomen (IPSS 8-19) wird eine orale Medikation empfohlen. Zur Verfügung stehen dabei neben den Phytotherapeutika die α_1-Blocker, die 5α-Reduktase-Hemmer, die Kombination der beiden Letzteren sowie seit einiger Zeit auch ein Phosphodiesterase-5-Hemmer
- Bei schweren Symptomen (IPSS 20-35) mit ausgeprägter Drangsymptomatik kann es zusätzlich sinnvoll sein, einen Muskarin-Rezeptor-Antagonisten einzusetzen, um die M_3-Rezeptor vermittelte Detrusorkontraktion zu hemmen, oder Beta-3-Agonisten, die durch Stimulation eine Entspannung des Detrusors bewirken. Die Restharnbildung sollte weniger 150 ml betragen, weshalb ein Monitoring der Restharnbildung obligat ist

Insgesamt weisen die eingesetzten Medikamente ein relativ günstiges Nebenwirkungsprofil auf [43].

Typische und für viele Männer dennoch belastende Nebenwirkungen der medikamentösen Behandlung des BPS mit LUTS sind u.a.:

- **Alpha-Blocker:** Müdigkeit, orthostatische Dysregulationen, partiell oder komplette retrograde Ejakulationen, *floppy-iris*-Syndrom (IFIS), erhöhtes Demenzrisiko wird diskutiert, konnte aber bisher nicht bewiesen werden [35] [36]
- **5α-Reduktase-Hemmer:** Verminderte Libido, Impotenz, Erektionsstörungen, selten Ejakulationsstörungen und Gynäkomastie in 1-2 % der Patienten
- **PDE-5-Hemmer:** Kopfschmerzen, Dyspepsie, Rückenschmerzen und Myalgie sowie Nasenatmungsbehinderung [44].
- **Muskarin-Rezeptor-Antagonisten:** Mundtrockenheit, Verstopfung, Nasopharyngitis und Schwindel.
- **Kombinationstherapien:** Die Nebenwirkungsrate bei Kombinationstherapien ist signifikant erhöht [43]

Wenn die konservativen therapeutischen Maßnahmen nicht zum medizinisch vertretbaren Erfolg führen oder die Patienten aufgrund der Nebenwirkungen die Therapie nicht fortsetzen wollen, bleiben die nachfolgend kurz zusammengefassten Therapieoptionen. Neben den seit Jahrzehnten eingesetzten Referenzverfahren

- **transurethrale Resektion der Prostata** (TURP) und
- **offene Adenomenukleation**

haben sich

- **Laserenukleation** und
- **Laservaporisation**

als Standardtherapien etabliert. Zugelassen und eingesetzt werden Holmium- oder Thuliumlaser, um Gewebe aus der Prostata herauszuschneiden.

Im Vergleich unterscheiden sich die beiden Laser durch die Form der Energieabgabe. Der Holmiumlaser arbeitet gepulst, während der Thuliumlaser auch kontinuierlich Energie abgeben kann.

Neue und innovative Therapieverfahren (*Minimally invasive surgical therapies*, MIST) wie

- **TUIP** (*Transurethral incision of the prostate*)
- **UroLift®** (*Prostatic urethral lift*)
- **iTIND®** (*Temporary implantable nitinol device*)
- **Rezum®** (*Convective water vapor energy ablation*)
- **AquaBeam®** (Aquablation)

versprechen Vorteile in puncto Morbidität und Erhalt der Sexualfunktion, ohne die Effektivität wesentlich zu beeinflussen (☞ Tab. 6.1).

Langzeitdaten und Ergebnisse aus großen Kollektiven stehen hierbei allerdings noch aus. Die Herausforderung der Zukunft wird es sein, aus der Vielfalt der Therapieoptionen diejenige zu wählen, die dem jeweiligen Patienten die besten Erfolgsaussichten bei gleichzeitig geringen Komplikationsraten verspricht.

6.3. Der niedergelassene Urologe und die PAE

Neben diesen Verfahren, die in urologischen Einheiten ambulant oder stationär durchgeführt werden, hat die interventionelle Radiologie 2010 die Prostataarterien-Embolisation (PAE) als neues Verfahren für die elektive Therapie des Benignen Prostatasyndroms (BPS) eingeführt und ist damit in Konkurrenz zu den urologischen Therapieverfahren getreten.

Doch ganz so neu ist das Verfahren nicht. Die Embolisation von Gefäßen ist ein Verfahren, welches schon lange bei der Behandlung von z.B. inoperablen Lebertumoren oder bei Myomen der Gebärmutter erfolgreich eingesetzt wird. Selbst in der Prostata wird die Embolisation seit 1977 erfolgreich eingesetzt [2].

Die PAE verfolgt das Ziel, die Blutversorgung der Prostata, dabei insbesondere der Adenome, zu unterbinden, indem Mikrokügelchen (Polyvinylalkohol-Partikel oder kalibrierte Mikrospären) in die *A. prostatica* und deren Gefäßäste abgegeben werden. Üblicherweise wird die PAE dabei über einen inguinalen Zugang durchgeführt. In der Folge kommt es zu einer Verkleinerung der Prostata, die je nach Größe der Prostata im Verlauf von Wochen bis Monaten erfolgt.

Intervention	Empfehlung	Anästhesiemethode	Einschränkung	Retrograde Ejakulation (%)	Reinterventionsrate (%)
TUIP	PV ≤30 cm³	VN	PV >30 cm³, Mittellappen	18,2	18,4
UroLift®	PV ≤70 cm³	VN/SPA oder Sed	PV >70 cm³, Mittellappen	keine	13,6
iTIND®	PV ≤100 cm³	Sed	PV >100 cm³	keine	4,8
Rezum®	PV ≤80 cm³, auch beim Mittellappen anwendbar	VN oder Sed	PV >80 cm³	keine	4,4
AquaBeam®	PV ≤100 cm³	VN	PV >100 cm³, großer Mittellappen	27	4,3
PAE	keine Volumenobergrenze, auch beim Mittellappen anwendbar	LA	Schwere Atherosklerose	keine	9

Tab. 6.1: Spezielle Verfahren für die interventionelle Therapie des BPS (MIST sowie PAE). Die meisten MIST haben ein oberes Limit bezüglich des therapierbaren Prostatavolumens oder können bei Vorhandensein eines Mittelappens nicht angewendet werden. **PV**: Prostatavolumen, **VN**: Vollnarkose, **SPA**: Spinalanästhesie, **Sed**: Sedierung, **LA**: Lokalanästhesie. Modif. nach [1].

Unmittelbar postoperativ kann es in einigen Fällen zu meist kurzfristigen Beschwerden kommen. Im Vordergrund stehen dabei Dysurie und Hämaturie sowie Unterbauchschmerzen. Eine bereits präinterventionelle medikamentöse Therapie sollte daher sinnvollerweise noch einige Zeit fortgeführt werden. In einigen Fällen ist zusätzlich eine antiphlogistisch-analgetische Therapie indiziert. Bei postinterventionellen Harnwegsinfekten ist eine antibiotische Therapie obligat.

Vorteile

Die Vorteile der PAE gegenüber etablierten urologischen Therapien lassen sich wie folgt zusammenfassen:

- Durchführung in Lokalanästhesie
- geringes Nebenwirkungsspektrum
- keine retrograde Ejakulation
- keine Inkontinenz
- keine erektile Dysfunktion
- kurze Krankenhausverweildauer

Kontraindikationen

Die Kontraindikationen einer PAE sind überschaubar. Hierzu zählen

- höhergradige Atherosklerose
- Prostatakarzinom
- Harnblasendivertikel
- neurogene Harnblasenentleerungsstörungen

Es kann festgehalten werden, dass die PAE ein zunehmend etabliertes Verfahren in der Behandlung des BPS mit LUTS geworden ist.

Da kein Radiologe die Indikation für eine PAE stellt und ein im Krankenhaus tätiger Urologe mutmaßlich die Therapie lieber selber durchführt, kommt dem niedergelassenen Urologen die Schüsselrolle der Therapieempfehlung zu. Es stellt sich also immer häufiger die Frage:

Welcher Patient mit BPS und LUTS profitiert am nachhaltigsten von dieser Therapieform?

In der Regel werden Patienten mit BPS entweder im Rahmen der jährlichen Vorsorgeuntersuchung detektiert, weil sie zwar nur eine geringe LUTS haben, aber dafür eine inkomplette Harnblasenentleerung aufweisen, oder die Patienten stellen sich direkt mit LUTS unterschiedlicher Ausprägung vor. Die individuelle "Leidensfähigkeit" ist dabei sehr unterschiedlich.

Die Aufgabe des Urologen ist es nun, das Stadium der gutartigen Vergrößerung zu bestimmen und natürlich das Vorliegen einer malignen oder einer anders bedingten Ursache (Infektion, Striktur, neurogene Störung) auszuschließen.

Die Therapie beginnt in den meisten Fällen mit einer konservativ-medikamentösen Therapie. Die Mehrzahl der Patienten kommt im **Stadium 1** (Reizstadium) zum Urologen. In diesem Stadium sind häufige Miktionen und die Nykturie bei gleichzeitig abnehmender Harnstrahlqualität und ggf. Nachträufeln vordergründige Symptome zum Aufsuchen des Urologen.

Im **Stadium 2** (kompensierte Harnretention) sind die LUTS-Symptome stärker ausgeprägt bei gleichzeitig zunehmender Restharnbildung.

Sollte bereits ein **Stadium 3** (Dekompensation) vorliegen, meist durch den Harnverhalt diagnostiziert, ist in aller Regel nur die herkömmliche operative Therapie erfolgversprechend. Für die PAE werden vornehmlich Patienten aus den Stadien 1 und 2 rekrutiert. Aber auch bei Patienten mit einem ersten akuten Harnverhalt erzielt die PAE eine beachtliche therapeutische Wirkung. Bei diesen Patienten kann der Urinkatheter in über 90 % nach zwei Wochen problemlos entfernt werden [3]. Bei Patienten mit einem chronischen Verhalt kann allerdings nicht mit diesem Therapieerfolg gerechnet werden.

Die medikamentöse Therapie reicht in ihren Abstufungen von pflanzlich basierten bis hin zu chemisch basierten Kombinationstherapien aus α_1-Blockern und α-Reduktase-Hemmern. Während bei den pflanzlich basierten Medikamenten die Nebenwirkungsraten sehr gering sind, nehmen die Verträglichkeit und die Patientenzufriedenheit bei Kombinationspräparaten stark ab. Die betroffenen Männer sind entweder mit dem subjektiv wahrgenommenen Therapieerfolg oder in überwiegender Mehrheit mit den sich einstellenden Nebenwirkungen unzufrieden. Diese sind insbesondere bei jüngeren, sexuell aktiven Männern stärker ausgeprägt. Dazu zählen

- retrograde Ejakulation
- abnehmende Libido

- erektile Dysfunktion
- Gynäkomastie

Darüber hinaus betreffen

- Hypotonie
- Müdigkeit
- Herzrhythmusstörungen
- Kontraindikation wegen anderweitiger medikamentöser Therapie

auch Männer höheren Alters.

Im Übrigen stellt die Einnahme von Medikamenten für einige Männer schon an sich ein Problem dar. Gerade jüngere Patienten haben Schwierigkeiten mit der Krankheitseinsicht. "Ein Mann wird nicht krank", postulieren sie, und die tägliche Medikamenteneinnahme konfrontiert die Betroffenen mit ihrer vermeintlich nachlassenden "Männlichkeit".

In diesen Fällen stellt die operative Therapie die einzige Alternative dar, um die BPS mit LUTS zu heilen.

Jetzt kommt für den Urologen die nächste Herausforderung.

Welche Therapie überzeugt den Patienten, wenn schon die Medikamenteneinnahme für einige Männer schwer vorstellbar ist?

Die herkömmlichen operativen Methoden mit guter therapeutischer Wirksamkeit stellen auch aufgrund des Komplikations- und Nebenwirkungsspektrums wie

- dauerhafte retrograde Ejakulation
- erektile Dysfunktion
- Inkontinenz

ein Problem für viele Männer dar. In diesen Fällen bietet es sich an, ihnen die minimal-invasive Therapie der Prostataarterien-Embolisation vorzustellen.

Die bereits oben aufgeführten Vorteile des Eingriffs überzeugt die meisten Männer auch dann, wenn man ihnen mitteilt, dass es sich um ein noch relatives neues Therapieverfahren handelt. Hinzu kommt, dass ggf. später notwendige operative Verfahren dadurch nicht negativ beeinflusst werden.

Entscheidend für den Therapieerfolg ist die enge Zusammenarbeit der Urologen mit technisch versierten interventionellen Radiologen. Ein präoperativ durchgeführtes MRT der Prostata (☞ Kap. 8.) liefert neben der genauen Information zur Größe auch Informationen zur Seitendominanz, zur intravesikalen Prostataprotrusion (IPP), zum prostatischen Harnröhrenwinkel (PUA) oder zur Gewebedominanz. Darüber hinaus kann in Einzelfällen auch ein Prostatakarzinom frühzeitig erkannt werden.

Die bisherige Studienlage, die sicherlich noch nicht befriedigend ist, zeigt jedoch bereits, dass die PAE eine Therapiealternative für ein ausgewähltes Patientenklientel darstellt, auch wenn sie gemessen am Harnfluss oder am Restharn eine geringere Desobstruktion zu operativen Verfahren darstellt. Die allermeisten Patienten sind zufrieden, wenn ihre LUTS-Symptomatik, insbesondere die Drangsymptomatik und die Nykturie sowie das Restharngefühl, deutlich reduziert wird und dadurch die Einnahme von Medikamenten vermieden werden kann.

Die PAE stellt aus der langjährigen Erfahrung des Autors als Urologe und insbesondere in Kenntnis vieler Patienten mit Zustand nach erfolgter Prostataarterien-Embolisation eine ernst zu nehmende und vielversprechende Therapiealternative zu herkömmlichen operativen Verfahren dar. Entscheidend für den Erfolg des Eingriffs ist die Patientenselektion, die immer in Zusammenarbeit mit dem behandelnden interventionellen Radiologen erfolgen sollte.

6.4. Literatur

1. Kovács A, Pinkawa M. Interventional therapy in malignant conditions of the prostate. Radiologe. 2019 (Suppl 1):28-39.

2. Bischoff W, Goerttler U. [Successful intra-arterial embolization of bleeding carcinoma of the prostate [Article in German]. Urologe A. 1977;16(2):99-102.

3. Carnevale FC, Antunes AA. Prostatic artery embolization for enlarged prostates due to benign prostatic hyperplasia. How I do it. Cardiovasc Intervent Radiol. 2013; 36(6):1452-1463.

7. Patientenauswahl

In diesem Kapitel wird die Patientenauswahl für die Prostataarterien-Embolisation (PAE) beschrieben. Zunächst wird das klinische Management von Patienten mit Symptomen des unteren Harntraktes (LUTS) besprochen. Danach werden alle Parameter beschrieben, die vor einer PAE ausgewertet werden sollten. Abschließend wird die Patientenauswahl erörtert und erläutert, wie die PAE als solche zur Verbesserung der klinischen Ergebnisse beitragen kann.

7.1. Klinisches Management von Patienten mit Symptomen des unteren Harntraktes (LUTS)

Das klinische Management von LUTS-Patienten sollte zunächst eine detaillierte Anamnese beinhalten, da es unter ihnen auch solche ohne eine benigne Prostatahyperplasie (BPH) gibt.

Die Differentialdiagnose für LUTS umfasst
- BPH
- Prostata- oder Blasenkarzinom
- chronische Beckenschmerzen (Prostatitis und interstitielle Zystitis)
- Harnwegsinfektionen
- Harnröhrenstriktur
- Stein- oder Gewebsstenose
- Blasenhalsobstruktion oder -kontraktur sowie Blasenfunktionsstörung (hypo- oder hyperaktive Blase)
- Medikamentenwirkungen wie z.B. durch Diuretika
- Erkrankungen wie Herzinsuffizienz sowie
- neurogene Blasenfunktionsstörungen.

Eine nächtliche Polyurie sollte ebenfalls von einer BPH unterschieden werden, da die Behandlung ersterer auf Änderungen des Lebensstils und der Flüssigkeitsaufnahme basiert. Um eine nächtliche Polyurie auszuschließen, sind Frequenz-Volumen-Diagramme (Uroflowmetrie) hilfreich [1,2].

Für das Patientenmanagement ist eine **Quantifizierung des LUTS-Schweregrades** von Bedeutung. Der am häufigsten verwendete und validierte Fragebogen für die Bewertung des LUTS-Schweregrades ist der Internationale Prostatasymptom-Score (*International Prostate Symptom Score*, IPSS), der eine zusätzliche Frage zur Lebensqualität im Zusammenhang mit LUTS (*Quality of Life*, QoL) enthält. Die IPSS-QoL ermöglicht eine Beurteilung des LUTS-Schweregrads und des wahrscheinlichen Ansprechens auf die Behandlung und sollte immer dann erhoben werden, wenn bestimmte Therapien bei LUTS in Betracht gezogen werden. Zwar stellt das IPSS-QoL ein wertvolles Instrument dar, um das Ansprechen auf die Behandlung zu quantifizieren. Es ist jedoch nicht exakt genug, um eine bestimmte Ursache des LUTS zu diagnostizieren, da es BPH-bezogene LUTS nicht zuverlässig von anderen LUTS-Ursachen zu unterscheiden vermag [1, 2]. Auch die sexuelle (Dys-)Funktion sollte mit validierten Fragebögen bewertet und gemessen werden, da viele LUTS-Patienten zusätzlich eine solche sexuelle Funktionsstörung aufweisen und zudem der Schweregrad der LUTS mit dem Schweregrad der sexuellen Funktionsstörung korreliert. Sexuelle Funktionsstörungen können jedoch auch erst nach erfolgten Behandlungsmaßnahmen im Zusammenhang mit der Prostata auftreten. Auch aus diesem Grund ist es wichtig, die sexuelle Funktion vor und nach jeder Prostatabehandlung mit validierten Fragebögen wie dem Internationalen Index der erektilen Funktion (*International Index of Erectile Function*, IIEF) zu quantifizieren [3].

Eine **Urinanalyse** sollte ebenfalls in die Erstuntersuchung des Patienten einbezogen werden, um Harnwegsinfektionen als mögliche Ursache für LUTS auszuschließen. Das prostataspezifische Antigen (PSA) sollte gemessen werden, da die Diagnose eines Prostatakarzinoms das Patientenmanagement verändert. Schließlich sollte das Restharnvolumen (*postvoid residual urine*, PVR) nach der Blasenentleerung als Screening-Instrument bei allen Patienten erhoben werden, die ursprünglich auf LUTS untersucht wurden. Diese Messung ist einfach und ermöglicht den Ausschluss von Patienten mit schwerer Blasenauslassobstruktion (*bladder outlet obstruction*, BOO) [1, 2].

Patienten mit BPH weisen klinisch häufig LUTS auf. LUTS werden in Prämiktions-, Miktions- und Postmiktionssymptome unterteilt und sind häufig mit einer BOO assoziiert. Der LUTS-Schweregrad kann jedoch das Vorhandensein oder den Schweregrad einer BOO nicht genau voraussagen. So können beispielsweise Patienten mit BPH schwere LUTS mit einer gleichzeitig minimalen BOO aufweisen. Daher sollte die Bestimmung des Restharnvolumens in jedem Fall Bestandteil des Patientenmanagements sein. Der Nachweis einer BOO ist wichtig, da diese zu Komplikationen wie akutem Harnverhalt (*acute urinary retention*, AUR), Hämaturie, Blasensteinen und Divertikeln, Überlaufinkontinenz, rezidivierenden Harnwegsinfekten, Hydronephrose und Nierenerkrankungen führen kann. Zwar sind die LUTS die Symptome, die die Patienten am stärksten belasten, doch eine BOO kann zu schwerwiegenden Komplikationen mit nachfolgenden Komplikationen führen. Daher sollten Ärzte bei Patienten mit LUTS unbedingt eine signifikante BOO ausschließen [1, 2].

Letztendlich handelt es sich bei der BPH-Diagnose um eine histologische Diagnose, die allein aufgrund der gutartigen Natur der Krankheit nicht gestellt werden kann. Daher bevorzugen viele Autoren speziell auch im englischsprachigen Raum andere Begriffe wie gutartige Prostataobstruktion (*benign prostatic obstruction*, BPO) bei nachgewiesener Blasenvergrößerung oder gutartige Prostatavergrößerung (*benign prostatic enlargement*, BPE) bei erhöhtem Prostatavolumen bei Patienten mit LUTS [1, 2].

Nach der klinischen Beurteilung eines LUTS-Patienten sollte bei Vorliegen eines signifikanten Restharnvolumens eine Ultraschalluntersuchung der Nieren durchgeführt werden, um eine Hydronephrose auszuschließen, wobei auch eine Beurteilung der Nierenfunktion erfolgen sollte. Liegt kein signifikantes Restharnvolumen vor und ist der Patient nur schwach symptomatisch, werden eine konservative Behandlung und eine Änderung des Lebensstils empfohlen. Weist der Patient jedoch eine Blasenauslassobstruktion (BOO) mit signifikanten Restharnvolumen auf, ist mäßig oder stark symptomatisch ist oder wenn Komplikationen im Zusammenhang mit der Blasenauslassobstruktion vorliegen, sollte ein speziell darauf ausgerichtetes klinisches Management erwogen werden. In diesem Zusammenhang sollte der BOO-Schweregrad mittels Uroflowmetrie bewertet werden, die wiederum eine Beurteilung der maximalen Harnflussrate (Qmax) ermöglicht. Liegt nachweislich eine BOO mit einem Qmax von unter 10-15 ml/s vor, können prostataspezifische Therapien in Betracht gezogen werden. Ist eine BOO fraglich und die Diagnose basiert auf einem Qmax von >10-15 ml/s, sollten invasive urodynamische Tests erwogen werden, um eine hyper- oder hypoaktive Blase auszuschließen. Nachdem zugunsten einer spezifischen Behandlung prostatabedingter LUTS entschieden worden ist, sollte mittels Ultraschall auch das Prostatavolumen (PV) bestimmt werden. Die Patienten sollten in die Diskussion bezüglich der möglichen Behandlungsoptionen einbezogen werden, die medizinisch-konservative (medikamentöse) und minimal-invasive chirurgische Therapien (MIST) sowie Operationen [1,2] umfassen.

7.2. Patientenbewertung vor PAE

Die häufigsten Indikationen für eine PAE bei Patienten mit BPE/BPO sind mittelschwere bis schwere LUTS und ein akuter Harnverhalt. Bei Patienten mit einer Harnretention über 6 Monate mit großen Blasendivertikeln (∅ >5 cm), Blasensteinen oder Blasenwandstärken von >6 mm und Hydronephrose sollte eine Uroflowmetrie in Betracht gezogen werden, um ein Blasenversagen (hypokontraktile Blase) auszuschließen, das zu einem schlechten klinischen Ansprechen auf die PAE führen kann. Die Uroflowmetrie sollte zudem auch bei einem Qmax von >15 ml/s in Betracht gezogen werden, um eine hyperaktive Blase auszuschließen, die mit Lebensstilinterventionen, Verhaltenstherapie und Antimuskarinika behandelt werden sollte. Eine weitere mögliche Indikation für eine Uroflowmetrie sind Patienten mit LUTS und einem Prostatavolumen von <40 ml. Eine ausgeprägte Hämaturie ist bei Patienten mit BPE eine weniger häufige Indikation für PAE. In diesem Fall sollte primär eine Zystoskopie durchgeführt werden, um einen Blasentumor ausschließen zu können. Bevor eine PAE in Betracht gezogen wird, sollte eine Harnwegsinfektion behandelt werden, bis eine sterile Urinkultur vorliegt, um das Risiko potenzieller infektbedingter Komplikationen zu verringern [1,4].

Die Patientenbewertung vor einer PAE beinhaltet die detaillierte Krankengeschichte einschließlich einer IPSS-QoL- und IIEF-Score-Bestimmung.

Der vorgesehene medizinische Behandlungsplan sollte mit den Patienten besprochen werden. Bei unkomplizierten LUTS steht bei BPE-Patienten die medikamentöse Therapie an erster Stelle. Zum Einsatz kommen dabei α_1-Blocker zur Linderung von LUTS oder eine kombinierte Therapie aus α_1-Blockern und 5α-Reduktase-Hemmern für Patienten mit LUTS und einem PV über 40 ml. Eine α_1-Blocker-Therapie kann durch Antimuskarinika ergänzt werden, wenn Anzeichen für eine BOO und hyperaktive Blase vorhanden sind. Oftmals werden für eine PAE Patienten in Betracht gezogen, die medikamentös 6 Monate lang erfolglos oder mit unter dieser Therapie signifikanten unerwünschten Nebenwirkungen behandelt worden sind. Einige Patienten bevorzugen schon initial eine PAE gegenüber einer medikamentösen Therapie, weil sie nicht dauerhaft (zusätzliche) Medikamente einnehmen möchten oder mögliche Nebenwirkungen wie eine retrograde Ejakulation unter einer α-Blocker-Therapie oder eine Gynäkomastie und sexuelle Dysfunktion unter einer 5α-Reduktase-Hemmer-Therapie fürchten [4]. Patienten, die vor der PAE 5α-Reduktase-Hemmer einnehmen und diese Einnahme nach der Embolisierung abbrechen, sollten darauf hingewiesen werden, dass das PV und der PSA-Wert 3-6 Monate nach der PAE ansteigen können: 5α-Reduktase-Hemmer führen zu einer 50 %igen Abnahme des PSA und einer 25 %igen Abnahme des PV, und diese Wirkung schwächt sich dann nach 3-6 Monaten ab.

Im Umfeld der klinischen Diagnostik sollte das PV mittels transrektalem Ultraschall (TRUS) gemessen werden. Zudem sollten eine Bestimmung des PSA-Wertes sowie eine digitale rektale Untersuchung erfolgen, um ein Prostatakarzinom auszuschließen. Liegt der PSA-Wert über 4 ng/ml und zeigen sich zudem bei der digitalen rektalen Untersuchung Hinweise auf ein Karzinom, sind eine multiparametrische MRT-Untersuchung der Prostata (mpMRI) sowie eine Prostatabiopsie in Betracht zu ziehen. Qmax und PVR sollten mittels Uroflowmetrie ermittelt werden, um das Vorhandensein und den Schweregrad einer BOO zu bestimmen [4].

Einschlusskriterien für eine PAE sind Patienten im Alter von über 40 Jahren mit einem PV von >30 ml und mittelschweren bis schweren LUTS, die auf eine konservative medizinische Therapie entweder nicht angesprochen oder diese nicht vertragen haben. Patienten mit akutem Harnverhalt und einer Hämaturie im Zusammenhang mit BPE können ebenfalls für eine PAE in Betracht gezogen werden. Bei Diagnose eines Harnblasen- oder Prostatakarzinoms kommt die PAE im Allgemeinen nicht in Frage; es sei denn zur Therapie von Blutungen bei ausgewählten Patienten. Auch Patienten mit Anzeichen für ein Blasenversagen (hypokontraktile Blase) sollte eine PAE nicht angeboten werden, wenn eine aktive Harnwegsinfektion oder eine Harnröhrenstriktur vorliegt. Eine Obergrenze für das PV exisitiert fe facto nicht. Wir haben selbst Patienten mit einem PV von über 300 ml mit guten Ergebnissen behandelt. Patienten mit LUTS und einem PV von unter 40 ml sollten dagegen mit Vorsicht behandelt werden, da die Prostata hier möglicherweise nicht die Ursache der Symptome ist. Zur Bestätigung einer BOO kommt die Uroflowmetrie zum Einsatz, zum Ausschluss einer Harnröhrenstriktur ein Urethrozystogramm und eine Zystoskopie. Weist der Qmax sehr niedrige Werte mit einem verdächtigen Kurvenmuster auf, sollte eine Harnröhrenstriktur vor der PAE ausgeschlossen werden [4].

Eine CT-Angiographie (CTA) vor der PAE ist sinnvoll, da sie eine Kartierung der Anatomie der Beckengefäße und der Prostataarterien ermöglicht und somit ein nützliches Instrument für die PAE-Führung darstellt. Gleichzeitig können auf diese Weise Patienten mit einer schweren Arteriosklerose und/oder relevanten Schlängelung der Beckengefäße ausgeschlossen werden [5,6]. Eine solche CTA vor der geplanten PAE hat sich bei der Beurteilung der Prostataarterien-Anatomie zudem als hinreichend genau erwiesen [7]. Mit Einführung der Digitalen Volumentomographie (DVT, Synonym *Cone-Beam*-CT [CBCT] kann die CTA jedoch durch die intra-prozedurale DVT ersetzt werden. Dabei konnte gezeigt werden, dass die CTA und die DVT zur Beurteilung der Prostataarterien-Anatomie gleich genau sind [8]. Die CTA hat den bereits erwähnten Vorteil, dass Patienten mit schwerer Atherosklerose und/oder relevanter Schlängelung der Beckengefäße ausgeschlossen werden können. Die DVT kommt dagegen erst während des PAE-Verfahrens zum Einsatz, so dass Patienten, die aufgrund einer speziellen Gefäßanatomie dafür nicht geeignet sind, auch erst dann und nicht schon im Vorfeld ausgeschlossen werden können. Außerdem erfordert die während der PAE erfolgende DVT eine entsprechende Zeit für die Gefäßanalyse, wodurch sich dann auch die Gesamtzeit für die Durchführung der PAE verlängert. Die DVT wiederum verwendet ein geringeres Jodkontrastvolumen und setzt die Patienten einer geringeren Strahlendosis aus als die CTA [8].

7.3. Was sind die idealen Voraussetzungen für eine PAE?

Es konnte gezeigt werden, dass eine PAE bei Patienten mit LUTS, akutem Harnverhalt, hohem PV (über 80-100 ml) und auch bei Patienten mit Hämaturie infolge BPE/BPO wirksam ist [9-12]. Dabei wurden Versagensraten von 20-30 % angegeben [9,13]. Bei deren Bewertung ist es wichtig, zwischen Patienten, die nach einer PAE keinerlei Besserung ihrer Beschwerden zeigten (also Non-Responder), und solchen, die anfangs zwar eine Besserung ihrer Beschwerden aufwiesen, im späteren Verlauf jedoch wieder Symptome aufwiesen (also Rezidive), zu unterscheiden. Dies ist insofern von Relevanz, da Patienten mit Rezidiven von einer wiederholten PAE profitieren können, während sich Non-Responder im Nachhinein am besten für eine Operation eignen. Nach unserer Erfahrung sind unter den Therapieversagern etwa 80 % Non-Responder und 20 % Rezidive [14]. Da die meisten Patienten mit klinischem Versagen also auf eine PAE primär nicht ansprechen, ist es wichtig, die Gründe für das klinische Versagen nach PAE zu ermitteln. Sie können auf individuelle Patientenvariablen oder technische Probleme zurückzuführen sein.

Wir konnten in diesem Zusammenhang zeigen, dass ältere Patienten mehr atherosklerotische Läsionen in den Beckenarterien aufweisen, was in der Folge zu einem höheren Anteil einseitiger Embolisationen führt [14,15].

Sowohl ein höheres Alter (speziell >65 Jahre) als auch eine einseitige PAE stellen damit signifikante Prädiktoren für ein schlechtes klinisches Ergebnis nach PAE dar.

Patienten nach einer einseitigen PAE haben eine doppelt so hohe Wahrscheinlichkeit für ein klinisches Versagen, welches dann bei nahezu 50 % liegt. Ältere Patienten haben jedoch auch nach bilateraler PAE schlechtere Ergebnisse [14,15]. Auch bei Patienten mit sehr schwerem LUTS (= IPSS-Score über 23 Punkte) konnte ein höheres Risiko für ein klinisches Versagen aufgezeigt werden [14].

Die PAE führt zu einer durchschnittlichen Reduzierung der IPSS-Werte von 9 bis 12 Punkten. Dies bedeutet, dass bei Patienten mit sehr hohen IPSS-Ausgangswerten mäßige Symptome fortbestehen und diese damit als Non-Responder angesehen werden können, obwohl sich ihre Symptome verbessert haben. Interessanterweise hatten Patienten mit akutem Harnverhalt aus unserer Kohorte bessere Ergebnisse als Patienten ohne diesen [14]. Patienten mit Hämaturie sprechen auf eine PAE ohne signifikante Unterschiede im Vergleich zu Patienten ohne Hämaturie an [11]. Baseline-PV, Qmax, PVR und PSA korrelierten nicht mit dem klinischen Ergebnis [14]. Einige Studien haben jedoch gezeit, dass Patienten mit einer größeren PV bessere klinische Ergebnisse erzielen [13].

Der "ideale" PAE-Kandidat sollte daher jünger als 65-70 Jahre sein und einen IPSS-Wert unter 23-25 Punkten aufweisen. AUR-Patienten und Patienten mit einem eher großen (> 80-100 ml) Prostatavolumen oder mit einer Hämaturie sind ebenfalls gute Kandidaten [11,13,14].

Dies bedeutet jedoch nicht, dass älteren Patienten mit sehr schweren IPSS-Ausgangswerten per se keine PAE angeboten werden kann. Sie sollten allerdings über die höhere Wahrscheinlichkeit eines möglichen klinischen Versagens oder verbleibender LUTS aufgeklärt werden. Patienten mit großen Prostata-Medianlappen, die in die Blasenbasis hineinragen [16], mit großen Adenomen in der Übergangszone [17] oder mit einer im Vergleich zur peripheren Zone [18] sehr großen Übergangszone sprechen ebenfalls gut auf eine PAE an.

Nach der PAE korrelierten die mittels MRT nachgewiesenen Ischämien, die 24 Stunden danach gemessenen PSA-Werte und die PV-Reduktion mit dem klinischen Ergebnis [13,14,16,18]. Einige Patienten zeigen jedoch auch ein klinisches Ansprechen mit nur minimaler PV-Reduktion und umgekehrt. Alle Patienten sollten darauf hingewiesen werden, dass nicht das Prostatavolumen der relevanteste Parameter ist, sondern die Besserung der LUTS und der Symptome der BOO die Hauptziele der PAE sind.

7.4. Schlussfolgerung

Eine PAE sollte bei Patienten mit BPO/BPE mit LUTS, AUR oder Hämaturie nach einem umfassenden klinischen Management einschließlich IPSS/QoL- und IIEF-Score-Bestimmung sowie PV-, PSA-, Qmax- und Restharnvolumen-Messungen in Betracht gezogen werden. Die Patientenevaluierung sollte in multidisziplinären Teams mit Urologen und interventionellen Radiologen erfolgen. Die CTA ist ein wertvolles Instrument vor der PAE, um Patienten mit herausfordernder Beckengefäßanatomie auszuschließen und später die PAE besser steuern zu können. Einschluss- und Ausschlusskriterien sollten eingehalten werden, um primär eine optimierte Patientenauswahl zu ermöglichen, die dann auch zu besseren klinischen Ergebnissen führt. Es wurden auch einige grundlegende patientenbezogene und technische Merkmale identifiziert, die bessere klinische Ergebnisse vorhersagen und als Leitfaden für die Patientenauswahl dienen können.

7.5. Literatur

1. McVary KT, Roehrborn CG, Avins AL, et al. Update on AUA guideline on the management of benign prostatic hyperplasia. J Urol. 2011;185:1793-803.

2. Gratzke C, Bachmann A, Descazeaud A, et al. EAU Guidelines on the Assessment of Non-neurogenic Male Lower Urinary Tract Symptoms including Benign Prostatic Obstruction. Eur Urol. 2015;67:1099-1109.

3. Rosen RC, Cappelleri JC, Gendrano N 3rd: The International Index of Erectile Function (IIEF): a state-of-the-science review. Int J Impot Res. 2002;14:226-244.

4. A Pereira J, Bilhim T, Duarte M, Rio Tinto H, Fernandes L, Martins Pisco J. Patient selection and counseling before prostatic arterial embolization. Tech Vasc Interv Radiol. 2012;15:270-5.

5. Bilhim T, Pisco JM, Rio Tinto H, et al. Prostatic arterial supply: anatomic and imaging findings relevant for selective arterial embolization. J Vasc Interv Radiol. 2012; 23:1403-15.

6. Bilhim T, Pisco JM, Furtado A, et al. Prostatic arterial supply: demonstration by multirow detector angio CT and catheter angiography. Eur Radiol. 2011;21:1119-26.

7. Maclean D, Maher B, Harris M, et al. Planning Prostate Artery Embolisation: Is it Essential to Perform a Preprocedural CTA? Cardiovasc Intervent Radiol. 2018;41: 628-632.

8. Desai H, Yu H, Ohana E, Gunnell ET, Kim J, Isaacson A. Comparative Analysis of Cone-Beam CT Angiogram and Conventional CT Angiogram for Prostatic Artery Identification Prior to Embolization. J Vasc Interv Radiol. 2018;29:229-232.

9. Pisco JM, Bilhim T, Pinheiro LC, et al. Medium- and Long-Term Outcome of Prostate Artery Embolization for Patients with Benign Prostatic Hyperplasia: Results in 630 Patients. J Vasc Interv Radiol. 2016;27:1115-22.

10. Bhatia S, Sinha VK, Kava BR, et al. Efficacy of Prostatic Artery Embolization for Catheter-Dependent Patients with Large Prostate Sizes and High Comorbidity Scores. J Vasc Interv Radiol. 2018;29:78-84.e1.

11. Tapping CR, Macdonald A, Hadi M, et al. Prostatic Artery Embolization (PAE) for Benign Prostatic Hyperplasia (BPH) with Haematuria in the Absence of an Upper Urinary Tract Pathology. Cardiovasc Intervent Radiol. 2018;41:1160-1164.

12. Pisco J, Bilhim T, Pinheiro LC, et al. Prostate Embolization as an Alternative to Open Surgery in Patients with Large Prostate and Moderate to Severe Lower Urinary Tract Symptoms. J Vasc Interv Radiol. 2016;27:700-8.

13. Maclean D, Harris M, Drake T, et al. Factors Predicting a Good Symptomatic Outcome After Prostate Artery Embolisation (PAE). Cardiovasc Intervent Radiol. 2018;41:1152-1159.

14. Bilhim T, Pisco J, Pereira JA, et al. Predictors of Clinical Outcome after Prostate Artery Embolization with Spherical and Nonspherical Polyvinyl Alcohol Particles in Patients with Benign Prostatic Hyperplasia. Radiology. 2016;281:289-300.

15. Bilhim T, Pisco J, Rio Tinto H, et al. Unilateral versus bilateral prostatic arterial embolization for lower urinary tract symptoms in patients with prostate enlargement. Cardiovasc Intervent Radiol. 2013;36:403-11.

16. Lin YT, Amouyal G, Correas JM, et al. Can prostatic arterial embolisation (PAE) reduce the volume of the peripheral zone? MRI evaluation of zonal anatomy and infarction after PAE. Eur Radiol. 2016;26:3466-73.

17. Little MW, Boardman P, Macdonald AC, et al. Adenomatous-Dominant Benign Prostatic Hyperplasia (AdBPH) as a Predictor for Clinical Success Following Prostate Artery Embolization: An Age-Matched Case-Control Study. Cardiovasc Intervent Radiol. 2017;40: 682-689.

18. de Assis AM, Maciel MS, Moreira AM, et al. Prostate Zonal Volumetry as a Predictor of Clinical Outcomes for Prostate Artery Embolization. Cardiovasc Intervent Radiol. 2017;40:245-251.

8. Prä- und postinterventionelle MRT-Diagnostik

8.1. MRT-Diagnostik vor PAE

Eine prä-interventionelle MRT kann die Planung der Prostataarterien-Embolisation (PAE) verbessern, die Durchführung der Intervention erleichtern, die Interventions-/Durchleuchtungszeit verkürzen und die Erfolgschancen abschätzen.

Eine MRT-Untersuchung bei Patienten vor PAE kann viele Informationen zur Interventionsplanung, zur sicheren Durchführung und auch zu späteren Erfolgschancen liefern. Eine wichtige Information ist das genaue Prostatavolumen durch eine Bestimmung in den hochauflösenden T2-gewichteten Bildern. Mittels Ellipsoid-Formel (Höhe x Breite x Tiefe x 0,52) oder exaktem Software-basiertem Volumen-Rendering (im PACS oder z.B. mittels DynaCAD-Software von Invivo) kann das Volumen der Prostata präzise bestimmt bzw. berechnet werden (☞ Abb. 8.1a+b).

Volumengraduierung	
15-30 ml	normale Größe
30-45 ml	gering vergrößert
45-60 ml	moderat vergrößert
60-90 ml	deutlich vergrößert
90-120 ml	ausgeprägt vergrößert
>120 ml	massiv vergrößert

Tab. 8.1: Volumengraduierung der Prostata.

Das Ausmaß der Hyperplasie kann mittels MRT nicht nur größenmäßig quantifiziert werden, son-

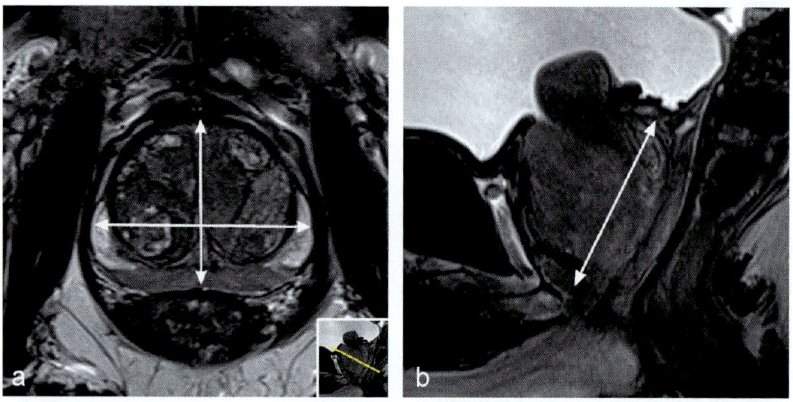

Abb. 8.1a+b: Berechnung des Prostatavolumens im axialen und sagittalen T2-Bild mittels Ellipsoidformel (Höhe x Breite x Tiefe x 0,52).

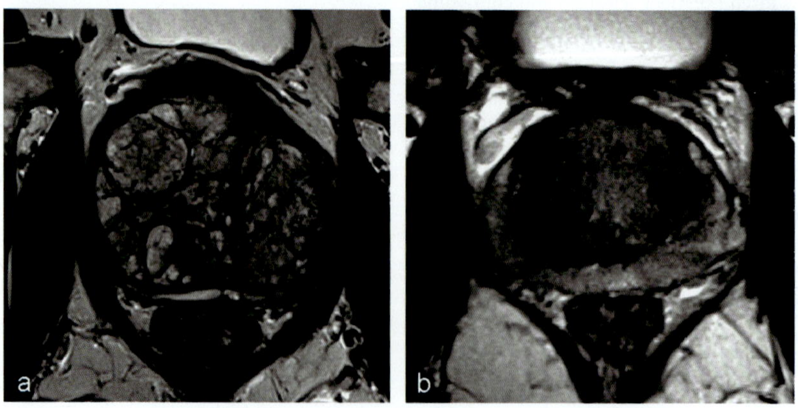

Abb. 8.2a+b: Mikrostrukturelle Hyperplasieformen. **a**: dominant glandulär (epithelial), **b**: dominant fibromyomatös (stromal).

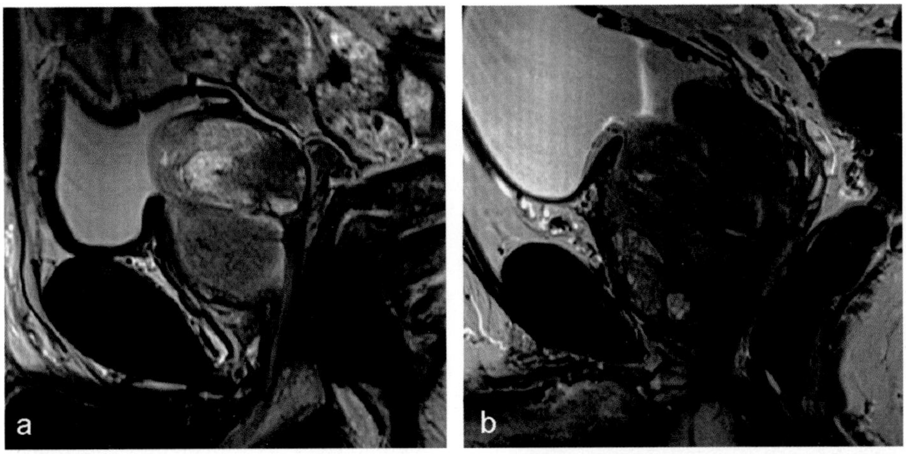

Abb. 8.3a+b: Makrostrukturelle Hyperplasieformen. **a**: dominant kranial, **b**: dominant kaudal der intraprostatischen Urethra.

dern auch strukturell weiter eingruppiert werden (*tissue-mapping*). Hierfür kann die Art und Ausdehnung der Hyperplasie unterteilt werden. Eine Einteilung der mikrostrukturellen Hyperplasieform in dominant glandulär/glandulär-zystisch (epithelial), dominant fibromyomatös (stromal) oder gemischt fibromyoglandulär ist möglich (☞ Abb. 8.2a+b) und kann Einfluss auf den Embolisationserfolg haben. So spricht z.B. eine dominant glanduläre Hyperplasieform (mit vermehrtem Drüsenanteil) häufig besser auf eine PAE an.

Des Weiteren kann makrostrukturell unterschieden werden, ob die Hyperplasie dominant kranial oder dominant kaudal der intraprostatischen Urtehra oder beidseits vorliegt (☞ Abb. 8.3a+b). Die kraniale Hyperplasie bildet meist einen sogenannten Mittellappen aus, der sich in die Harnblase vorwölbt. Im Falle einer Seitendifferenz (☞ Abb. 8.4a+b) könnte die dominante Seite ggf. als erstes und primär embolisiert werden.

Die Vorwölbung der Harnblasenhinterwand bzw. der Hyperplasie in die Harnblase kann mittels Bestimmung der intravesikalen Prostataprotusion (*intravesical prostatic protrusion*, IPP in mm) quantifiziert werden (☞ Abb. 8.5a). Das Ausmaß der IPP korreliert häufig mit der Ausprägung der BPS-Symptomatik. Es gibt unterschiedliche Formen einer Hyperplasieprotusion von breitbasig bis Einzelknotenprotusion/-prolaps. Darüber hinaus kann der Verlauf der Urethra innerhalb der Prostata als Winkel (*prostate urethral angle*, PUA) quantifiziert werden (☞ Abb. 8.5b). Dieser kann

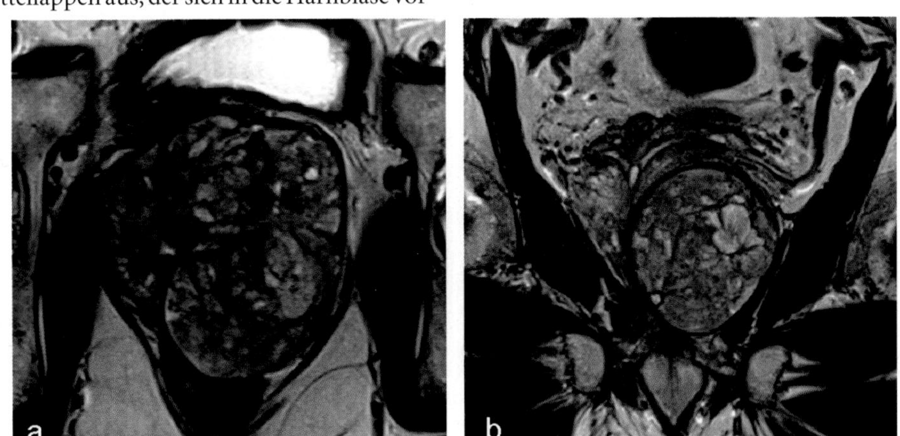

Abb. 8.4a+b: Asymmetrische, primär linksseitige Hyperplasie. Axiales (**a**) und coronales T2-Bild (**b**).

als Surrogatparameter für mögliche Abflussbehinderungen verwendet werden.

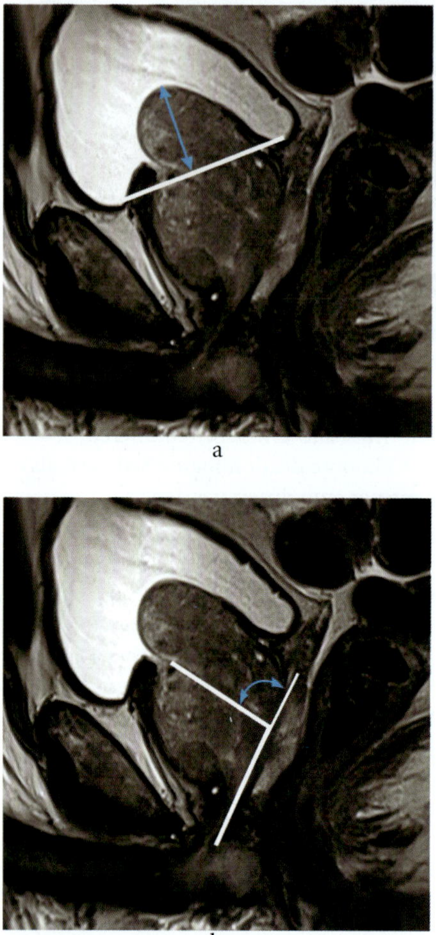
a

b

Abb. 8.5a+b: **a**: Berechnung der intravesikalen Prostataprotusion (IPP). **b**: Berechnung des intraprostatischen Urethrawinkels (PUA).

Symptomatische Patienten mit kleinen Drüsen (<40 ml) und/oder Patienten mit Verdacht auf ein Prostatakarzinom sollten urologisch zunächst abgeklärt werden. Patienten mit singulär prolabiertem Mittellappen müssen selektiv suffizient embolisiert werden, um einen entsprechenden Erfolg zu erzielen. Hier kann ggf. eine operative Therapie eine erfolgsversprechende alternative Therapieoption darstellen. Sehr große Drüsen (>200 ml) können von einer einmaligen PAE ggf. nicht ausreichend profitieren. Mittels multiparametrischer MRT (insbesondere der Diffusionsbildgebung) kann die Sicherheit eines prä-interventionellen Tumorausschlusses signifikant erhöht werden. Bei unauffälliger PSA-Kinetik und unauffälliger MRT (PI-RADS1/2) ist die Wahrscheinlichkeit für ein Vorliegen eines Prostatakarzinoms äußerst gering, ein klinisch relevantes Prostatakarzinom kann bei qualitativer Prostata-MRT hierdurch nahezu ausgeschlossen werden. Bei auffälligen Befunden in den T2- und/ oder DWI-Bildern sollte jedoch zunächst eine weitere Abklärung erfolgen (☞ Abb. 8.6a-d), um ein klinisch relevantes Prostatakarzinom sicher auszuschließen. Dies erfolgt in der Regel durch eine MRT-gezielte und ggf. ergänzende systematische Prostatabiopsie. Im Falle eines nicht eindeutigen Befundes sollte, falls noch nicht erfolgt, eine KM-Dynamik (DCE) vor einer geplanten Embolisation ergänzt werden.

Durch eine MR-Angiographie (MRA) kann in über 90 % der Fälle die *A. prostatica* bereits auf beiden Seiten prä-interventionell korrekt nachgewiesen werden (insbesondere mit neueren MRT-Geräten mit 3-Tesla-Magneten). Hierfür sollte vorab ein Test-Bolus-Scan zur Planung des optimalen Starts der Sequenz erfolgen. Die MRA liefert zudem Informationen über die Aortenbifurkation,

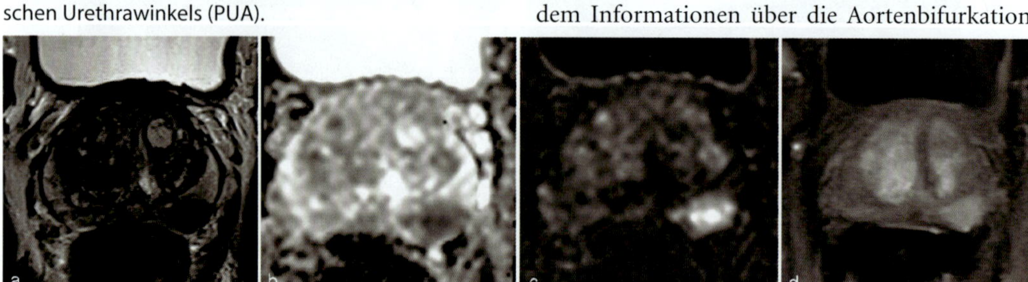

Abb. 8.6a-d: Darstellung eines klinisch signifikanten Prostatakarzinoms in der multiparametrischen MRT der Prostata. Im T2-Bild (**a**) zeigt sich eine fokale Signalabsenkung in der peripheren Zone links posterolateral. Die Diffusionsbilder (**b+c**) zeigen eine ADC-Absenkung und Signalanhebung in den hohen b1800-Bildern (Parallel-Transmit-EPI-Sequenz). Die dynamischen Perfusionsbilder (DCE) zeigen eine fokale frühe Kontrastmittelanreicherung (**d**).

deren Konfiguration und Winkel (☞ Abb. 8.7). Die Katheterwahl kann hierdurch beeinflusst werden und eine potentielle beidseitige Punktion kann im Aufklärungsgespräch ggf. deutlicher angesprochen und mit eingeplant werden.

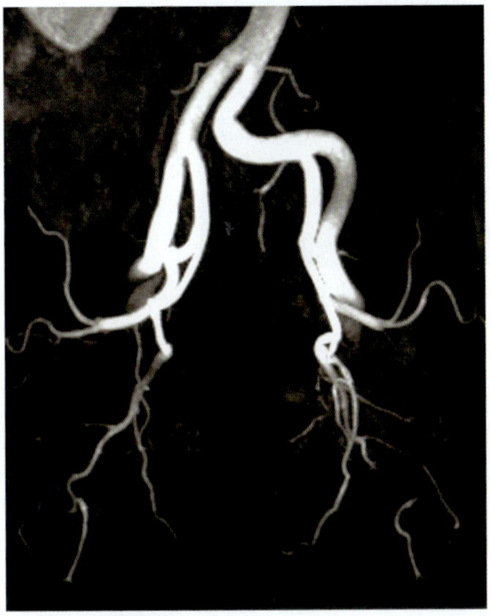

Abb. 8.7: MR-Angiographie (MRA) mit Darstellung der Aortenbifurkation. Die MRA zeigt eine sehr steile und elongierte/angulierte Bifurkation, so dass ein *Cross-over*-Manöver erschwert sein wird.

Die genauen Lokalisationen der Abgänge der *Aa. iliacae internae* können dargestellt werden. Der Abgang bzw. Typ der *A. prostatica* (☞ Kap. 1.) kann prä-interventionell abgeschätzt oder meist genau bestimmt werden (☞ Abb. 8.8a+b). Bei Bedarf kann die gesamte MRA als 3D rekonstruiert und rotiert werden (☞ Abb. 8.9a+b).

Auch kann eine potentielle Seitendominanz der Gefäße oder ein atypischer Abgang (z.B. aus der *A. iliaca externa*) bereits vorab erkannt werden (☞ Abb. 8.10a-e). Die sehr feinen intra-/präprostatischen Endaufzweigungen der *A. prostatica* lassen sich jedoch oft nicht ins Detail auflösen. Auch eine zuverlässige Vorhersage potentieller Gefäßstenose oder Passageschwierigkeiten ist mittels MRA schwierig und eingeschränkt (Stenosen können sowohl über- als auch unterschätzt werden).

Die prä-inteventionelle MRT erfasst neben der Prostata auch Teile der Blase, der Peniswurzel und der Ureteren sowie die Strukturen im kleinen Becken. Multiple oder einzelne Blasendivertikel deuten zum Beispiel auf eine Blasenwandinsuffizienz hin. Hier sollte urologisch die obstruktive Ursache bestätigt werden und z.B. neurogene oder entzündliche Beschwerden ausgeschlossen werden. Distale Harnleiter- oder Blasenkonkremente können ebenfalls erfasst werden. Auch Blasentumoren oder komprimierende Raumforderungen im Becken können in Einzelfällen als Beschwerdeursache detektiert werden.

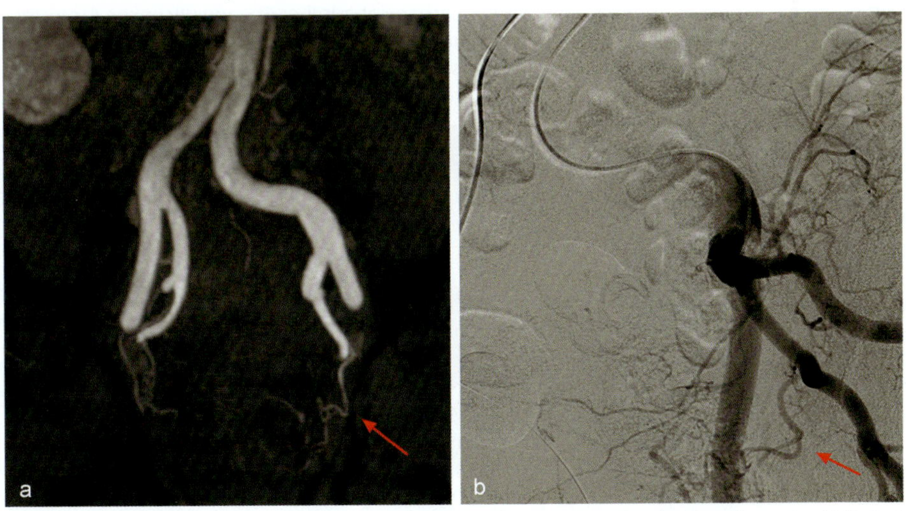

Abb. 8.8a+b: **a**: MR-Angiographie (MRA) mit Darstellung der *A. prostatica*. **b**: Korrelierende digitale Subtraktions-Angiographie (DSA). Der rote Pfeil zeigt jeweils den Abgang der linken *A. prostatica* direkt aus der *A. iliaca interna* distal der *A. vesicalis superior* (Typ 2).

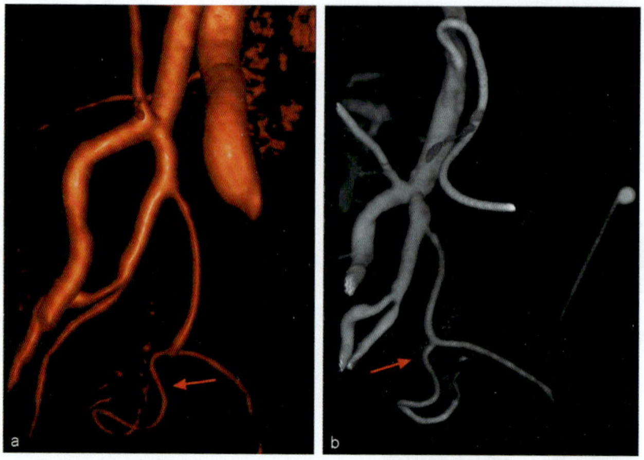

Abb. 8.9a+b: **a**: 3D-Rekonstruktion der MR-Angiographie (MRA) mit Darstellung der der *A. prostatica*. **b**: Korrelierende 3D-Rekonstruktion des Cone-Beam-CTs während der Embolisation. Der rote Pfeil zeigt jeweils den Abgang der rechten *A. prostatica* aus einem gemeinsamer Stamm mit der *A. vesicalis superior* (Typ 1).

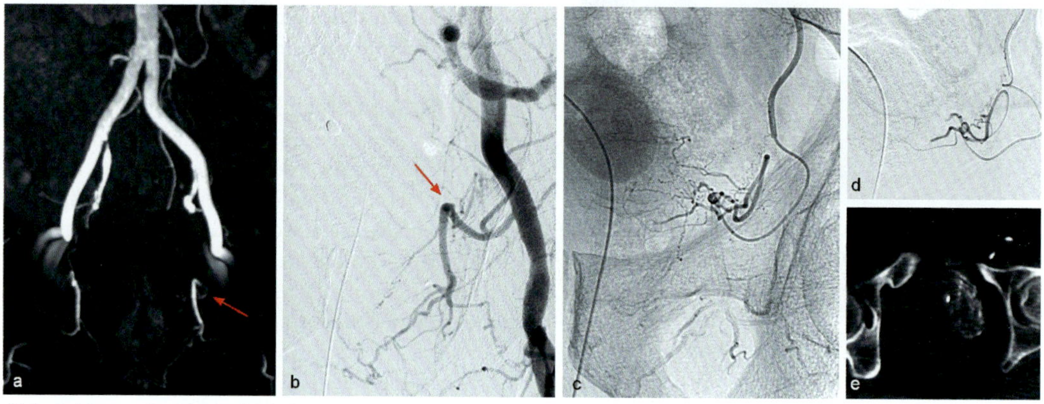

Abb. 8.10a-e: Bereits in der MR-Angiographie (MRA) sichtbarer atypischer Abgang der linken *A. prostatica* (**a**). In der digitalen Subtraktions-Angiographie (DSA) Darstellung und Sondierung der *A. prostatica* mittels Mikrokatheter (**b+d**). Finale Embolisationsposition und Prä-Embolisationskontrolle mittels *Cone-Beam*-CT (**e**). Der rote Pfeil zeigt jeweils den Abgang der *A. prostatica* aus der *A. obturatoria*, welche direkt aus der *A. iliaca externa* entspringt.

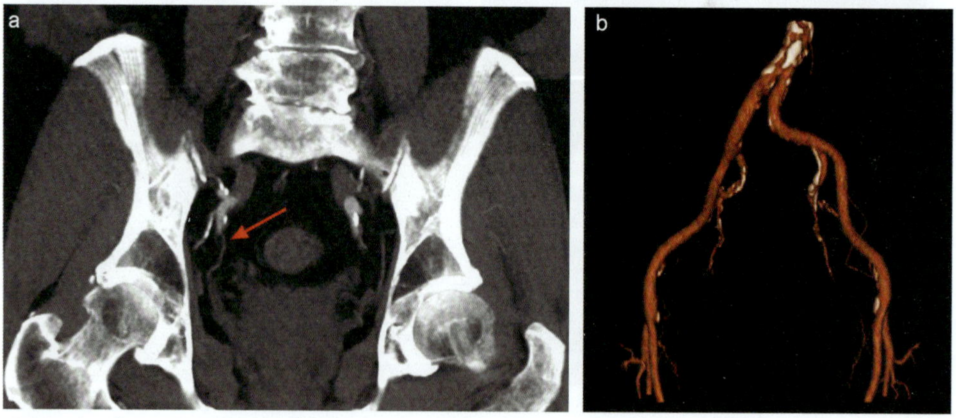

Abb. 8.11a+b: Computertomographische Angiographie (CTA) mit Darstellung des Abganges der *A. prostatica*. Der rote Pfeil (**a**) zeigt den rechtsseitigen Abgang der *A. prostatica* aus der *A. ilica interna*.

Aufgabe der prä-interventionellen MRT zur PAE-Planung

- Tumorausschluss
- Quantifizierung der Hyperplasie
  - Volumen
  - IPP, PUA
  - Mikro- und makrostrukturelle Hyperplasieform
- Darstellung der arteriellen Gefäßsituation im Becken
  - Klassifizieren der *A. prostatica* (Typ 1-4)
  - Konfiguration der Aortenbifurkation, Gefäßanomalien
- Kontraindikationen erfassen

8.1.1. MRT-Protokoll

Eine MRT-Untersuchung kann mittels 1,5-Tesla-MRTs (neuere Generationen) oder 3-Tesla-Geräten erfolgen. Entscheidend ist eine Geräte-spezifische Optimierung des Untersuchungsprotokolls.

Eine MRT vor PAE sollte folgende Sequenzen beinhalten:

- T2 TSE (tra/sag/cor; FOV 120-160; Schichtdicke ≤3 mm)
- DWI (b-Werte 0, 500, 1.000 plus ≥1.400)
- MRA mit Test-Bolus

8.1.2. Alternative prä-interventionelle Bildgebung

Bei Patienten mit Kontraindikationen für eine MRT-Diagnostik (u.a. nicht MRT-tauglicher Schrittmacher) kann alternativ eine Computertomographie mit arterielle Gefäßdarstellung (CTA des Beckens) erfolgen. Die *Aa. femorales communes* und die Aortenbifurkation sollten im Untersuchungsvolumen enthalten sein (☞ Abb. 8.11a+b). In der CTA ist die Quantifizierung von Verkalkungen genauer möglich, und potentielle Stenosen können ggf. vorab ausgemacht werden. Alleine vom CT-Befund kann aber nicht abgeschätzt werden, ob eine Stenose passierbar ist oder nicht. Die

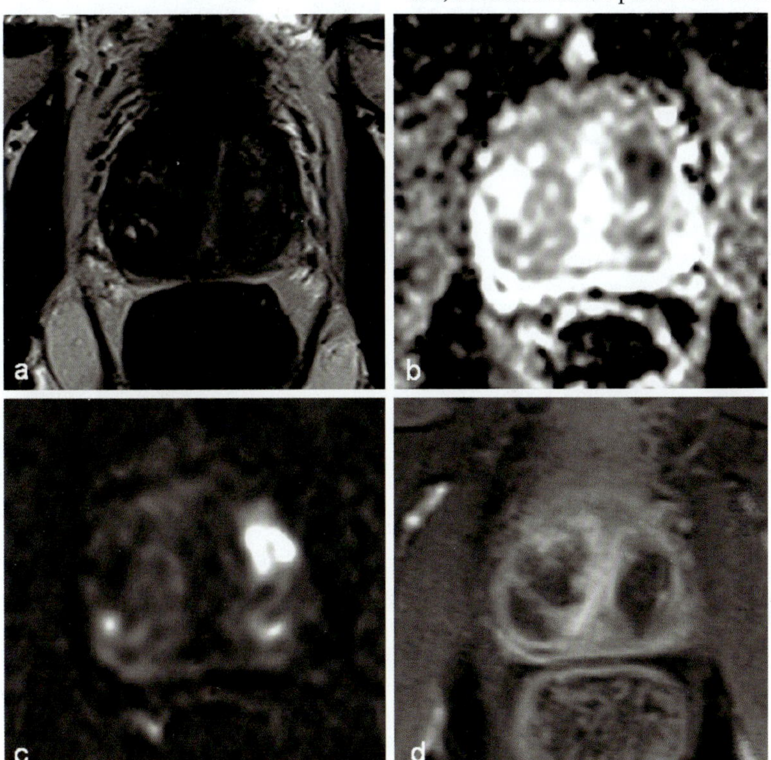

Abb. 8.12a-d: Kontroll-MRT 24 Stunden nach Embolisation. Es zeigen sich eine Diffusionsstörung und Minderperfusion der zentralen Anteile der Prostata.

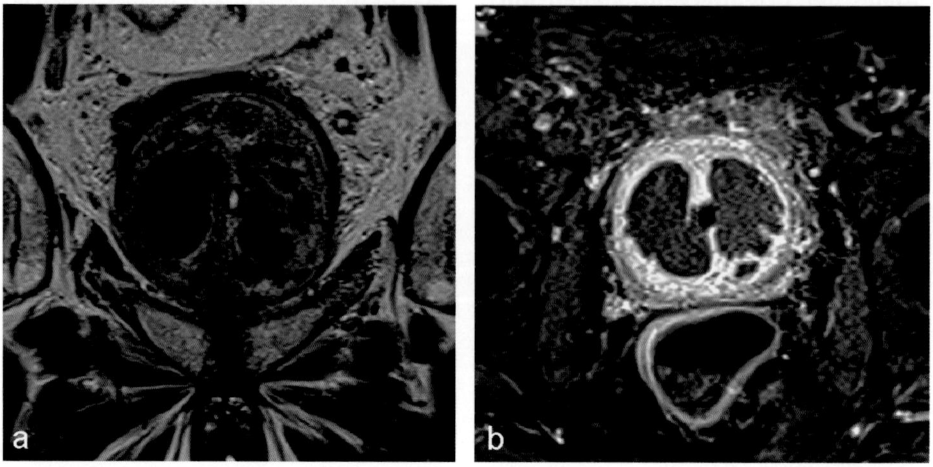

Abb. 8.13a+b: Kontroll-MRT 10 Tage nach Embolisation. Die Nekroseareale sind deutlich demarkiert und avaskularisiert.

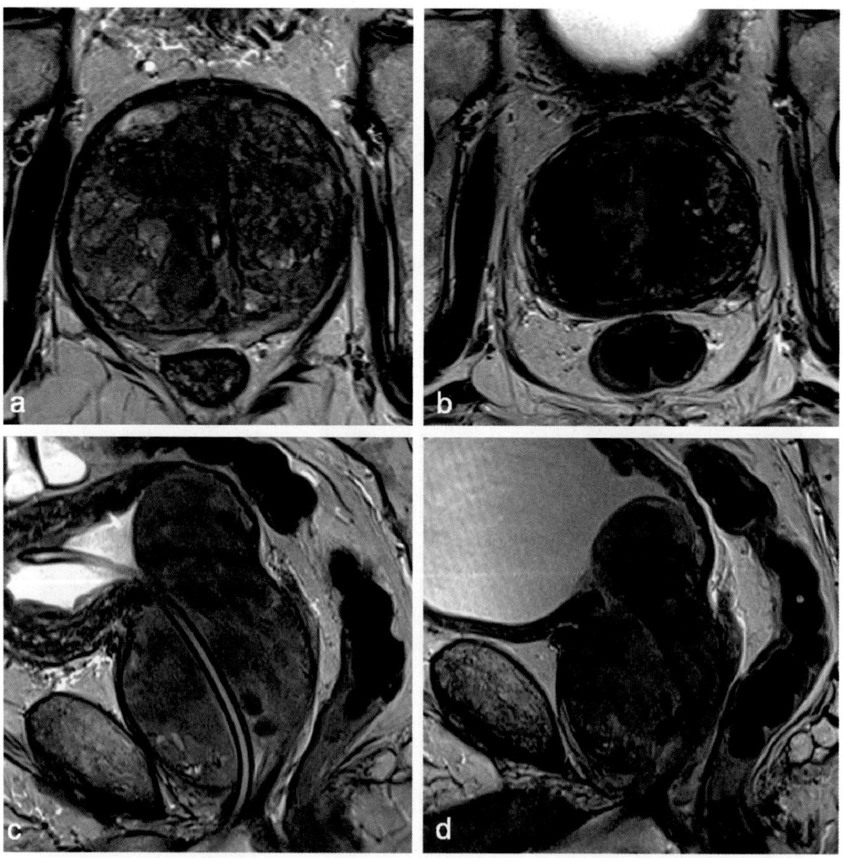

Abb. 8.14a-d: Kontroll-MRT 3 Monate nach Embolisation. Links prä-interventiolle T2-Bilder axial (**a**) und sagittal (**c**; einliegender Harnblasenkatheter bei Harnverhalt, Prostatavolumen 293 ml). Rechts post-interventionelle T2-Bilder mit deutlicher Volumenreduktion um ca. 40 % und regredienter IPP axial (b) und sagittal (**d**; Prostatavolumen 175 ml).

A. prostatica kann mittels CTA in einigen Fällen (>10 %) jedoch nicht genau bzw. gut kontrastiert dargestellt werden.

8.2. MRT-Diagnostik nach PAE

Eine post-interventionelle MRT kann nicht nur den technischen Erfolg einer PAE sichtbar machen, sondern auch mögliche Komplikationen ausschließen oder nachweisen.

Direkte Kontrollen nach 24-72 Stunden zeigen in der Regel die Ischämie der embolisierten Areale und können bei unerwarteten Beschwerden zum Ausschluss von Komplikationen erwogen werden (☞ Abb. 8.12a-d). Im Falle akuter post-interventioneller Beschwerden kann durch eine zeitnahe MRT eine potentielle Ursache eruiert werden (u.U. Symphysitis, Nekrosen, Proktitis). Bei extrem seltenen peri-interventionellen Gefäßverletzungen sollte eine CT im Falle eines korrelierenden Hb-Abfalles präferiert werden. In MRT-Untersuchungen nach 1-2 Wochen sind die Nekroseareale deutlich devaskularisiert und demarkiert (☞ Abb. 8.13a+b).

Eine schlussendliche Erfassung des Embolisationserfolges und der final erreichten Volumenminderung kann meist erst nach >2 Monaten zuverlässig erfolgen. Eine abschließende MRT-Kontrolle nach 2-3 Monaten macht daher als Erfolgskontrolle und Abschluss der Behandlung Sinn, da hierdurch der erreichte Effekt der PAE (neben der entscheidenderen subjektiven Symptomverbesserung) quantifiziert werden kann. Hierfür sollten das Prostatavolumen, die IPP und der PUA mit den Vorwerten verglichen werden (☞ Abb. 8.14a-d).

Im Falle einer suffizienten Verbesserung der Beschwerden kann eine weitere Kontrolle nach 1 und 3 Jahren zum weiteren Monitoring und ggf. auch zum Abschätzen der Möglichkeit oder Erforderlichkeit einer Re-PAE die Patientennachverfolgung erleichtern. Eine klare Vorgabe zur Wahl der Kontrolluntersuchungen sowie des Zeitpunktes nach PAE existiert bis dato jedoch nicht.

Aufgabe der post-interventionellen Kontroll-MRT

- Quantifizierung des Embolisationseffektes und -ausmaßes: Volumen, IPP, PUA (vorher/nachher)
- Ausschluss einer Fehlembolisation
- Korrelation zu potentiell auftretenden Beschwerden

8.3. Literatur

1. Kisilevzky N et Faintuch S. MRI assessment of prostatic ischaemia: best predictor of clinical success after prostatic artery embolisation for benign prostatic hyperplasia. Clin Radiol. 2016;71:876-82.

2. Little MW et al. Adenomatous-Dominant Benign Prostatic Hyperplasia (AdBPH) as a Predictor for Clinical Success Following Prostate Artery Embolization: An Age-Matched Case-Control Study. Cardiovasc Intervent Radiol. 2017;40:682-689.

3. de Assis AM et al. Prostate Zonal Volumetry as a Predictor of Clinical Outcomes for Prostate Artery Embolization. Cardiovasc Intervent Radiol. 2017;40:245-251.

4. Ali R et al. MR imaging findings of the prostate gland following prostate artery embolization: results from a prospective phase 2 study. Abdom Radiol. 2019;44:713-722.

5. Franiel T et al. Prostatic Artery Embolization with 250-µm Spherical Polyzene-Coated Hydrogel Microspheres for Lower Urinary Tract Symptoms with Follow-up MR Imaging. J Vasc Interv Radiol. 2018;29:1127-1137.

6. Zhang H et al. MRI features after prostatic artery embolization for the treatment of medium- and large-volume benign hyperplasia. Radiol Med. 2018;123:727-734.

7. Yu SCH et al. Thickness-to-Height Ratio of Intravesical Prostatic Protrusion Predicts the Clinical Outcome and Morbidity of Prostatic Artery Embolization for Benign Prostatic Hyperplasia. J Vasc Interv Radiol. 2019;30:1807-1816.

8. Picel AC et al. Prostatic Artery Embolization for Benign Prostatic Hyperplasia: Patient Evaluation, Anatomy, and Technique for Successful Treatment. RadioGraphics. 2019;39:1526-1548.

9. Präinterventionelle Vorbereitung und postinterventionelle Nachsorge

Die körperliche Untersuchung, eine sorgfältige Indikationsstellung und die Einverständniserklärung sind im Umfeld bzw. für den Erfolg jeder Patientenbehandlung unerlässlich. Grundlegende Kenntnisse der urologischen Diagnostik und Therapie sind Voraussetzung für eine angemessene Beurteilung des benignen Prostatasyndroms (BPS), eine entsprechende Patientenberatung und die Abschätzung der therapeutischen Auswirkungen einer Prostataarterien-Embolisation (PAE).

Das BPS ist durch eine Vielzahl von Symptomen des unteren Harntraktes (LUTS) gekennzeichnet. Typische Merkmale sind eine Beeinträchtigung der Blasenentleerung (verzögerter und schwacher Harnstrahl, postmiktionales Restharnvolumen, Harnverhalt) und Symptome des Blasenrückstaus (Pollakisurie, Nykturie, nächtlicher Harndrang) oder deren Kombination.

Ursächlich ist meist eine Verengung des Blasenauslasses durch eine vergrößerte Prostata. LUTS sind jedoch auch mit anderen urologischen Pathologien von Blasenentleerungsstörungen assoziiert. Daher ist eine gründliche Anamnese unerlässlich, um andere Gründe wie neurologische Störungen auszuschließen.

9.1. Zielparameter

Qualitative Parameter für die strukturierte Bewertung von LUTS schließen Selbstbewertungsfragebögen ein. Der wichtigste validierte Score ist hierbei der *International Prostate Symptom Score* (IPSS). Anhand von acht Fragen zum Vorhandensein und zur Intensität der oben genannten Symptome (Harnverhalt, Miktionshäufigkeit, Unterbrechen der Miktion, Harndrang, schwacher Harnstrahl, Nykturie, Lebensqualität) werden die entsprechenden Befunde mittels einer Skala von 0-5 bewertet und anschließend addiert. Eine Summe von 1-7 zeigt dabei eine leichte, von 8-19 eine mittelschwere und von 20-35 eine schwere Beeinträchtigung an. Allerdings kann auch schon ein niedriges IPSS erhebliche Auswirkungen auf die Lebensqualität haben. Häufige Nykturie kann z.B. einen deutlich negativen Einfluss auf die Schlafqualität haben, ein häufiger Harndrang sich sehr nachteilig auf die tägliche Arbeit auswirken.

Funktionelle, objektive Parameter umfassen das Restharnvolumen und den Harnfluss (Qmax) nach der Entleerung. Um neurogene Blasenentleerungsstörungen auszuschließen, kann eine urodynamische Untersuchung hilfreich sein. Morphologie und Konsistenz der Prostata werden typischerweise durch eine digitale rektale Untersuchung und die Verwendung von transabdominalem oder transrektalem Ultraschall beurteilt.

Die intravesikale Protrusion ist von besonderem Interesse, da ein vergrößerter mittlerer Prostatalappen den PAE-Erfolg beeinträchtigen kann. Die Vaskularisation der Prostata wird mit kontrastmittelverstärktem Ultraschall untersucht. Die Bildgebungsmodalität der Wahl ist die multiparametrische Magnetresonanztomographie und Angiographie (mpMRI), die es ermöglicht, Morphologie und Vaskularisation unabhängig vom Untersucher zu beurteilen, was diese Methode zu einem idealen prätherapeutischen Planungsinstrument für die PAE macht.

9.2. Laborparameter

Die routinemäßigen Laboruntersuchungen umfassen in jedem Falle das Prostata-spezifische Antigen (PSA), welches ein Screening auf Prostatakrebs ermöglicht. Eine PSA-Erhöhung ist jedoch typischerweise mit einer vergrößerten Prostata verbunden und wird vorübergehend auch bei einer Prostatitis beobachtet. Weiterhin wird die PSA-Ratio verwendet, bei der freies und Gesamt-PSA kombiniert werden. Eine Biopsie wird im Falle nicht eindeutiger oder ansteigender PSA-Werte empfohlen. Nach einer PAE kann es aufgrund einer Nekrose zu einer erheblichen Abnahme des PSA-Spiegels kommen.

Die Nierenfunktion und die Schilddrüsenfunktion (Kreatinin-Clearance, Schilddrüsen-stimulierendes Hormon [TSH], freies T3 und T4) sollten im Hinblick auf die mögliche Verwendung von jodierten Kontrastmitteln überprüft werden.

Die PAE erfordert einen arteriellen Zugang, und insbesondere bei älteren Patienten müssen hierbei

Komorbiditäten mit möglichen Auswirkungen auf die Blutgerinnung überprüft werden (*International Normalized Ratio* [INR], Quick, Prothrombin Time (PTT), Thrombozytenzahl). In unserem Institut ist ein einziger Thrombozyten-Aggregationshemmer mit Acetylsalicylsäure oder Clopidogrel für die PAE zugelassen. Der Quick-Wert oder die INR sollten dabei über 50 % bzw. <1,7 liegen und die Thrombozytenzahl >50.000/µl Blut betragen. Abhängig von der Art der Co-Medikation mit den sogenannten neuen oralen Antikoagulanzien (NOAC) und der Nierenfunktion können diese NOACs für 24-48 Stunden ohne notwendige Überbrückung abgesetzt werden.

9.3. Konservative Therapie

Vor einer invasiven BPS-Therapie ist eine konservative medizinische Behandlung angezeigt. Im Allgemeinen basiert ein solcher erster medizinischer Behandlungsansatz auf der Gabe von α_1-Rezeptorantagonisten (z.B. Tamsulosin, Alfuzosin, Terazosin), die durch einen innerhalb von Stunden bis Tagen einsetzenden Behandlungseffekt gekennzeichnet sind. Mit Bezug auf den IPSS ergibt sich eine 30- bis 40%ige und mit Bezug auf den Qmax eine 20- bis 25%ige Symptomreduzierung. Diese Gruppe von BPS-Medikamenten hat jedoch keinen Einfluss auf die urodynamische Obstruktion. Die Wirkung ist unabhängig vom Prostatavolumen. Nebenwirkungen sind sehr selten.

Die Verwendung von 5α-Reduktase-Hemmern (z.B. Finasterid, Dutasterid) wird für Patienten mit einem Prostatavolumen von >40 ml empfohlen. Der Effekt beruht auf der irreversiblen Hemmung der Umwandlung von Testosteron in die aktive Form Dihydrotestosteron (DHT). Zusätzlich wird die intraprostatische Mikrovaskularisation verringert. Um eine maximale Wirkung zu erzielen, ist eine kontinuierliche Therapie zwischen 6 und 12 Monaten zwingend erforderlich. Bezüglich IPSS beträgt die Symptomreduzierung 15-30 % und bezüglich des Qmax 1,5-2 ml/s. Nebenwirkungen umfassen z.B. Gynäkomastie, Abnahme der Libido und erektile Dysfunktion (ED). Aufgrund der Verringerung der Mikrovaskularisation wird diskutiert, die Einnahme dieser Medikamente einige Wochen vor der PAE zu beenden.

Phosphodiesterase-5(PDE-5)-Inhibitoren (Tadalafil 5 mg 1x täglich) verbessern die IPSS bezogenen Symptome zu 22-37 % und den Qmax über 0-2,4 ml/s. Langfristige Daten fehlen.

Nach einer PAE kann die konservative Therapie abhängig von den klinischen Symptomen reduziert oder sogar ganz abgebrochen werden. Es fehlen derzeit evidenzbasierte Daten zur Anwendung einer PAE anstelle einer Pharmakotherapie bei schwerwiegenden Nebenwirkungen. Infolgedessen sollte vor der Durchführung einer PAE zunächst eine konservative Therapie bevorzugt werden.

9.4. Standardoptionen für urologische chirurgische Behandlungen

Bei einem Prostatavolumen von <30 ml wird eine transurethrale Resektion (TURP) und alternativ eine transurethrale Inzision (TUIP) der Prostata empfohlen. Für Prostatavolumen im Bereich von 30 bis 80 ml können verschiedene transurethrale Behandlungsansätze gewählt werden: TURP als Standard und als Alternativen die Laser-Enukleation, die Laser-Vaporisation, eine transurethrale Mikrowellentherapie (TUMT) und die transurethrale Nadelablation (TUNA). Für große Prostatavolumen von >80 ml wird eine offene Adenom-Enukleation als Standard empfohlen. Alternativ wird, ähnlich wie bei einer mittelgroßen Prostata, die Holmium-Laser-Enukleation (HoLEP) empfohlen, in ausgewählten Fällen kann auch hier TURP zum Einsatz kommen.

Wenn eine Vollnarkose oder eine Spinalanästhesie nicht gerechtfertigt ist, kann ein TUMT-, TUNA- oder Harnröhrenstent verwendet werden. Laser-Enukleation und Laser-Vaporisation sind alternative Behandlungsansätze bei relevanten Antikoagulations- oder Blutungsstörungen.

Die Diagnose und Behandlung eines BPS sind eine Herausforderung. Aufgrund der zahlreichen zugrunde liegenden Pathologien fehlt ein universeller Algorithmus für die Diagnose und Behandlung. Daher sollte die Behandlung an die Präferenz des Patienten, die führende Pathologie, mögliche Begleiterkrankungen und den bisherigen Krankheitsverlauf angepasst werden. Entscheidungen über urologische chirurgische Behandlungen werden in Abhängigkeit vom Prostatavolumen und je nach anästhesiologischen Risikofaktoren getroffen.

9.5. Entscheidungskriterien für eine PAE

Nach jüngsten Erkenntnissen eignet sich die PAE in Absprache mit einem erfahrenen Urologen für Patienten mit einem medikamentennaiven intermediären BPS (IPSS ≥8, QoL ≥3 und Qmax ≤15 ml/s). In diesen Fällen sollte das Prostatavolumen größer als 30 ml sein, um ein effektives PAE-Verfahren zu ermöglichen. Eine Obergrenze für das Prostatavolumen wird nicht angegeben.

Besonders Patienten mit akutem Harnverhalt während einer Medikation und multimorbide Patienten mit einem Dauerkatheter sind geeignete PAE-Kandidaten. Darüber hinaus können auch Patienten, die nicht für eine Operation geeignet sind oder z.B. aufgrund von kardiopulmonalen Komorbiditäten oder Gerinnungsstörungen bzw. unter Antikoagulation ein erhöhtes Anästhesierisiko aufweisen, für eine PAE in Frage kommen. Auch für BPS-Patienten, die unter schwerwiegenden Nebenwirkungen einer Pharmakotherapie leiden oder transurethrale/transabdominale urologische Operationsverfahren ablehnen, kann die PAE eine wichtige minimal-invasive Behandlungsalternative darstellen.

Die Diagnose eines BPS sollte jedoch neu bewertet werden, wenn frühere urologisch-chirurgische Eingriffe fehlgeschlagen sind.

Zu den ungünstigen Bedingungen oder Ausschlusskriterien gehören potenziell kurative Therapieverfahren für ein Prostatakarzinom, da hierzu keine Daten bezüglich möglicher PAE-Folgen vorliegen. Subvesikale Obstruktionen wie z.B. Harnröhrenstrikturen sind ebenfalls nicht für eine PAE geeignet. Akute Infektion wie z.B. eine Prostatitis oder Urethritis können sich nach einer PAE verschlimmern. Ein BPS in Kombination mit Blasensteinen oder Divertikeln erfordert eine primäre chirurgische Behandlung, um die Begleiterkrankungen in einem einzigen Eingriff zu behandeln.

Im Allgemeinen sollten nicht-obstruktive LUTS von einem erfahrenen Urologen ausgeschlossen werden (z.B. neurogene hyper- oder hypoaktive Blase, Funktionsstörung des Blasenauslasses oder eine Detrusorsphinkter-Dyssynergie). Patienten mit großen Blasendivertikeln oder neurogenen Blasenentleerungsstörungen sind keine geeigneten Kandidaten für eine erfolgreiche PAE.

Technisch gesehen kann eine schwere Atherosklerose die PAE verhindern, wenn der vaskuläre arterielle Zugang zur Prostata fehlt oder eingeschränkt ist. Jodierte Kontrastmittel sind in der Regel für kathetergesteuerte Eingriffe erforderlich. Bei schwerer Nephropathie, die durch eine glomeruläre Filtrationsrate von <30 ml/min/1,73 m^2 Körperoberfläche gekennzeichnet ist, ermöglichen eine ausreichende Flüssigkeitszufuhr, kontrastmittelreduzierende Praktiken, die alternative Verwendung von Kohlenstoffdioxid (CO_2) oder eine aufeinanderfolgende bilaterale Behandlung eine gut verträgliche PAE. Der Bedarf an Kontrastmitteln für PAE ist normalerweise jedoch sehr gering.

9.6. Periinterventionelle Medikation

Zur Anxiolyse haben sich kurzwirksame Benzodiazepine wie z.B. Midazolam (1-2 mg i.v.) als sehr wirksam erwiesen. Flumazenil wird als Antidot verwendet. Die PAE ist im Allgemeinen gut verträglich. Starke Schmerzen können jedoch bei Unterleibskrämpfen oder bei einem Postembolisationssyndrom auftreten (9,4-10,4 %). Die zusätzliche Analgetikagabe ist in diesen Fällen obligatorisch, wobei eine Kombination von Spasmolytika und Analgetika empfohlen wird. Ein zuverlässiges Parasympatholytikum ist z.B. Butylscopolamin (20-40 mg i.v.). Zu den anticholinergen Nebenwirkungen zählen Xerostomie, Harnverhalt, Obstipation, akutes Glaukom und kardiale Arrhythmie. Physiostigmin wird ähnlich wie bei einer Atropinvergiftung als Antidot verwendet. Die üblichen Analgetika umfassen z.B. Metamizol (1-2 g i.v.) oder Opioide der Stufe 2 bei mittlerem Schmerz wie z.B. Tramadol (50-100 mg i.v.). Bei starken Schmerzen werden Opiode der Stufe 3 wie z.B. Piritramid (7,5-15 mg i.v.) empfohlen. Naloxon wird als Antidot bei Atemdepressionen angewendet. In der klinischen Routine werden postinterventionelle Antiphlogistika wie z.B. nichtsteroidale Antirheumatika (NSAR) empfohlen, z.B. Ibuprofen (800 mg 2x/d p.o. für 1 Woche).

Bei Anzeichen einer schweren Entzündung oder einer Harnwegsinfektion (UTI) mit gleichzeitigem Fieber können Breitbandantibiotika gegen gramnegative Bakterien wie z.B. Fluorchinolone oder ein Cephalosporin der 3. Generation indiziert sein.

Eine PAE erfordert nur einen sehr kurzen Krankenhausaufenthalt. Für ältere Patienten mit relevanten Begleiterkrankungen sind 1-2 Tage ausreichend. Bei Patienten mit Harnverhalt kann ein Absetzen des Dauerkatheters während des Aufenthalts erwogen werden. Eine Woche nach PAE sollten die Patienten einer routinemäßigen klinischen Nachuntersuchung unterzogen werden, um mögliche Komplikationen wie z.B. relevantes Restharnvolumen, Fieber oder auch eine Fehlembolisation zu erkennen. Weitere Nachuntersuchungen werden meist nach 3, 6 und 12 Monaten durchgeführt.

9.7. Komplikationen

Die relevanteste potenzielle PAE-Komplikation ist eine Fehlembolisation, die zu Perineal- oder Penisschmerzen, Verfärbungen der Haut, Geschwüren, Harnbeschwerden oder Rektalblutungen führen kann. Eine vorübergehende assoziierte Hämaturie oder Hämatospermie ist vernachlässigbar. Abhängig vom Ausmaß der Prostataischämie kann der Urin durch nekrotisches Prostatagewebe kontaminiert werden. Manchmal kann nekrotisches Material vorübergehend auch einen verweilenden Harnkatheter verstopfen. In seltenen Fällen kann auch eine noch anhängende partielle Nekrose der Prostata, typischerweise des Mittellappens, zu einer Harnverhaltung führen. Das Auftreten einer Harnverhaltung kurz nach PAE wird mit einer relativ hohen Rate von etwa 10 % beschrieben.

Eine erfolgreiche PAE, definiert als ein subjektiv symptomfreier Patient ohne relevantes Restharnvolumen nach der Entleerung, resultiert mit einer Verzögerung von ca. 4-8 Wochen. Daher sollte eine bereits bestehende sonstige medizinische Behandlung für einen Zeitraum von 1 bis 2 Monaten aufrechterhalten und nur schrittweise reduziert werden.

Im Allgemeinen zeichnen sich minimal-invasive Eingriffe durch eine geringere Komplikationsrate und eine schnellere Rekonvaleszenz im Vergleich zu chirurgischen Eingriffen aus. Die PAE erfordert nur einen sehr kurzen Krankenhausaufenthalt oder kann sogar ambulant durchgeführt werden. Sie stellt ein gut verträgliches Verfahren dar und hat sich zu einer hervorragenden Option im Umfeld der verfügbaren urologischen Maßnahmen entwickelt, insbesondere im Hinblick auf Einschränkungen durch Blutungs- und Anästhesierisiken. Selbst eine klinisch nur unzureichend effektive PAE kann bei einer großen bis mittelgroßen Prostata zu einer ausreichenden Volumenreduktion führen, um dann eine Umstellung von offener Adenomenukleation auf TURP oder andere transurethrale Behandlungsoptionen mit geringem Risiko zu ermöglichen. Die gängigen urologisch-chirurgischen Therapieverfahren werden jedenfalls durch eine vorangegangene PAE in keiner Weise beeinträchtigt.

10. Gefäßversorgung der Prostata, Varianten und angiographische Befunde

Die häufigen Veränderungen bei der benignen Prostatahyperplasie (BPH) entwickeln sich fast ausschließlich in der Zentraldrüse (*central gland*, CG). Ungefähr 95 % dieser Veränderungen entstehen aus der Übergangszone und 5 % aus periurethralem Drüsengewebe. Im Jahr 1912 veröffentlichten Lowsley et al. die erste detaillierte Beschreibung der Anatomie der menschlichen Prostata, die die Prostata in Lappen (vorderen, hinteren, mittleren und zwei seitliche Lappen) unterteilt. McNeal zeigte 1969 und 1981, dass derartige Lappen nicht existieren und schlug dafür ein zonales Konzept der Prostataanatomie vor, das die verschiedenen histologischen Komponenten der drei Drüsenzonen

- Transitionalzone (TZ)
- zentrale Zone (CZ) und
- periphere Zone (PZ)

berücksichtigt (☞ Abb. 2.3). Hinzu kommt noch eine Nichtdrüsenregion (NGZ), das sogenannte anteriore fibromuskuläre Stroma [1-3].

10.1. Ultraschall

Der Ultraschall bzw. die Sonographie ist eine weit verbreitete Bildgebungsmethode zur Beurteilung der Prostata, die preiswert und flächendeckend verfügbar ist. Das sonographische Erscheinungsbild der BPH variiert in Abhängigkeit von histopathologischen Veränderungen. Wenn sich die zentrale Drüse vergrößert und dadurch die periurethrale Region komprimiert, bleibt die Echotextur im Vergleich zur peripheren Drüse echoarm [4].

Obwohl seltener praktiziert, kann neben der digitalen rektalen Untersuchung auch der transrektale Ultraschall eingesetzt werden, um während der Biopsie Hinweise auf ein Tumorgeschehen zu erlangen [5].

Vor der Durchführung einer Prostataarterienembolisation (PAE) kann eine Ultraschalluntersuchung entweder den vollständigen oberen Harntrakt oder aber eine Becken-/Prostatauntersuchung umfassen, um das Prostatavolumen, die Blasenwände, das Restharnvolumen (*postvoid residual urine*, PVR) und zusätzlich elastografische Daten der Prostata zu beurteilen bzw. zu bestimmen (☞ Abb. 10.1). Die Ergebnisse legen nahe, dass die PAE zu einem positiven Effekt auf die dynamische BPH-Komponente im Zusammenhang mit der Prostataelastizität führt, der mittels Sonographie beurteilt werden kann [6].

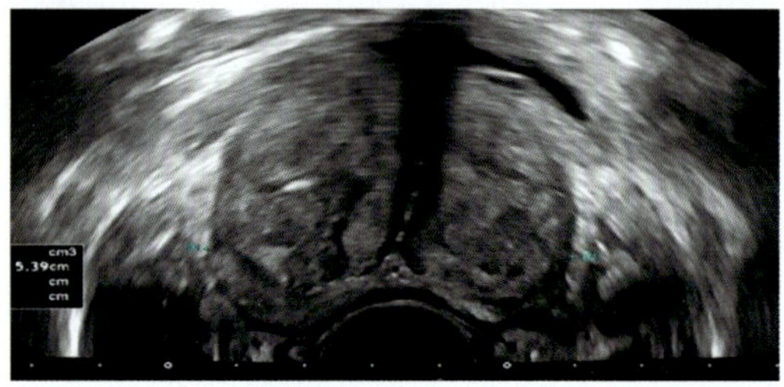

Abb. 10.1: Sonographische Darstellung der BPH im Umfeld einer PAE-Bewertung.

10.2. Magnetresonanztomographie (MRT)

Die Becken-MRT scheint für eine genaue Beurteilung der Prostata einschließlich der Diagnostik atherosklerotischer und tumorverdächtiger Veränderungen von sehr großer Bedeutung zu sein. Zang et al. wiesen kürzlich auf die Bedeutung des zeitaufgelösten Gadolinium-MRT-Angiographiewertes vor dem Eingriff hin, um damit nützliche Informationen für die PAE-Planung zu gewinnen und die Eingriffs- und Durchleuchtungszeit, die Strahlendosis sowie das Volumen des Kontrastmittels während der PAE signifikant zu reduzieren. Dabei zeigte sich eine gute Sensibilität bezüglich des Erkennens von möglichen Komplikationen und Infarktgebieten nach der Behandlung sowie die Eignung der MRT als Prädiktor für die zu erwartenden Ergebnisse [7].

Das an der Medizinischen Fakultät der Universität von Sao Paulo durchgeführte Protokoll umfasst eine 1,5- oder 3,0-Tesla-Untersuchung ohne endorektale Spule, kontrastverstärkte bzw. Perfusionssequenzen sowie diffusionsgewichtete Bildgebung und eine volumetrische angiographische T2-gewichtete Sequenz. Es ermöglicht die detaillierte Bewertung der gesamten Prostata (WP, *whole pelvis*), des CG-Volumens, der BPH-Knoten, der

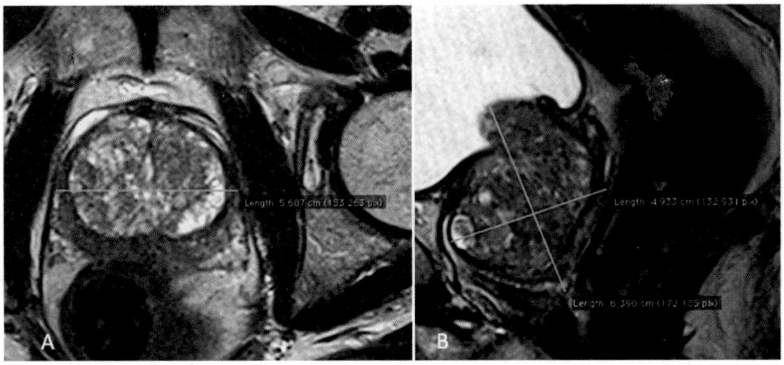

Abb. 10.2: MRT-Detailmessungen axial (**A**) und sagittal (**B**) zur Berechnung des gesamten Prostatavolumens im Umfeld einer Prä-PAE-Bewertung.

Lappensymmetrie, der Protrusion des Medianlappens und von verdächtigen Bereichen in der peripheren Zone. Postkontrastsequenzen können Parenchymverstärkungsmuster und atherosklerotische Veränderungen in den Beckenarterien darstellen und erlauben Aussagen bezüglich der Blasenwanddicke sowie zu möglichen Divertikeln, Polypen, Steinen oder anderen pathologischen Veränderungen der Beckenstruktur (☞ Abb. 10.2).

In 2017 beobachteten de Assis et al., dass einige MRT-Daten wie das Basis-CG-Volumen, das WP-Volumen und der sogenannte *prostate zonal volumetry index* (ZVi) eine starke Korrelation mit den klinischen Ergebnissen bei Patienten aufwiesen, die sich danach einer PAE unterzogen. Ein niedrigerer ZVi-Ausgangswert (<0,45) war beispielsweise mit einer Verbesserung der Symptome des unteren Harntraktes (LUTS) verbunden. Ihre Bewertung sollte nach Möglichkeit bei der Einschätzung vor der PAE-Behandlung berücksichtigt werden [8] (☞ Abb. 10.3).

Die MRT kann auch *nach* einer PAE zur Beurteilung von Infarktzonen nützlich sein. Nach Frenk et

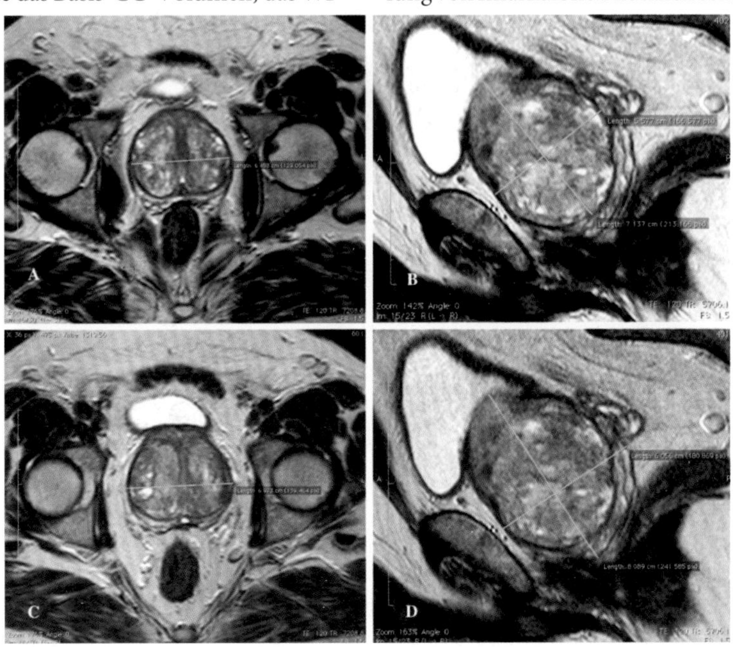

Abb. 10.3: T2-gewichtete Becken-MRT in axialer und sagittaler Ansicht als Beispiel für transversale, kraniokaudale und anterior-posteriore Messungen von CG (**A+B**) und WP (**C+D**). In diesem Fall zeigte der Patient einen günstigen ZVi von 0,748.

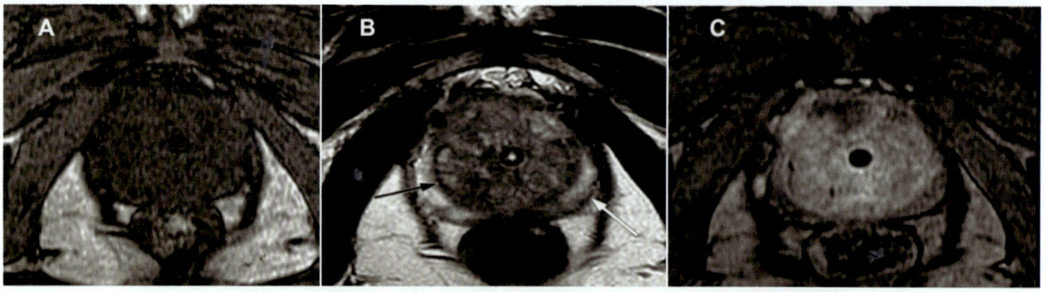

Abb. 10.4: Die MRT-Sequenzen zu Studienbeginn (**A**), 3 Monate und 1 Jahr nach PAE zeigen einen Infarkt der hypervaskulären BPH-Knoten (schwarzer Pfeil in **B**) und die nicht-infarzierte periphere Zone (weißer Pfeil in **B**), gefolgt von einer Verringerung des Prostatavolumens (**C**).

al. führt der Infarkt hypervaskulärer BPH-Knötchen letztendlich zu einer Verringerung des Prostatavolumens mit der daraus resultierenden klinischen Verbesserung [9] (☞ Abb. 10.4).

10.3. Muster der Gefäßanatomie

Nach Garcia-Monaco et al. [8] besteht der obere Prostatastiel aus zwei Unterteilungen:

- dem medialen Ast, auch als "Arterie des Adenoms" (*artery of the adenoma*) bezeichnet [9], und
- dem lateralen Prostataast, auch als "Kapselast" (*capsular branch*) bezeichnet [10,11].

Der mediale Prostata- oder CG-Ast versorgt hauptsächlich den oberen und zentralen Teil der Prostata, während der laterale Prostata- oder Kapselast hauptsächlich die PZ und den Apex versorgt [12] (☞ Abb. 10.5).

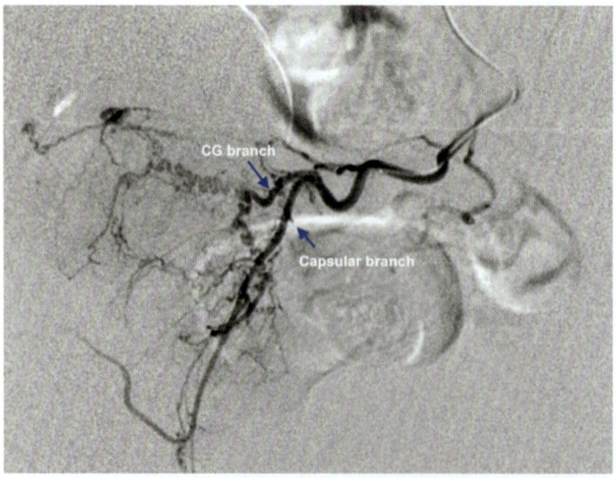

Abb. 10.5: Superselektive digitale Subtraktions-Angiographie (DSA) der Prostata mit Darstellung des medialen (CG *branch*) und des lateralen Prostataastes (*capsular branch*).

Während der PAE kann bei einer ipsilateralen Schrägansicht von 40-50° das sogenannte PROVISO-Akronym (*pudendal, rectal, obturator, vesical inferior* und *superior*) hilfreich sein, um an die Anatomie der Beckenarterien zu erinnern (☞ Abb. 3.2).

Da die Identifizierung der Prostataarterie (PA) aufgrund ihrer vielfältigen Ursprünge schwierig sein kann, wurde 2015 von de Assis et al. eine neue angiografische Klassifizierung vorgeschlagen (☞ Abb. 10.6).

- *Typ I*: Ursprung in einem gemeinsamen Stamm mit der *A. vesicalis superior* (28,7 %)
- *Typ II*: Ursprung aus der vorderen Teilung der *A. iliaca interna* unterhalb der *A. vesicalis superior* (14,7 %)
- *Typ III*: Ursprung in der *A. obturatoria* (18,9 %)
- *Typ IV*: Ursprung in der *A. pudenda interna* (31,1 %)

Weniger häufige Ursprünge wurden als Typ V klassifiziert (5,6 %), wobei der Ursprung der akzessorischen *A. pudenda interna* (2,1 %) am relevantesten ist. Eine doppelte Vaskularisation wurde in 8 % der Beckenhälften beobachtet.

Die anatomischen Varianten bringen unterschiedliche technische Herausforderungen mit sich. Ein Typ I kann, wenn er mit atherosklerotischen Veränderungen verbunden ist, am schwierigsten zu katheterisieren sein. In solchen Fällen können eine Doppelkurve im Mikrodraht ("C"- oder Cobra-Form) unter Verwendung gekrümmter Mikrodrähte und Mikrokatheter oder das Vorschieben des 5-Fr-Katheters in der Nähe des PA-Ursprungs bei der Durchführung der Mikrokatheterisierung hilfreich sein [13, 14].

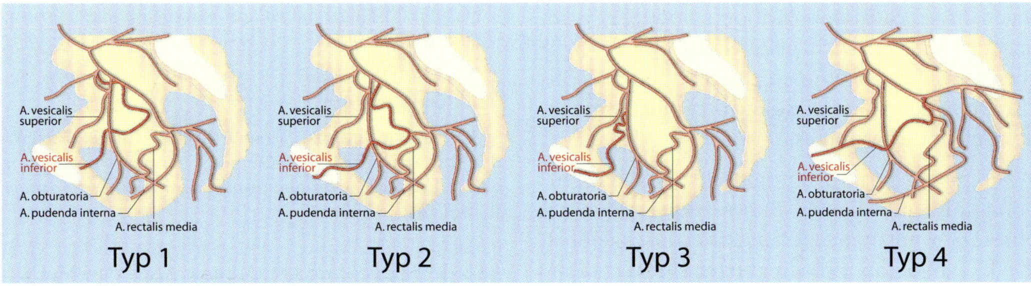

Abb. 10.6: Angiographische Klassifikation der Typen I bis IV nach de Assis et al.

Ergänzend beschrieben DeMeritt et al. die Gefäßmuster innerhalb einer Reihe von 36 PAE-Patienten in Bezug auf eine duale CG-Blutversorgung und schlugen eine anatomische Klassifizierung ihrer Subtypen vor. Danach erfolgt die Unterteilung in vier verschiedene Kategorien, die jeweils ein unterschiedliches Muster auf der Grundlage von Angiogrammen und Daten der sogenannten *Cone Beam*-Computertomografie (CBCT, im deutschen Sprachraum meist als digitale Volumentomographie [DVT] bezeichnet) darstellen.

- **Typ I** (83,3 %)
  - Der Subtyp 1A definiert sich als das klassische Muster, bei dem sich eine einzelne Hauptprostataarterie in CG- und PZ-Zweige teilt
  - Der Subtyp 1B wird als eine Variante des klassischen Musters mit zwei getrennten Prostataarterien oder Pedikeln definiert, von denen eine(r) den CG und die/der andere die PZ versorgt
- **Typ II** mit zwei voneinander unabhängigen CG-Arterien und überlappenden Versorgungsgebieten (9,7 %)
- **Typ III** mit zwei voneinander unabhängigen CG-Arterien und voneinander isolierten Versorgungsgebieten (7 %)

Möglicherweise haben bis zu 20 % der Patienten mehr als eine unabhängige CG-Prostataarterie, die während der PAE aufgesucht werden sollte [15].

Die detaillierte Kenntnis all dieser anatomischen Varianten ist von sehr großer Bedeutung, um potentiell mögliche Komplikationen weitgehend vermeiden zu können. Die DVT ist hierbei ein wichtiges Instrument zur Sicherheit, mit dessen Hilfe einige der oben genannten Varianten unterschieden werden können: wenn beispielsweise die *A. rectalis media* aus dem Kapselast der Prostata entspringt, zur Bestimmung des Prozentsatzes an Prostatalappengewebe, das embolisiert wird (Volumetrie) oder zum Auffinden unerwarteter Anastomosen in der Gefäßversorgung, um dadurch eine sogenannte Nichtzielembolisation (NTE) zu vermeiden (☞ Abb. 10.7).

10.4. Anastomosierung

Relevante arterielle Anastomosen sind im männlichen Becken recht diffus zu sehen und betreffen häufiger den lateralen Prostataast. Die Kenntnis der Gefäßanatomie und ihrer Variationen sowie eine sorgfältige Analyse während des Eingriffs sind hierbei sehr wichtig. Eine Fehlinterpretation kann zu einer NTE periprostatischer Organe und Strukturen wie der Blase, des Rektums und des Penis führen [16]. In diesem Sinne ist es möglich, eine

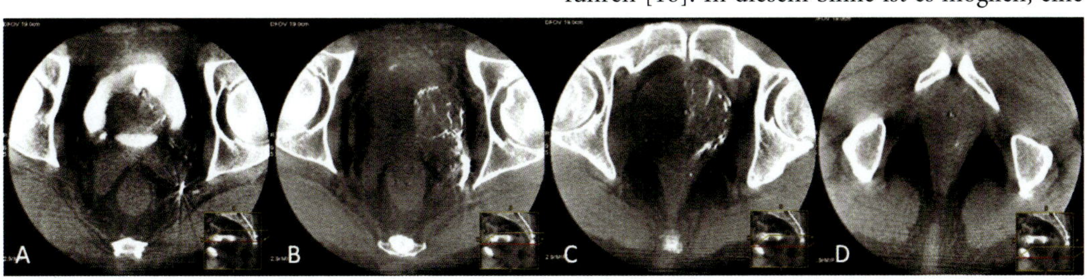

Abb. 10.7: Die axialen DVTs zeigen die gesamten verstärkt dargestellten Prostatazonen während der superselektiven Jodkontrastinjektion (**A-D**).

sogenannte Schutzembolisation (*protective embolization*, PE) von Nichtzielarterien oder zusätzlichen Prostataanastomosen durchzuführen, üblicherweise unter Verwendung von Spulen oder eines Gelatineschwammes.

Während der PAE wird unmittelbar vor der Embolisation eine digitale Subtraktions-Angiographie (DSA) mit manueller Injektion durchgeführt, die die Embolisationsbedingungen simuliert. Eine PE sollte nach den folgenden Kriterien ausgeführt werden:

1. Vorhandensein einer Anastomose mit hohem Durchfluss (Fugalflussmuster in Bezug auf die Prostata [nachgewiesen auch während der langsamen manuellen Injektion von Kontrastmitteln] in eine klinisch relevante Region [Penis, Blase oder Rektum])

2. Vorhandensein eines Refluxes zu klinisch relevanten Arterien (*A. rectalis media*, akzessorisches Pudendalgefäß, Blasenäste).

10.5. Zusammenfassung

- Eine genaue Kenntnis der Anatomie des männlichen Beckens, speziell der arteriellen Gefäßversorgung, ist unabdingbar.
- Beachten und berücksichtigen Sie auch alle relevanten Aspekte, die schon vor der Bildgebung bekannt waren, sowie auch die insgesamt bestmögliche Vorbereitung des Patienten.
- Das Verständnis der Standardklassifikation und der anatomischen Variationen kann dazu beitragen, die PAE effektiver und sicherer zu machen.
- Reduzieren Sie die Behandlungszeit und die Strahlenexposition und minimieren Sie Komplikationen.
- Das Erkennen einer relevanten Anastomose ist wichtig, um eine Nichtzielembolisation zu vermeiden.

10.6. Literatur

1. Lowsley OS. The development of human prostate gland with reference to the development of other structures of the neck of the urinary bladder. Am J Anatomy. 1912; 13:299-349.

2. McNeil JE: Origin and development of cancer in the prostate. Cancer. 1969; 23:24-34.

3. McNeil JE: The zonal anatomy of the prostate. Prostate. 1981; 2:35-49.

4. Hamper UM, Sheth S. Prostate ultrasonography. Semin Roentgenol 1993;28(1):57-73.

5. A Pereira J, Bilhim T, Duarte M, Rio Tinto H, Fernandes L, Martins Pisco J. Patient selection and counseling before prostatic arterial embolization. Tech Vasc Interv Radiol. 2012;15(4):270-5.

6. de Assis AM, Moreira AM, Carnevale FC, Marcelino ASZ, de Oliveira Cerri LM, Antunes AA, Srougi M, Cerri GG. Effects of Prostatic Artery Embolization on the Dynamic Component of Benign Prostate Hyperplasia as Assessed by Ultrasound Elastography: A Pilot Series. Cardiovasc Intervent Radiol. 2019;42(7):1001-1007.

7. Zhang JL, Wang MQ, Shen YG, Ye HY, Yuan K, Xin HN, Zhang HT, Fu JX, Yan JY, Wang Y Effectiveness of Contrast-enhanced MR Angiography for Visualization of the Prostatic Artery prior to Prostatic Arterial Embolization. Radiology. 2019;291(2):370-378.

8. de Assis AM, Maciel MS, Moreira AM, de Paula Rodrigues VC, Antunes AA, Srougi M, Cerri GG, Carnevale FC. Prostate Zonal Volumetry as a Predictor of Clinical Outcomes for Prostate Artery Embolization. Cardiovasc Intervent Radiol. 2017;40(2):245-251.

9. Frenk NE, Baroni RH, Carnevale FC, Gonçalves OM, Antunes AA, Srougi M, Cerri GG. MRI findings after prostatic artery embolization for treatment of benign hyperplasia. Am J Roentgenol. 2014;203:813-21.

10. Garcia-Monaco R, Garategui L, Kizilevsky N, Peralta O, Rodriguez P, Palacios-Jaraquemada J. Human cadaveric specimen study of the prostatic arterial anatomy: implications for arterial embolization. J Vasc Interv Radiol. 2014;25:315-322.

11. Bouissou H, Talazac A. [Arterial vascularization of the normal and the pathological prostate]. Ann Anat Pathol (Paris) 1959;4:63-79.

12. Clegg EJ. The vascular arrangements within the human prostate gland. Br J Urol 1956; 28:428-435.

13. Carnevale FC, Antunes AA. Prostatic artery embolization for enlarged prostates due to benign prostatic hyperplasia. How I do it. Cardiovasc Intervent Radiol 2013; 36:1452-1463.

14. de Assis AM, Moreira AM, de Paula Rodrigues VC, et al. Pelvic Arterial Anatomy Relevant to Prostatic Artery Embolisation and Proposal for Angiographic Classification. Cardiovasc Intervent Radiol. 2015;38(4):855-61.

15. DeMeritt JS, Wajswol E, Wattamwar A, Osiason A, Chervoni-Knapp T, Zamudio S. Duplicated Prostate Artery Central Gland Blood Supply: A Retrospective Analysis and Classification System. J Vasc Interv Radiol. 2018; 29:1595-1600.

16. Moreira AM, de Assis AM, Carnevale FC, Antunes AA, Srougi M, Cerri GG. A Review of Adverse Events Related to Prostatic Artery Embolization for Treatment of Bladder Outlet Obstruction Due to BPH. Cardiovasc Intervent Radiol. 2017;40(10):1490-1500.

11. Embolisationstechniken bei der PAE

Die Prostataarterien-Embolisation (PAE) ist ein minimal-invasives Verfahren, das nach Unterzeichnung einer Einverständniserklärung im Allgemeinen unter örtlicher Betäubung mit oder ohne Sedierung ambulant durchgeführt wird. Nach der Aufnahme erhält der Patient vor dem Eingriff einen Protonenpumpenhemmer und eine intravenöse Einzeldosis von 400 mg Ciprofloxacin, gefolgt von 500 mg oral zweimal täglich für 7 Tage nach der PAE. Falls erforderlich, werden die Patienten instruiert, nach dem Eingriff nichtsteroidale entzündungshemmende Medikamente oder Opioidanalgetika (oder beides) einzunehmen. Eine Tamsulosin-Einnahme (0,4 mg Kapsel täglich) wird noch 1 bis 4 Wochen nach der PAE fortgesetzt, um das Post-PAE-Syndrom zu reduzieren, danach aber abgesetzt.

Ein mit 20 % Kontrastmittel gefüllter Verweilkatheter kann eingesetzt werden, um anatomische Orientierungspunkte während der PAE zu erkennen (☞ Abb. 11.1). Dieser Trick kann Anfängern, insbesondere wenn keine Kegelstrahl-Computertomographie (*Cone Beam*-Computertomografie, CBCT; im deutschen Sprachraum meist als digitale Volumentomographie [DVT] bezeichnet) verfügbar ist, helfen, sicherer mit den angiografischen Befunden umzugehen [1]. Dadurch besteht jedoch auch ein höheres Risiko für Harnröhren- und Medianlappentraumata sowie Harnwegsinfektionen. Falls der Verweilkatheter verwendet wird, sollte er vor der Entlassung des Patienten entfernt werden.

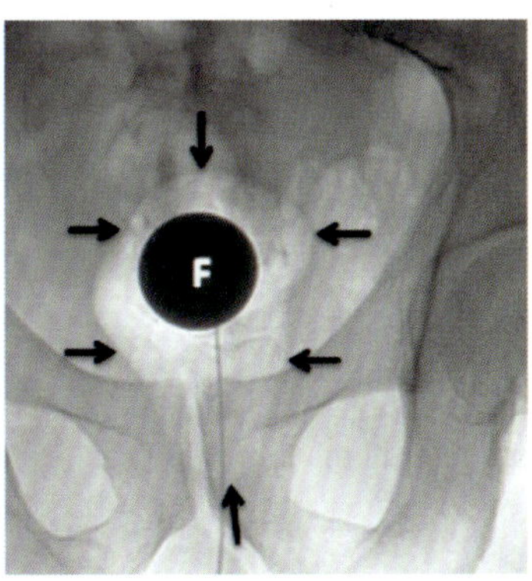

Abb. 11.1: Beckenröntgenbild, das den Verweilkatheter als Orientierungspunkt während der PAE zeigt. Der Foley-Ballon (**F**) ist mit Kontrastmittel gefüllt. Die schwarzen Pfeile zeigen die Rektalwand.

Das Anlegen eines üblichen femoralen oder radialen/ulnaren arteriellen Zugangs für die DVT ist angezeigt. Der radiale Zugang ist im Allgemeinen sicher und gut ausführbar, kann aber bei Durchmessern der *A. radialis* kleiner als 2-3 mm und bei größeren Patienten (>1,80 m) auch Probleme bereiten.

Die PAE kann durchaus ein technisch anspruchsvolles Verfahren sein, das in jedem Fall eine gründliche Einarbeitung in die Gerätetechnik und die assoziierten bildgebenden Verfahren, Fähigkeiten zur Mikrokatheterisierung sowie genaue Kenntnisse der Anatomie der Beckengefäße erfordert und zudem auch eine recht hohe Strahlendosisbelastung sowohl für das medizinische Team als auch für den Patienten mit sich bringt. In diesem Sinne gehört die Identifizierung und Katheterisierung der Zielarterienäste zu den kritischsten und zeitaufwändigsten Schritten. Das PROVISO-Akronym (*pudendal, rectal, obturator, vesical inferior* und *superior* unter Schrägansicht) basierend auf der korrelierenden angiografischen Darstellung kann Anfängern helfen, die Anatomie der Beckenarterien besser zu verstehen (☞ Abb. 11.2).

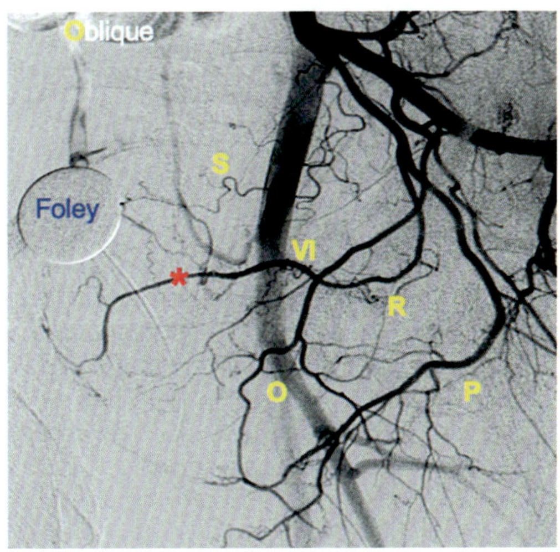

Abb. 11.2: Das PROVISO-Akronym (*pudendal, rectal, obturator, vesical inferior* und *superior* unter Schrägansicht) auf einer DSA des linken Beckens. Die Prostataarterie (*) befindet sich unmittelbar unter dem Foley-Ballon.

Eine Atherosklerose und andere bei älteren Patienten auftretende Komorbiditäten können die Prävalenz der BPH beeinflussen und Gefäßstenosen oder -obstruktionen bedingen. Ultraschall, die Angiographie mittels Computertomographie oder die Magnetresonanztomographie helfen dabei, die jeweilige Becken- und Prostataanatomie zu beurteilgen und zu verstehen.

11.1. Technik

Nach initialem Zugang über die *A. femoralis* wird die Aortenbifurkation gekreuzt und die *A. iliaca interna* unter Verwendung eines 5-Fr-Diagnosekatheters katheterisiert. Die am häufigsten im Rahmen des femoralen Ansatzes verwendeten diagnostischen Katheter sind Cobra C2, Vertebral, Roberts Uteruskatheter (RUC®, Cook Inc, USA) und der Carnevale Prostatakatheter (CPC®, Merit Medical System, Inc, USA). Die RUC®- und CPC®-Katheter können bilateral für die *A. iliaca interna* verwendet werden. Aufgrund seiner langen Krümmung kann der RUC® bei Verwendung in einem Koaxialsystem die Drehmoment- und Druckfestigkeit von Mikrodrähten verringern. Der CPC®-Katheter (5, 10 und 15 cm Spitze) wird entsprechend dem Abstand zwischen der Aortenbifurkation und der *A. iliaca interna* ausgewählt. Bei Bedarf können auch die Simmons I- oder II-, Vertebral- oder Cobra II-Katheter verwendet werden [1]. In Tabelle 11.1 haben wir einen Vorschlag mit einer Liste der entsprechenden Materialien zusammengestellt, die für die PAE verwendet werden können.

- Eine aortoiliakale digitale Subtraktions-Angiographie (DSA) des Beckenbereiches kann nützlich sein, um die arteriellen anatomischen Muster darzustellen (Pigtail-Katheter in der distalen Aorta, 20 ml Kontrastmittel, 10 ml/s, 600 psi). Eine Herausforderung kann die Aortenbifurkation aufgrund der Abwinkelung zwischen den beiden gemeinsamen Iliakalarterien darstellen. Sehr spitze Winkel sind hierbei schwieriger zu überqueren; insbesondere, wenn bereits atherosklerotische Stenosen vorhanden sind. Es ist sehr wichtig, beim Überqueren der Aortenbifurkation sehr vorsichtig vorzugehen, um eine distale Embolisation oder eine lokale Thrombose zu vermeiden. Dieser Schritt des aortoiliakalen DSA kann vermieden werden, indem eine Roadmap zur Katheterisierung der *A. iliaca interna* verwendet wird.
- Nach dem Positionieren des 5-Fr-Katheters im proximalen Stamm der *A. iliaca interna* (vor seiner Aufteilung in vordere und hintere Stämme) wird eine DVT durchgeführt (22 ml, 2 ml/s, mit einer Verzögerung von 8 bis 10 Sekunden), um die anatomischen Gefäßmuster zu identifizieren. Multiple DSA-Serien sollen dabei vermieden werden, um die Strahlenbelastung zu reduzieren. Um zu vermeiden, dass ein proximaler Ast verpasst wird, ist es wichtig sicherzustellen, dass der 5-Fr-Katheter korrekt am gemeinsamen Stamm der *A. iliaca interna* positioniert ist (☞ Abb. 11.3).

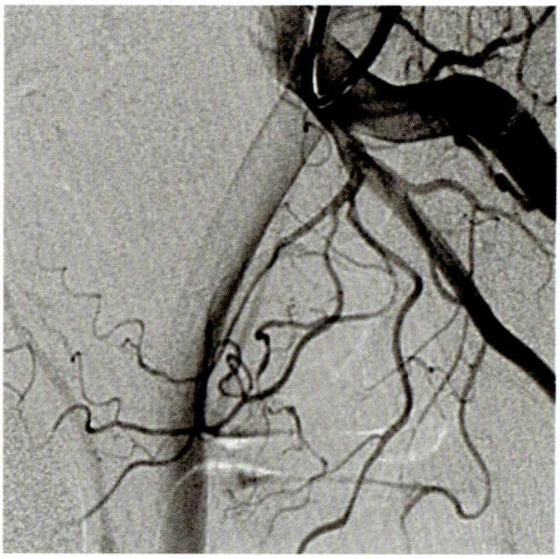

Abb. 11.3: Diese DSA des linken Beckens zeigt einen 5-Fr-Katheter, der am gemeinsamen Stamm der *A. iliaca interna* positioniert ist.

- Die DVT stellt eine reichhaltige Quelle für anatomischer Informationen dar, mit deren Hilfe die Prostataarterien und die Nichtzieläste identifiziert werden können. Nach der bildgebenden Rekonstruktion ermöglicht die berechnete 3D-Becken-Angiographie-Roadmap die Identifizierung und den präzisen Zugang zur Prostata. Je nach Ermessen des interventionellen Radiologen kann auch eine DSA der *A. iliaca interna* erstellt werden (12 ml, 4 ml/s, 300 psi, 20-50° ipsilaterale Schrägansicht) [1] (☞ Abb. 11.4).

	Femoraler Zugang	Radialer Zugang
Katheter	• Vertebral oder Cobra II (kontralateral) • Simmons I (ipsilateral) • CPC 5 Fr (ipsi-/kontralateral) • Robert's uterine (RUC)	• Berenstein 5 Fr (ipsi-/kontralateral) • 125 cm
Mikrokatheter	• <2.4 Fr für PErFecTED-Methode • Progreat 2.0 Fr	• <2.4 Fr für PErFecTED-Methode • Progreat 2.0 Fr
Mikrodraht	• 0.014" • Fathom 0.016"	• Fathom 0.016" • 0.014"

Tab. 11.1: Materialien für die PAE.

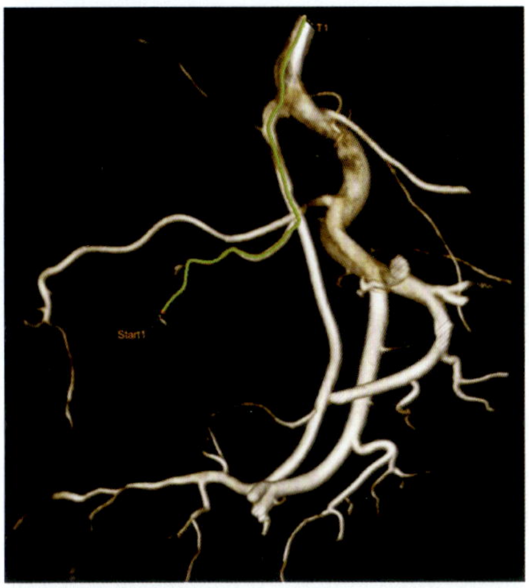

Abb. 11.4: Beispiel für eine berechnete 3D-Becken-Angiographie-Roadmap, die den Verlauf der linken Prostataarterie zeigt (grüne Linie). Mit freundlicher Genehmigung von Dr. Nutting, Denver (Colorado).

Da Zielarterien auch an ungewöhnlichen Stellen entspringen können, müssen alle Zweige sorgfältig überprüft werden. Sehr spitze Ursprungswinkel, fokale Stenosen, Schlängelungen und Verschlüsse können vorhanden sein und die Katheterisierung zu einer Herausforderung werden lassen (☞ Abb. 11.5).

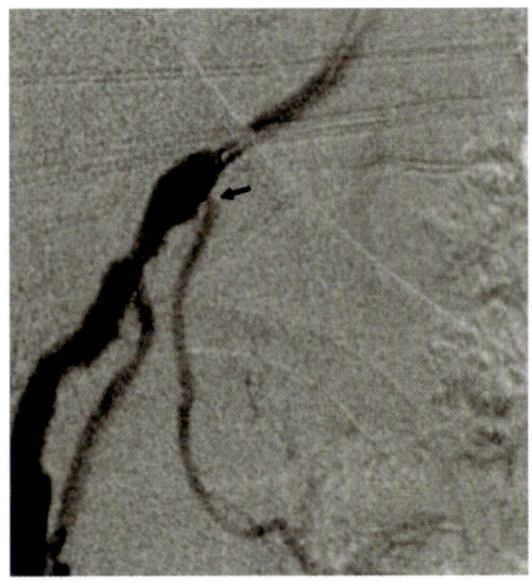

Abb. 11.5: Diese superselektive DSA des rechten Gluteopudendalstammes zeigt eine Schlängelung mit Dilatation sowie eine fokale Stenose (schwarzer Pfeil).

- In Kapitel 9.3. wurde bereits auf die neue angiographische Klassifizierung von de Assis et al. eingegangen (☞ Abb. 10.6).

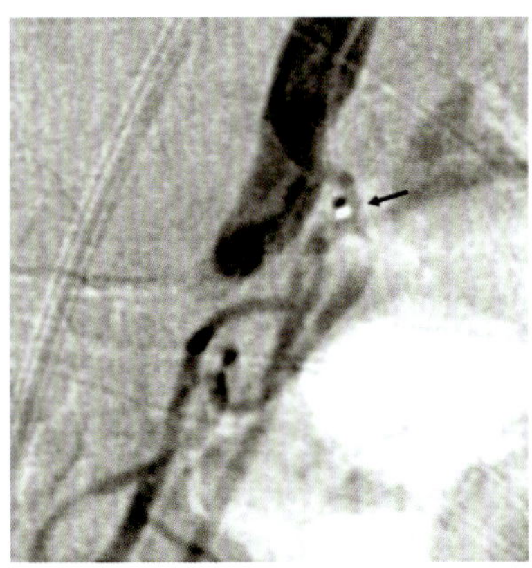

Abb. 11.6: Superselektive DSA der *A. iliaca interna* rechts. Die Spitze des Mikrokatheters (schwarzer Pfeil) zeigt in einen sehr abgewinkelten Typ I-Ursprung.

- Aufgrund der geringen Größe und der Schlängelungen dieser Zweige empfehlen wir, die Katheterisierung der Prostata mit hydrophilen Mikrokathetern mit kleinem Durchmesser (2,0-2,4 Fr) und einem formbaren hydrophilen Mikrodraht von 0,014 Zoll oder 0,016 Zoll durchzuführen. Als Mikrokatheter haben sich z.B. Progreat™ und Progreat™ Lambda (Terumo) sowie Maestro®, Pursue® und SwiftNINJA® (Merit Medical) bewährt, als Mikrodrähte z.B. Radiofocus® GT 0,014 und 0,016 Zoll (Terumo) sowie Tenor® 0,014 Zoll (Merit Medical) und XT-R 0,014 Zoll (Asahi Intecc). Der 0,016-Zoll-Mikrodraht Fathom™ (Boston Scientific, USA) scheint sich dabei recht gut für das Sondieren gewundener Gefäße zu eignen, und seine Spitze kann bei Bedarf leicht umgeformt werden [1]. Einige Verbesserungen, die darauf abzielen, den Rückfluss und eine Nichtzielembolisation zu reduzieren, umfassen Mikrokatheter mit einem nachgiebigen Ballon oder mit seitlichen Schlitzen, die als Rückflusssystem wirken. Sie verhindern einen Reflux, indem sie den proximalen Druck senken und den Fluss auf jeder Ebene der distalen Gefäßanastomosen umkehren [3]. Leider wurde bisher noch kein Zusammenhang zwischen einer bestimmten Art von Mikrokatheter und besseren klinischen Ergebnissen berichtet [4].
- Nach der Katheterisierung der Prostata werden 100-200 µg von in Kochsalzlösung verdünntem Nitroglycerin injiziert, um einen Vasospasmus zu verhindern und die distale Katheterisierung zu erleichtern. Falls vorhanden, kann ein Gefäßspasmus auch mit Vasodilatatoren behandelt werden. Eine DSA mit manueller Injektion (3-5 ml) macht die Zweige der zentralen Drüse (anteromedial) und der peripheren Zone (posterolateral) sichtbar (☞ Abb. 11.7).

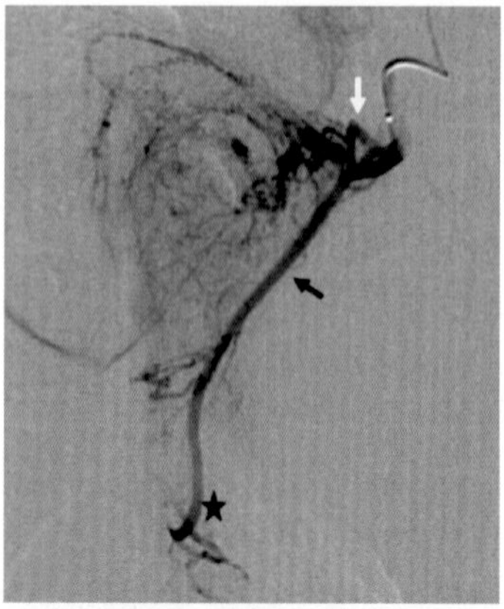

Abb. 11.7: Superselektive DSA der *A. iliaca interna* links mit den Zweigen der zentralen Drüse (weißer Pfeil) und der peripheren Zone (schwarzer Pfeil) sowie einer distalen Anastomose zwischen dem Kapsel- und dem pudendalen Ast (*).

- An diesem Punkt empfehlen wir, eine DVT durchzuführen, um die Prostataanatomie hinsichtlich einer möglichen Nichtzielembolisation aufgrund von Seitenästen oder Kollateral-Shunts abzuklären (dies wird unten erläutert).
- Anschließend wird die Embolisation unter Verwendung einer 1-ml-Spritze und mit langsamer Injektion des starkt verdünnten Embolisationsmittels (enthält entweder 100-500 µm sogenannte Microspheres oder 50-250 µm Polyvinylalkoholpartikel) bis zur vollständigen Gefäßstase gestartet, wobei der unerwünschte Rückfluss in nicht zu embolisierende Abschnitte möglichst zu vermeiden ist [1,4-6].
- Nah der eingetretenen Stase wartet man 3-5 Minuten, um die frühe Rekanalisation zu beurteilen. Der Mikrokatheter soll während der Embolisation regelmäßig mit Kochsalzlösung gespült werden. Wenn weiterhin ein Vorwärtsfluss beobachtet wird, wird die Embolisierung fortgesetzt. Wenn ein venöses Füllsignal und eine Gesamtstase beobachtet werden, ist der anfänglicher Zielendpunkt erreicht. Danach wird ein letzter proximaler Injektionslauf durchgeführt, um nach weiteren Prostataästen zu suchen. Wenn ein akzessorischer Prostataast nicht embolisiert wird, kann ein langfristiges klinisches LUTS-Rezidiv auftreten [7].

- Die kontralaterale *A. iliaca interna* kann leicht mit dem CPC®- oder RUC®-Katheter durch eine Waltman-Schleife oder unter Verwendung eines Simmons-1-Katheters katheterisiert werden. Die kontralaterale PAE wird nach dem gleichen Prinzip durchgeführt. Es wurde berichtet, dass die bilaterale Embolisation einen signifikanten und positiven Einfluss auf die klinischen Ergebnisse im Vergleich zur unilateralen Embolisation hat. Bilhim et al. fanden eine signifikant höhere Rate an klinischem Versagen ($p=0{,}04$) bei Patienten, die nur eine einseitige statt einer bilateralen PAE erhielten. Dies wurde kürzlich auch durch eine Stellungnahme mehrerer Fachgesellschaften bestätigt, in der die bilaterale Embolisation empfohlen wird [8,9].
- Die PErFecTED-Technik (*proximal embolization first, then embolize distal for benign prostatic hyperplasia*) umfasst ein bilaterales zweistufiges Embolisationsprotokoll. Die PAE-Ergebnisse verbesserten sich nach Einführung dieser Technik, was mit höheren Prostatainfarktraten und einem signifikanten Anstieg des IPSS (*International Prostate Symptom Score*) und der maximalen Harnflussrate (Qmax) verbunden ist [10-12]. Dies kann als Prädiktor für gute Ergebnisse nach PAE verwendet werden. Carnevale et al. zeigten eine 1-Jahres-Rezidivrate von 22 % für die ursprüngliche Embolisation gegenüber 5,3 % für die PErFecTED-Technik ($p<0{,}01$) [13]. Nach einer standardmäßigen proximalen Embolisation (erster Schritt, am Ursprung der intraprostatischen Äste oder vor der Bifurkation der Zweige der zentralen Drüse und der peripheren Zone) und dem Erreichen des Endpunkts (Stase und *blush* mit venöser Phase) wird der Mikrokatheter distal in die intraprostatischen Äste vorgeschoben, um die Embolisation fortzusetzen (zweiter Schritt). In diesem Sinne wird die Verwendung eines 2,0-Fr-Mikrokatheters empfohlen. Eine langsame Injektion des Embolisationsmittels ist wichtig, um die beste parenchymale Ischämie der Drüse zu erzielen. An diesem Punkt muss man vorsichtig sein, wenn ein Gefäß reißt oder ein Shunt aufgrund einer keilförmigen Injektion geöffnet wird. Die totale Stase ist der zweite Endpunkt (☞ Abb. 10.8) und der Mikrokatheter wird zurückgezogen, während der Prostata-Arterientrakt mit zusätzlichem Embolisationsmittel gefüllt wird.

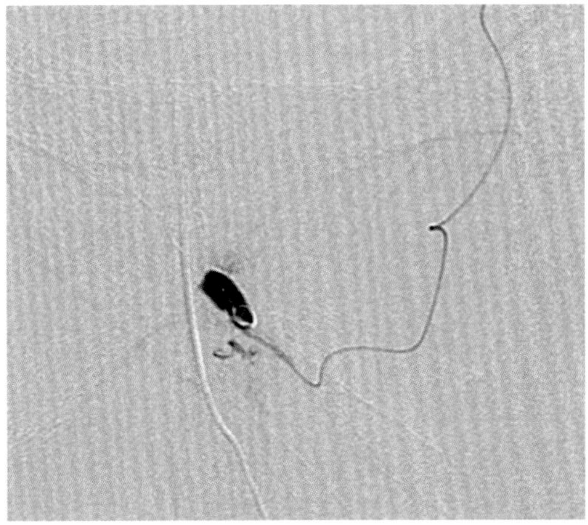

Abb. 11.8: Die superselektive Angiographie zeigt ein Kontrastparavasat nach Ruptur der intraprostatischen Arterie während der Embolisation in der Wedge-Position, wenn der Mikrokatheter in dem Zielgefäß festgekeilt ist.

- Die abschließende Angiographie sollte einige Minuten nach Beendigung der Embolisation durchgeführt werden.
- Es wird empfohlen, eine DVT zur Unterscheidung von Prostataästen von Rektal- oder Blasenästen zu verwenden, um sicherzustellen, dass der gesamte Prostatalappen weitgehend durch die katheterisierte Arterie erreicht wurde. Wenn eine intraprostatische Anastomose mit hohem Durchfluss in klinisch relevante Gebiete auftreten sollte, kann man versuchen, den Mikrokatheter distal zum Ursprung der Anastomose zu navigieren, bevor man mit der Embolisation mittels Mikropartikel beginnt, oder man führt eine sogenannte Schutzembolisation der Anastomose durch, normalerweise mittels Spulen oder Gelatineschwamm [14]. Manchmal basiert eine gute Entscheidung auf persönlicher Erfahrung und Interpretation des lokalen Gefäßnetzes. Wenn eine Verbindung mit hohem Durchfluss vorhanden ist, muss eine Schutzembolisation durchgeführt werden. Ein sehr geringer Durchfluss, der auf die Drüse gerichtet ist, kann langsam und sicher injiziert werden. Wenn der Fluss auf die distalen Äste (Shunts) gerichtet ist, ist er normalerweise mit einem höheren Risiko für eine Nichtzielembolisation verbunden, so dass dann die entprechenden Schutzmaßnahmen durchgeführt werden sollten(☞ Abb. 11.9).

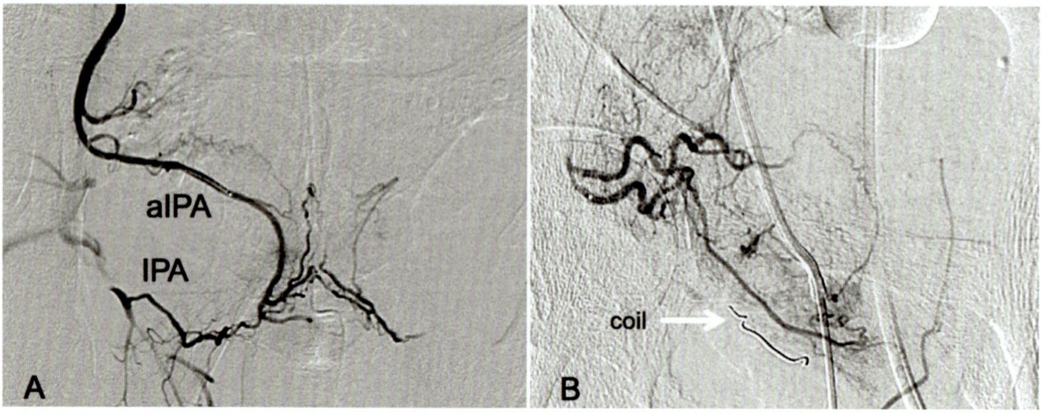

Abb. 11.9: **A**: DSA einer akzessorischen *A. pudenda interna* (**aIPA**), die eine Kommunikation mit der rechten inneren Pudendalarterie (**IPA**) aufweist. **B**: DSA-Kontrolle nach Schutzembolisation mittels Spule (weißer Pfeil).

- Obwohl eine Migration kleiner Mengen *Microspheres* durch Anastomosierung in das Obturator-Gebiet oder in andere parietale Beckenstrukturen auftreten kann, sind dadurch keine relevanten Komplikation zu erwarten. Diese Verbindungen müssen nicht gecoilt werden. Ebenso scheint der Rückfluss von Partikeln zu Zweigen der Samenbläschen keine größeren Komplikationen zu verursachen. Eine Nichtzielembolisation von Rektum und Penis kann jedoch problematisch werden.

11.2. Zusammenfassung

- Platzieren eines Foley-Katheter mit Kontrastmitteln (für Anfänger)
- Durchführung eines Beckenarteriogramms zum Verständnis der Gefäßanatomie
- Schräge ipsilaterale Ansicht zur Identifizierung der sogenannten PROVISO-Arterien
- Alle Prostata-Zuflusszweige auswählen und embolisieren
- PErFecTED-Technik anwenden
- Vermeinden von Nichtzielembolisationen mittels DVT
- Embolisationsmittel langsam injizieren (1 cm³-Spritze verwenden)
- Embolisieren auch der kontralateralen Seite und Entfernen des Foley-Katheter falls gelegt

11.3. Literatur

1. Carnevale FC, Antunes AA. Prostatic artery embolization for enlarged prostates due to benign prostatic hyperplasia. How I do it. Cardiovasc Intervent Radiol. 2014; 37:1602-5.

2. de Assis AM, Moreira AM, de Paula Rodrigues VC, et al. Pelvic Arterial Anatomy Relevant to Prostatic Artery Embolisation and Proposal for Angiographic Classification. Cardiovasc Intervent Radiol. 2015;38(4):855-61.

3. Isaacson AJ, Hartman TS, Bagla S, et al. Initial Experience with Balloon-Occlusion Prostatic Artery Embolization. J Vasc Interv Radiol. 2018;29(1):85-89.

4. Maclean D, Harris M, Drake T, Maher B, Modi S, Dyer J, et al. Factors Predicting a Good Symptomatic Outcome After Prostate Artery Embolisation (PAE). Cardiovasc Intervent Radiol. 2018;41(8):1152-1159.

5. Torres D, Costa NV, Pisco J, et al. Prostatic Artery Embolization for Benign Prostatic Hyperplasia: Prospective Randomized Trial of 100-300 µm versus 300-500 µm versus 100- to 300-µm + 300- to 500-µm Embospheres. J Vasc Interv Radiol. 2019;30(5):638-644.

6. Wang MQ, Zhang JL, Xin HN, Yuan K, Yan J, Wang Y, Zhang GD, Fu JX. Comparison of Clinical Outcomes of Prostatic Artery Embolization with 50-µm Plus 100-µm Polyvinyl Alcohol (PVA) Particles versus 100-µm PVA Particles Alone: A Prospective Randomized Trial. J Vasc Interv Radiol. 2018;29(12):1694-1702.

7. de Assis AM, Moreira AM, Carnevale FC. Angiographic Findings or Repeat Prostatic Artery Embolization. J Vasc Interv Radiol. 2019;30(5):645-651.

8. Bilhim T, Pisco J, Tinto HR, Fernandes L, Campos Pinheiro L, Duarte M, et al. Unilateral versus bilateral prostatic arterial embolization for lower urinary tract symptoms in patients with prostate enlargement. Cardiovasc Interv Radiol. 2013;36(2):403-11.

9. McWilliams JP, Bilhim TA, Carnevale FC, et al. Society of Interventional Radiology Multisociety Consensus Position Statement on Prostatic Artery Embolization for Treatment of Lower Urinary Tract Symptoms Attributed to Benign Prostatic Hyperplasia: From the Society of Interventional Radiology, the Cardiovascular and Interventional Radiological Society of Europe, Société Française de Radiologie, and the British Society of Interventional Radiology: Endorsed by the Asia Pacific Society of Cardiovascular and Interventional Radiology, Canadian Association for Interventional Radiology, Chinese College of Interventionalists, Interventional Radiology Society of Australasia, Japanese Society of Interventional Radiology, and Korean Society of Interventional Radiology. J Vasc Interv Radiol. 2019;30(5):627-637.

10. Carnevale FC, Moreira AM, Antunes AA. The "PErFecTED technique": proximal embolization first, then embolize distal for benign prostatic hyperplasia. Cardiovasc Intervent Radiol. 2014;37:1602–1605.

11. Carnevale FC, Iscaife A, Yoshinaga EM, Moreira AM, Antunes AA, Srougi M. Transurethral Resection of the Prostate (TURP) Versus Original and PErFecTED Prostate Artery Embolization (PAE) Due to Benign Prostatic Hyperplasia (BPH): Preliminary Results of a Single Center, Prospective, Urodynamic-Controlled Analysis. Cardovasc Intervent Radiol. 2016;39(1): 44-52.

12. Amouyal G, Thiounn N, Pellerin O, Yen-Ting L, Del Giudice C, Dean C, et al. Clinical results after prostatic artery embolization using the PErFecTED technique: a single-center study. Cardiovasc Interv Radiol. 2016; 39 (3):367-75.

13. Carnevale FC, Moreira AM, Harward SH, et al. Recurrence of Lower Urinary Tract Symptoms Following Prostate Artery Embolization for Benign Hyperplasia: Single Center Experience Comparing Two Techniques. Cardiovasc Intervent Radiol. 2017;40(3):366-374.

14. Amouyal G, Chague P, Pellerin O, et al. Safety and Efficacy of Occlusion of Large Extra-Prostatic Anastomoses During Prostatic Artery Embolization for Symptomatic BPH. Cardiovasc Intervent Radiol. 2016;39:1245-1255.

12. Katheter, Führungsdrähte und Embolisationsmaterial

12.1. Katheter

Die Auswahl der Katheter und Drähte für die Prostataarterien-Embolisation (PAE) hängt hauptsächlich von der Erfahrung des ausführenden interventionellen Radiologen ab. Wenn der Anwender mit den verwendeten Drähten und Kathetern vertraut ist, kann dies den entscheidenden Unterschied beim sicheren Zugang zur Prostataarterie ausmachen.

Die grundlegende Strategie, die zur schlussendlichen Auswahl der erforderlichen Katheter und Drähte führt, umfasst Überlegungen hinsichtlich

- der Zugangsseite
- des Zugangsdurchmessers
- des Katheterisierungstyps (z.B. draht- oder flussgesteuert)
- des beabsichtigten Emboliemittels

und nicht zuletzt

- des Alters des Patienten und der vorherrschenden anatomischen Verhältnisse.

Aufgrund der hohen Anforderungen bei einer PAE bevorzugen einige Kollegen präinterventionell die Durchführung einer Computertomographie-Angiographie (CTA) oder einer Magnetresonanz-Angiographie (MRA), um die Prostataarterie vor der Katheterisierung zu identifizieren und wohl auch die Eingriffszeit verkürzen zu können [12, 17]. In der Studie von Maclean und Kollegen konnte eine CTA 214 von 220 Prostataarterien bei 110 Patienten mit einer Genauigkeit von 97,3 % erfolgreich nachweisen. Dieser Ansatz könnte bei der Planung eines Verfahrens in Bezug auf die zahlreichen Varianten der arteriellen Versorgung der Prostata hilfreich sein [4]. Die MRA kann bei einer Sensitivität von 90,7 % und einer Spezifität von 93,6 % beim Nachweis der Prostataarterie ebenfalls hilfreich sein [17]. Es ist jedoch nicht erwiesen, dass die genaue Kenntnis der Anatomie vor dem Eingriff auch eine erfolgreiche Katheterisierung garantiert. Daher wurden in einer vom Autor durchgeführten Studie 40 Patienten, bei denen vor der PAE eine CTA durchgeführt wurde, mit 40 Patienten ohne CTA vor der PAE verglichen [derzeit im Review]. Für beide Gruppen gab es weder in der Behandlungszeit, bei der Strahlendosis noch bei der Erfolgsrate signifikante Unterschiede. Dies könnte durch das höhere Alter der PAE-Patienten erklärt werden, was zu einer weit höheren Rate arteriosklerotischer Gefäßveränderungen wie Verkalkungen, Stenosen und Dilatationen führt.

Der Zugang für eine PAE ist meist die *A. femoralis communis*, bei der fast alle Anwender einen einseitigen Zugang anstreben.

Bei einigen Patienten kann aufgrund der spezifischen Anatomie oder aufgrund vorheriger Eingriffe oder Operationen (z.B. EVAR) ein bilateraler Zugang erforderlich sein, der über einen Kreuzungsweg normalerweise einen leichteren Zugang zur *A. iliaca interna* ermöglicht. Wenn sich die Katheterisierung der ipsilateralen *A. iliaca interna* als sehr schwierig herausstellt, muss frühzeitig ein zweiter, kontralateraler Zugang verwendet werden, um die Behandlungszeit zu verkürzen und die Strahlendosis möglichst gering zu halten. In einer Einzelstudie von Isaacson et al. wird bei 19 Patienten ein transradialer Ansatz (über die *A. radialis*) für die PAE mit einer Erfolgsrate von 100 % beschrieben [10]. Die Zugangsseite berücksichtigt die Länge der verwendeten Katheter und Drähte. Während eine Führungskatheterlänge von 65 cm für einen Zugang zur *A. femoralis communis* ausreicht, sind für einen transradialen Zugang Führungskatheter von bis zu 125-155 cm Länge erforderlich [10]. Dies führt dazu, dass noch längere Mikrokatheter erforderlich sind.

Der Zugangsdurchmesser bei PAE beträgt unabhängig von der Zugangsseite meistens 5 French (0,333 mm Innendurchmesser), was die Verwendung von 5-French-Führungskathetern (Außendurchmesser) mit einem Innendurchmesser von 0,035 Zoll oder sogar von 0,038 Zoll ermöglicht. Ein 4-French-Führungskatheter kann die gleichen Innendurchmesser bieten, hat jedoch möglicherweise den Nachteil einer schlechteren Sichtbarkeit und Lenkbarkeit. Im Gegensatz dazu könnten die Komplikationen bei kleineren Außendurchmessern in Bezug auf die Zugangsseite geringer sein [11]. Führungskatheter mit einem Innendurchmesser von 0,038 Zoll bieten den Vorteil einer größeren Auswahl von verwendbaren Mikrokathetern. Sie können im Vergleich zu Führungskathetern mit einem Innendurchmesser von 0,035 Zoll jedoch den Nachteil einer geringeren Lenkbarkeit aufweisen.

Führungskatheter werden in allen denkbaren Formen angeboten, und es wird berichtet, dass die meisten Radiologen, die PAEs durchführen, dabei einen Vertebral-Katheter (☞ Abb. 12.1) oder einen sehr ähnlichen Katheter bevorzugen, um über den gemeinsamen Zugang zur Oberschenkelarterie auf die kontralaterale *A. iliaca interna* zuzugreifen [1].

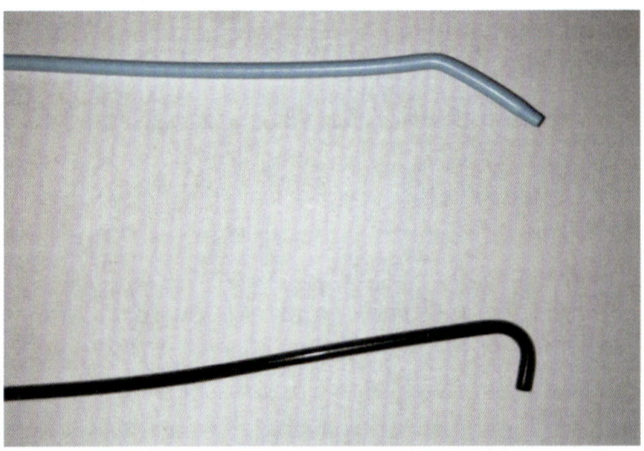

Abb. 12.1: Oben im Bild dargestellt ist ein typischer Vertebral-Katheter (Cook Medical, Bloomington, USA) und darunter ein Katheter (Terumo Europe, Leuven, Niederlande) mit einer kurzen im Winkel von 100 ° abgewinkelten Spitze.

Diese Katheter bieten das zusätzliche Potenzial, die Katheterspitze auch innerhalb des vorderen Astes der *A. iliaca interna* steuern zu können. Eine weitere Option könnte ein Katheter ohne Konuswinkel (Terumo Europe, Leuven, Niederlande) sein, der einen Winkel von 100° bei einer Länge der abgewinkelten Spitze von 8 Millimetern bietet (☞ Abb. 12.1). Dieser Katheter, der synonym als Aachen-1-Katheter bezeichnet wird, bietet dem interventionell tätigen Arzt die Möglichkeit, das Ostium einer Prostataarterie oder den vesiko-prostatischen Stamm (vp-Stamm, Typ-1-Prostataarterie; ☞ Kap. 9.3.) mit dem Führungskatheter in einer Art Pullback-Methode zu kanülieren, d.h. der Katheter wird in einer weiter distalen Position nach vorne geführt und dann vorsichtig zurückgezogen, bis das Ostium kanüliert ist. In diesem speziellen Fall kann es hilfreich sein, dass ein Katheter nicht nur in Längsrichtung, sondern zusätzlich auch in Querrichtung geflochten ist, was eine kontrollierte Drehung ermöglicht, selbst wenn der Katheter bereits mehrmals abgewinkelt ist.

Beim Zugang über die *A. femoralis communis* kann bei der ipsilateralen Intubation der *A. iliaca interna* ein Vertebral-Katheter möglicherweise nicht ausreichend abgewinkelt werden, so dass eine sogenannte Waltman-Schleife gebildet werden muss, wie sie von A. Waltman 1973 für die Katheterisierung der linken Magenarterie beschrieben wurde [15]. Diese Technik wurde später für den Einsatz in den Beckengefäßen angepasst (☞ Abb. 12.2) [13]. Wenn ein Katheter stärker abgewinkelt ist wie dies bei dem beschriebenen Katheter ohne Verjüngungswinkel der Fall ist, kann eine direkte Kanülierung der ipsilateralen *A. iliaca interna* möglich sein. Ist dies nicht der Fall, sollte ein Simmons-1-Katheter verwendet werden. Diese Katheterform macht es einfacher, in die *A. iliaca interna* zu gelangen, sie zeigt jedoch nur begrenzte weitere Auslenkoptionen, sobald die *A. iliaca interna* kanüliert ist.

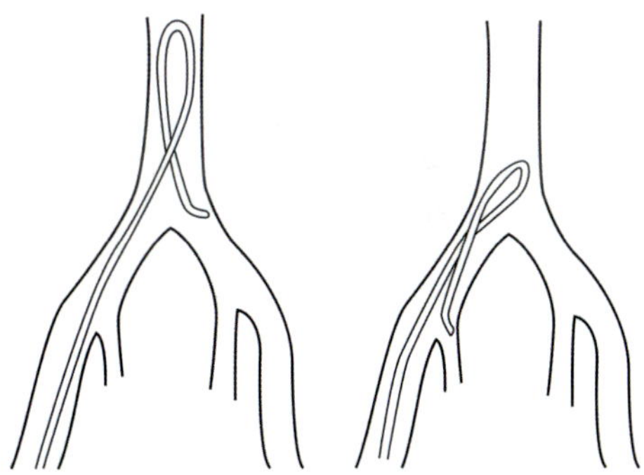

Abb. 12.2: Schematische Darstellung der Formung einer Waltman-Schleife eines in Abb. 12.1 gezeigten Katheters zur Kanülierung der ipsilateralen *A. iliaca interna* [13, 15].

Im Allgemeinen kann zur Abgabe von Embolisationspartikeln fast jeder verfügbare Angiographiekatheter verwendet werden. Heutzutage wird jedoch dringend der Einsatz von Mikrokathetern empfohlen, um die Indikationen für eine Embolisation auf kleinere Gefäße ausdehnen zu können, die sich weiter distal im angezielten Gefäßbett befinden. In Bezug auf die Embolisation der Prostata ist bei der überwiegenden Mehrheit der Patienten die Katheterisierung des Zielgefäßes mit einem 4- oder 5-French-Führungskatheter nicht möglich. Ein Mikrokatheter ist daher unverzichtbar [1].

Vor der Embolisation müssen im Regelfall einige Eigenschaften von Mikrokathetern wie z.B. Röntgenopazität, Knickfestigkeit, Verfolgbarkeit und Flexibilität berücksichtigt werden. Mikrokatheter sind in vielen verschiedenen vorgeformten Formen erhältlich (☞ Abb. 12.3).

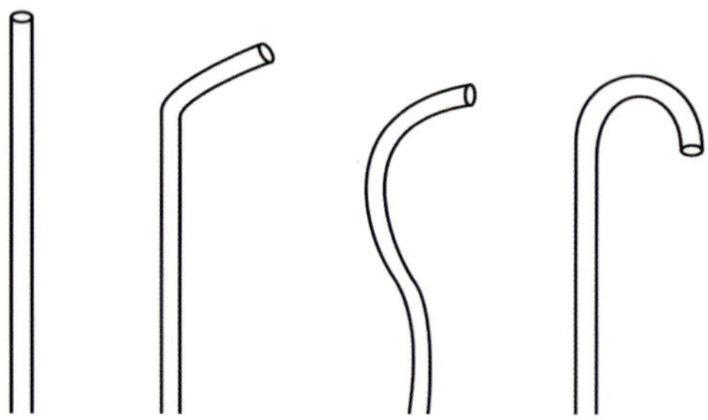

Abb. 12.3: Mikrokatheter (schematische Darstellung). Von links nach rechts schematische Darstellung eines geraden, hockenden, Schwanenhals- und Mikrokatheters mit J-Spitze.

Sogar ein lenkbarer Mikrokatheter ist auf dem Markt erhältlich (Swift Ninja™, 2.4F, Merit Medical, UT, USA). Bei der PAE muss berücksichtigt werden, dass der Außendurchmesser eine wichtige Rolle spielen kann, um festzustellen, ob eine Annäherung an die Prostata erfolgreich ist oder nicht. Der empfohlene maximale Außendurchmesser eines eingesetzten Mikrokatheters für die PAE sollte 2,4 F nicht überschreiten. Tatsächlich ist es unumgänglich, im Falle noch kleinerer Gefäße auch mit noch kleineren Mikrokathetern mit einer sich verjüngenden Spitze von 1,8 F oder 2,0 F entsprechend vorbereitet zu sein (z.B. Progreat™ Lambda und Finecross™ [Terumo Europe, Leuven, Niederlande], Pursue™ [Merit Medical, UT, USA]). Die meisten Mikrokatheter bieten eine sich über eine Länge von 4 bis 13 cm verjüngende Spitze und einen proximalen Teil mit einem Außendurchmesser von 2,6 oder 2,7 F. Letzteres gewährleistet die erforderliche Führ- und Schiebbarkeit. Für einen strömungsgerichteten Ansatz kann ein doppelt geflochtener Katheter wie der Direxion™ (2,4 F, Boston Scientific, Watertown, MA, USA) eine Option sein.

Ebenso wie der Außendurchmesser eines Mikrokatheters muss auch der Innendurchmesser sorgfältig mitberücksichtigt werden. Der so ausgewählte Mikrokatheter muss mit dem für die Embolisation geplanten Mittel kompatibel sein. Gerinnungsvorgänge in einem bestimmten Mikrokatheter können durch eine höhere Verdünnung des Embolisationsmittels unter Verwendung eines höheren Anteils an Kochsalzlösung und einer geringeren Menge an Kontrastmittel vermieden werden. Bei Verwendung sogenannter Mikrosphären-Kugeln wird dieses Phänomen seltener als beim Einsatz nicht-kugelförmiger (ns) Partikel beobachtet. Um Komplikationen zu vermeiden, muss zudem berücksichtigt werden, dass bei einigen Patienten neben der Embolisation der Prostata auch eine das Rektum oder die Blase versorgende Kollateralarterie durch eine Schutzembolisation der Anastomose (Coilembolisation) geschützt werden muss. Daher sollte der ausgewählte Mikrokatheter immer mit einigen abnehmbaren oder verschiebbaren Spulen kompatibel sein.

Für die Embolisation der Prostataarterien könnte ein temporärer Okklusionsballon-Mikrokatheter (z.B. Occlusafe™; Terumo Europe, Leuven, Niederlande) eine zusätzliche Option sein, um eine Nichtzielembolisation zu vermeiden und zusätzlich die PErFecTED-Technik (☞ Kap. 3.1.) auf sichere Weise durchzuführen. Bei der Verwendung dieser hochentwickelten Mikrokatheter wie der erwähnte lenkbare Mikrokatheter oder der Okklusionskatheter müssen jedoch auch die Kosten für diese zusätzlichen Instrumente berücksichtigt werden. Es kann jedoch bei einzelnen Patienten hilfreich sein, sich dieser Optionen bewusst zu sein und mindestens eine davon zur Verfügung zu haben.

12.2. Führungsdrähte

Die meisten Radiologen, die eine PAE durchführen oder planen, sind normalerweise erfahrene Spezialisten für interventionelle Therapien. Daher sollen hier nur einige spezielle Überlegungen zu den möglicherweise zu verwendenden Führungsdrähten für die PAE angestellt werden. Diese Führungsdrähte sollen zum einen die sichere Platzierung eines Katheters am Gefäß und mehr noch eine selektive Positionierung eines Katheters innerhalb des Zielgefäßes gewährleisten. Für den Führungskatheter wird meist ein 0,035- oder 0,038-Zoll-Draht verwendet, der mit einem hydrophilen Polymer beschichtet ist (z.B. Bentson

Wire™, Cook Medical, Bloomington, USA; Glidewire™, Terumo Europe, Leuven, Niederlande). Wenn der Zugang über die *A. iliaca communis* erfolgt, ist im Regelfall eine Länge von 150 oder 180 cm ausreichend für einen möglichen Austausch des Führungskatheters von der kontralateralen Arterie, ohne dabei den Zugang zu verlieren. Für den bereits erwähnten Zugang über die *A. radialis* sind mindestens 250 cm oder besser 300 cm Länge des Führungsdrahtes erforderlich. Am häufigsten wird eine J-förmige Spitze verwendet, um das Risiko eines Traumas hinsichtlich der zu erwartenden arteriosklerotischen Veränderungen in den Hauptgefäßen des Beckens zu minimieren.

Deutlich schwieriger ist der transradiale Zugang mit einem Mikrokatheter und einem Mikrodraht. Für die PAE werden 0,016-Zoll-Drähte empfohlen, die im Vergleich zu 0,014-Zoll-Drähten eine bessere Drehmomentfähigkeit aufweisen. Auch eine mehr distale Platzierung des Mikrokatheters ist unter Verwendung eines 0,016-Zoll-Drahtes und mittels PErFecTED-Technik praktikabler. Für sehr gewundene distale Arterien ist jedoch ein 0,014-Zoll-Draht möglicherweise die bessere Wahl. Auf dem Markt gibt es eine Vielzahl verschiedener Mikrodrähte. Aus diesem Grund ist es wichtig, mit den spezifischen Eigenschaften und Qualitätsmerkmalen des verwendeten Mikrodrahtes vertraut zu sein. Aufgrund der möglicherweise herausfordernden Anatomie der Prostata sollte berücksichtigt werden, dass die Spitze des Mikrodrahtes mit Hilfe einer Nadel oder dem Stempel einer Spritze entsprechend verformt werden kann, um eine erfolgreiche Kanülierung des Zielgefäßes sicherzustellen.

Einige Anwender ziehen es vor, auf die Anwendung eines Mikrodrahtes zu verzichten und die flussgerichtete Technik mit abgewinkelten Mikrokatheter zu verwenden, wodurch das Risiko von drahtinduzierten Gefäßspasmen oder -verletzungen minimiert werden kann (☞ oben).

12.3. Embolisationsmaterial

Es gilt als erwiesen, dass durch einen Verschluss kleiner Gefäße innerhalb der Prostata und die dadurch hervorgerufene umschriebene Nekrose des Parenchyms eine Verringerung des Prostatavolumens erreicht werden kann [2, 5, 8, 9, 16]. Diese Annahme erfordert die Kenntnis der Durchmesser innerhalb des Zielgefäßbettes. Kürzlich wurde eine Studie veröffentlicht, die sich mit der mikrovaskulären Anatomie der Prostata befasst [7]. In dieser Studie wurden 18 verstorbene weiße Männer untersucht und dabei zwischen drei Arten intraprostatischer arterieller Verteilungen unterschieden: internodal (IT), perinodal (PN) und intranodal (IN). Der mittlere Arteriendurchmesser lag im Bereich von 317 µm (IT) bis 56 µm (IN) mit einem Bereich von 555 µm (IT) bis 24 µm (IN) [7].

In Bezug auf das Embolisationsmaterial und auch im Hinblick auf die anfallenden Kosten ist es wichtig, Überlegungen hinsichtlich des Partikeltyps anzustellen, der für die PAE verwendet werden soll. Als kugelförmige Partikel werden meist Polyvinylalkohol(PVA)-Partikel verwendet. Diese kommen schon seit langer Zeit zur Anwendung. Folglich sind PVA-Partikel im Vergleich zu neueren Partikeln (Mikrosphären-Kugeln) günstiger, neigen jedoch aufgrund bestimmter Aggregationsvorgänge auch zum Verstopfen des Mikrokatheters, wodurch die effektive Größe der PVA-Partikel quasi größer ist als ihre tatsächliche Größe [6]. Tiago Bilhim und Kollegen verglichen kugelförmige PVA-Partikel (∅ 300 bis 500 µm; Beat Block™, Biocompatibles BTG, London, UK) mit nicht-kugelförmigen PVA-Partikeln (∅ 100 bis 300 µm; Cook Medical, Bloomington, USA) bezüglich der arteriellen Embolisation der Prostata und kamen zu einem ähnlichen klinischen Ergebnis [3]. In Bezug auf die Größe nicht-kugelförmiger PVA (ns-PVA)-Partikel verglichen Whang und Kollegen die Wirkung von 50 plus 100 µm PVA-Partikeln mit der von 100 µm PVA-Partikeln allein. Die Kombination bewirkte eine relevante Verbesserung der klinischen und bildgebenden Ergebnisse und keine signifikanten Unterschiede hinsichtlich unerwünschter Ereignisse [16].

In einer kleinen Studie mit nur neun Patienten verglichen Hwang und Kollegen ns-PVA-Partikel (∅ 250-350 µm; Contour™; Boston Scientific, Watertown, MA, USA) mit Mikrosphären-Kugeln (∅ 300-500 µm; Contour™). Bei den mit Mikrosphären-Kugeln embolisierten Patienten kam es bei einer mittleren Nachbeobachtungszeit von 10,1 Monaten zu einer stärkeren Verringerung des Prostatavolumens [9]. Goncalves und Kollegen konzentrierten sich weiter auf Mikrosphären-Kugeln und verglichen 100-300 µm (n=15) und 300-500 µm Mikrosphären-Kugeln (n=15; jeweils Embosphere

Microspheres™, Merit Medical, UT, USA), wobei sich die funktionellen und bildgebenden Ergebnisse der beiden Durchmesser nicht signifikant unterschieden. Bei Verwendung von 100 bis 300 µm-Mikrosphären-Kugeln wurde jedoch eine größere Inzidenz von unerwünschten Ereignissen beobachtet, was zu dem Vorschlag führte, dass 300 bis 500 µm-Emboliematerialien geeigneter sein könnten [8].

In Bezug auf die Größe der Mikrosphären-Kugeln wurde 2019 von Torres und Kollegen eine sehr robuste Studie veröffentlicht, in der drei verschiedene Gruppen miteinander verglichen wurden [14]. In Gruppe A wurden Mikrosphären-Kugeln mit einem Durchmesser von 100 bis 300 µm, in Gruppe B von 300 bis 500 µm und in Gruppe C von 100 bis 300 µm, gefolgt von Mikrosphären-Kugeln mit einem Durchmesser von 300 bis 500 µm, appliziert. Alle 138 Patienten wurden 18 Monate nach dem *International Prostate Symptom Score/Quality of Life* (IPSS/QoL) und hinsichtlich ihrer Prostatavolumen (PV)-Werte nachuntersucht. Die PAE-Ergebnisse waren bei Mikrokügelchen verschiedener Größe nicht signifikant unterschiedlich, in Gruppe A (∅ 100-300 µm) wurde jedoch ein erhöhtes Risiko für geringfügige, selbstlimitierende unerwünschte Ereignisse beobachtet (86 % vs. 41,3/58,3 %) [14].

Auch wenn der Autor und sein Team bezüglich der Durchmesser der intraprostatischen arteriellen Gefäße (555-24 µm) die Kombination von beginnend mit 100-300 µm Mikrokügelchen, injiziert bis zur subtotalen Stase des Blutflusses, und gefolgt von 300-500 µm Mikrokügelchen, verwenden, kann nach Ansicht von Torres und Kollegen eine vollständige Stase erreicht werden [14]. Wenn möglich, wird die PErFecTED-Technik (Platzieren des Mikrokatheters weiter distal, um die Arterie quasi zu keilen) angewendet, wobei versucht wird, zusätzlich ein bis drei Milliliter eines Embolisates mit 100 bis 300 µm Mikrosphären-Kugeln zu injizieren. Um die Menge an injizierbaren Partikeln zu erhöhen, wird der Katheter nach jeweils drei Millilitern Embolisationsmittel mit vier Millilitern Kochsalzlösung gespült (zuerst mit einer 1-ml-Spritze und dann mit einer 3-mm-Spritze). Zusätzlich werden die Mikrosphären-Kugeln zweimal stärker mit Kochsalzlösung verdünnt, wie vom Hersteller empfohlen.

Der Grund für diesen Ansatz ist, dass bei den ersten 250 Patienten, die in unserer Einrichtung eine PAE mit Mikrosphären-Kugeln im Durchmesser von 300-500 µm erhielten, 18 Patienten mit einem gut dokumentierten Rezidiv zu verzeichnen waren. Diese Rezidive traten nach 15 bis 22 Monaten auf. Auf der Suche nach einer Strategie zur Vermeidung dieser Rezidive, aber auch zur Minimierung geringfügiger unerwünschter Ereignisse, die bei 50 Patienten beobachtet wurden und die ausschließlich mit 100-300 µm Mikrosphären-Kugeln embolisiert worden waren, schien die Kombination von 100-300 µm und 300-500 µm Mikrokügelchen sinnvoll zu sein. Bisher konnte bei den 180 konsekutiven Patienten, die mit der genannten Kombination embolisiert wurden, kein einziges Rezidiv festgestellt werden. Nach Ansicht der Autoren könnte die Studie von Torres und Kollegen daher noch etwas anders zusammengefasst werden, und dabei sollte betont werden, dass die Kombination der verschiedenen Größen dem Anwender die Möglichkeit gibt, Mikrosphären-Kugeln im Durchmesser von 100-300 µm zu verabreichen, wobei die Gefäße weiter distal verschlossen werden, ohne dass dabei die unerwünschten Ereignisse auftreten, die durch das Embolisieren mit den kleineren Partikeln allein beobachtet werden.

12.4. Literatur

1. Bhatia S. Meta-Analysis of Prostatic Artery Embolization for Benign Prostatic Hyperplasia-Review of 12-Month Outcomes Data. J Vasc Interv Radiol. 2017;28: 772.

2. Bilhim T, Pisco J, Campos Pinheiro L, et al. Does polyvinyl alcohol particle size change the outcome of prostatic arterial embolization for benign prostatic hyperplasia? Results from a single-center randomized prospective study. J Vasc Interv Radiol. 2013;24:1595-1602 e1591.

3. Bilhim T, Pisco J, Pereira JA, et al. Predictors of Clinical Outcome after Prostate Artery Embolization with Spherical and Nonspherical Polyvinyl Alcohol Particles in Patients with Benign Prostatic Hyperplasia. Radiology. 2016;281:289-300.

4. Bilhim T, Pisco JM, Rio Tinto H, et al. Prostatic arterial supply: anatomic and imaging findings relevant for selective arterial embolization. J Vasc Interv Radiol. 2012; 23:1403-1415.

5. Brook OR, Faintuch S, Brook A, Goldberg SN, Rofsky NM, Lenkinski RE. Embolization therapy for benign prostatic hyperplasia: influence of embolization particle

size on gland perfusion. J Magn Reson Imaging. 2013; 38:380-387.

6. Choe DH, Han MH, Kang GH, Yeon KM, Han MC. An experimental study of embolic effect according to infusion rate and concentration of suspension in transarterial particulate embolization. Invest Radiol. 1997;32:260-267.

7. Garcia-Monaco RD, Garategui LG, Onorati MV, Rosasco NM, Peralta OA. Cadaveric Specimen Study of Prostate Microvasculature: Implications for Arterial Embolization. J Vasc Interv Radiol. 2019;30:1471-1479 e1473.

8. Goncalves OM, Carnevale FC, Moreira AM, Antunes AA, Rodrigues VC, Srougi M. Comparative Study Using 100-300 Versus 300-500 mum Microspheres for Symptomatic Patients Due to Enlarged-BPH Prostates. Cardiovasc Intervent Radiol. 2016;39:1372-1378.

9. Hwang JH, Park SW, Chang IS, et al. Comparison of Nonspherical Polyvinyl Alcohol Particles and Microspheres for Prostatic Arterial Embolization in Patients with Benign Prostatic Hyperplasia. Biomed Res Int. 2017:8732351.

10. Isaacson AJ, Fischman AM, Burke CT. Technical Feasibility of Prostatic Artery Embolization From a Transradial Approach. AJR Am J Roentgenol. 2016;206:442-444.

11. Katzenschlager R, Ugurluoglu A, Ahmadi A, et al. Incidence of pseudoaneurysm after diagnostic and therapeutic angiography. Radiology. 1995;195:463-466.

12. Maclean D, Maher B, Harris M, et al. Planning Prostate Artery Embolisation: Is it Essential to Perform a Pre-procedural CTA? Cardiovasc Intervent Radiol. 2018; 41:628-632.

13. Shlansky-Goldberg R, Cope C. A new twist on the Waltman loop for uterine fibroid embolization. J Vasc Interv Radiol. 2001;12:997-1000.

14. Torres D, Costa NV, Pisco J, Pinheiro LC, Oliveira AG, Bilhim T. Prostatic Artery Embolization for Benign Prostatic Hyperplasia: Prospective Randomized Trial of 100-300 mum versus 300-500 mum versus 100- to 300-mum + 300- to 500-mum Embospheres. J Vasc Interv Radiol. 2019;30:638-644.

15. Waltman AC, Courey WR, Athanasoulis C, Baum S. Technique for left gastric artery catheterization. Radiology. 1973;109:732-734.

16. Wang MQ, Zhang JL, Xin HN, et al. Comparison of Clinical Outcomes of Prostatic Artery Embolization with 50-mum Plus 100-mum Polyvinyl Alcohol (PVA) Particles versus 100-mum PVA Particles Alone: A Prospective Randomized Trial. J Vasc Interv Radiol. 2018;29:1694-1702.

17. Zhang JL, Wang MQ, Duan F, et al. Significance of pelvic contrast enhanced MRA prior to prostatic artery embolization. Zhonghua Yi Xue Za Zhi. 2018;98:3848-3852.

13. PAE – Ergebnisse und Auswirkungen

13.1. Einführung

In den letzten Jahren hat sich die PAE als sicheres interventionell-radiologisches Verfahren zur Behandlung des Benignen Prostatasyndroms (BPS) etabliert. Dies wurde zunächst durch eine ganze Reihe von Daten bezüglich des klinischen Erfolges und der Komplikationsrate mit einem *Follow-up*-Zeithorizont bis zu 2 Jahren bestätigt. Zunehmend scheinen jedoch auch die Daten mit einem Zeithorizont von 2 bis 5 Jahren und darüber hinaus aufzuzeigen, dass die PAE mit einem langfristigen Therapieerfolg verbunden und dabei mit einer geringen Komplikationsrate assoziiert ist. Die folgenden Abschnitte stellen die Studiensituation mit Nachbeobachtungen von bis zu 2 Jahren, 2 bis 5 Jahren und mehr als 5 Jahren dar und untermauern, soweit möglich, die Ergebnisse der entsprechenden Metaanalysen (☞ Kap. 13.2. bis 13.4.). Die letzten beiden Abschnitte (☞ Kap. 13.5. und 13.6.) diskutieren vergleichende Studien mit etablierten Operationsmethoden, die für den weiteren wissenschaftlichen Diskurs wichtig sind, und evaluieren den Einfluss der Partikelgröße auf den klinischen Erfolg.

13.2. Kurzfristige Nachbeobachtung (Zeithorizont <2 Jahre)

Mehrere Studien haben gezeigt, dass sich im Beobachtungszeitraum von bis zu zwei Jahren nach PAE eine signifikante Verbesserung von IPSS, QoL, Qmax, Restharnvolumen und Prostatavolumen im Vergleich zu den vor PAE gemessenen Werten zeigte [1-7]. Für den kumulativen klinischen Erfolg der PAE (IPSS <18 mit IPSS-Verbesserung >25 % und QoL <4 mit Verbesserung von ≥1 oder Qmax ≥15 ml/s mit Verbesserung von ≥3 ml/s und kein weiteres Medikament oder eine operative Therapie des BPS) konnte gezeigt werden, dass unabhängig von der Nachbeobachtungszeit ca. 90 % der Patienten von der Therapie profitieren [6]. Die wünschenswerte Vorhersage des klinischen Erfolgs mit unmittelbar nach der Embolisation gemessenen MRT-Parametern ist jedoch nicht möglich [26]. Allerdings konnte gezeigt werden, dass die bilaterale PAE im Vergleich zur unilateralen PAE zu einer signifikant stärkeren Verbesserung des IPSS führt (54 % vs. 33 % IPSS-Verbesserung), so dass nach Möglichkeit auch eine bilaterale PAE vorgenommen werden sollte [23]. Wenn der IPSS in einen Speicher-Subcsore und einen Miktions-Subcsore unterteilt wird, verbessert die PAE beide Parameter. Unabhängig vom Beobachtungszeitraum ist die Verbesserung des Subcsore für die Miktion jedoch weit größer ausgeprägt als die des ersteren Subcsores [8]. Speziell für den IPSS, aber auch für QoL, Qmax und das Restharnvolumen konnte gezeigt werden, dass Patienten mit einem Prostatavolumen von über 80 ml stärker von einer PAE profitieren als Patienten mit kleineren Drüsen [9, 10]. Daraus folgt auch, dass sich bei Patienten mit zwei oder mehr BPH-Knötchen mit einer Größe von ≥1 cm IPSS und Lebensqualität stärker verbesserten als bei Patienten ohne BPH-Knötchen dieser Größe [11]. Die Volumenreduktion der Prostata war in den zentralen, vaskulären Anteilen der Drüse stärker ausgeprägt als in den peripheren Abschnitten [12].

Ein Vorteil der PAE scheint der fehlende negative Einfluss auf den IIEF-Score zu sein [13, 14]. Einige Berichte zeigen eine kleine Verbesserung des IIEF [1, 15]. Wichtig für den Patienten ist in diesem Zusammenhang auch, dass 89 % aller mit PAE behandelten Patienten keine Veränderungen der antegraden Ejakulation nach PAE berichteten [1]. Abgesehen von intraluminal auftretendem nekrotischen Gewebe an der Blase und einem Schlaganfall traten keine größeren Komplikationen auf [2-4, 7, 15]. Geringfügige, selbstlimitierende Komplikationen waren häufiger und umfassten Harnwegsinfektionen, Dysurie, Hämaturie, Hämatospermie, Harnverhalt, Fieber, Harnröhren- und rektale Blutungen sowie ein Brennen am bzw. im Penis und Penishautläsionen [2, 12-14, 16, 17]. Die Verwendung von Ballonokklusions-Mikrokathetern bei PAE scheint sowohl Penishautläsionen und rektale Blutungen zu reduzieren als auch die Rate unerwünschter Ereignisse zu minimieren [16]. Die Metaanalysen mit einem Zeithorizont von unter 2 Jahren konnten zeigen, dass sich das klinische *Outcome* mit statistischer Signifikanz verbessert, wobei die statistische Signifikanz der Verbesserung des IPSS bei 20 Punkten und die der QoL bei 2,5 Punkten sowie die Reduktion des Restharnvolumens bei 86 ml und des Prostatavolumens bei 31 ml lag, während sich die IIEF- und PSA-Werte nicht signifikant veränderten [17, 18]. Die Rate schwerer Komplikationen wurde mit 0,3 % angegeben [18].

13.3. Mittelfristige Nachbeobachtung (Zeithorizont 2 bis 5 Jahre)

Auch im mittelfristigen *Follow-up* zeigte sich, dass die Verbesserung von IPSS, QoL, Qmax und des Restharnvolumens im Vergleich zum Ausgangswert für die Dauer des *Follow-up*-Zeitraums konstante statistisch signifikante Unterschiede aufwies, während für das IIEF keine statistisch signifikanten Unterschiede beobachtet wurden [19-25]. Auch bei den mit PErFecTED-Technik behandelten Patienten zeigten der IPSS und die Lebensqualität nach 24 Monaten eine Verbesserung um den Faktor 3 [19]. Die Unterteilung des IPSS in einen obstruktiven Teilscore (IPSS-Fragen 1, 3, 5, 6) und einen irritativen Teilscore (IPSS-Fragen 2, 4, 7) zeigte, dass der obstruktive Teilscore nach 2 Jahren noch immer einen deutlich signifikanteren Anteil an der Gesamtverbesserung im Vergleich zum irritativen Score aufwies [26]. Bei Betrachtung des kumulierten klinischen Erfolgs war dieser in zwei unabhängigen Studien über 1-3 Jahre bei 72 % der behandelten Patienten konstant, so dass die oben aufgeführten positiven prädiktiven Faktoren für den PAE-Erfolg auch in diesem mittelfristigen Zeithorizont der Nachbeobachtung erhalten bleiben [20, 21]. In einer Studie, in der Patienten mit 50 µm- und 100 µm-PVA-Partikeln behandelt worden waren, wurde eine LUTS-Rezidivrate von nur 3,6 % ermittelt [25]. Es überrascht nicht, dass die Metaanalysen auch für das mittelfristige *Follow-up* eine statistisch signifikante Verbesserung von IPSS, QoL, Qmax und Restharnvolumen ergaben [27, 28]. In einer separaten Metaanalyse verbesserten sich innerhalb der ersten 6 Monate nach PAE das mittlere IPSS von 23 auf 9 Punkte, die mittlere Lebensqualität von 4,5 auf 2,6 Punkte, die mittlere Qmax von 9,4 auf 17 ml/s und das mittlere Restharnvolumen von 120 ml auf 52 ml [29]. Diese Werte blieben weitgehend stabil und zeigten während einer Nachbeobachtungszeit von 4 Jahren keine statistisch signifikanten Veränderungen [29]. Auch hier waren die Veränderungen des mittleren IIEF über die gesamte Dauer nicht signifikant [29].

13.4. Langzeit-Nachbeobachtung (Zeithorizont mehr als 5 Jahre)

Bis Juli 2020 gab es nur drei veröffentlichte Studien mit einem Nachbeobachtungs-Zeithorizont von ≥5 Jahren, wovon sich zwei Studien auf dieselbe Patientenkohorte bezogen [30-32]. Die kumulative klinische Erfolgsrate nach 5 Jahren betrug 76,3 %, wobei diese definiert wurde als ein IPSS ≤15 mit Verbesserung um 25 % im Vergleich zum Ausgangswert sowie eine QoL von ≤3 oder Verbesserung um mindestens 1 Punkt im Vergleich zum Ausgangswert, wobei weder eine medikamentöse Therapie noch eine andere Form der LUTS-Behandlung erforderlich war [32]. Eine weitere Studie definierte den klinischen Erfolg als IPSS <8 und QoL <3 oder mit der Entfernung der Ballonkatheter bei Patienten mit Harnverhalt vor PAE [30]. Eine LUTS-Remission wurde definiert als Zustand ohne die Notwendigkeit einer weiteren medikamentösen, chirurgischen oder PAE-Therapie als Konsequenz des Auftretens von Syptomen [30]. Demnach zeigten 63 % der behandelten Männer nach 5 Jahren keine Rezidivsymptome [30]. Nach 6,5 Jahren sank diese Rate auf nur noch 35 % [9]. Dieser starke Rückgang der rezidivfreien Zeit nach 5 Jahren ist erheblich und könnte auf die relativ kleine Kohorte mit einer Nachbeobachtungszeit von 6,5 Jahren zurückzuführen sein. Im Durchschnitt betrug die rezidivfreie Zeit etwas mehr als 5,5 Jahre (67,4 Monate), wobei der Median bei genau 6 Jahren lag. Schübe erwiesen sich als statistisch signifikant und waren bei Patienten mit unilateraler PAE doppelt so wahrscheinlich wie bei Patienten mit bilateral ausgeführter PAE. In einer multivariaten Analyse war nur der Baseline-PSA ein unabhängiger Prädiktor für den klinischen Erfolg unter Berücksichtigung von PSA, Alter, uni- vs. bilateraler PAE und des eingesetzten Embolie-Agens [9]. Die Größe der Prostata wurde bei dieser Analyse nicht berücksichtigt. Da jedoch ein direkter Zusammenhang zwischen dem PSA-Wert und der Prostatagröße besteht, scheint diese Studie auch im Langzeit-*Follow-up* zu bestätigen, dass Patienten mit einer großen Prostata stärker von der

PAE profitieren als Patienten mit einer kleineren Prostata [9].

13.5. Studien zum Vergleich der PAE mit etablierten chirurgischen Verfahren

Die wenigen bisher veröffentlichten vergleichenden Studien zur PAE mit chirurgischen Verfahren lassen sich in prospektive randomisierte und retrospektive 1:1-*Matched-Pair*-Analyse-Studien unterteilen. Bisher wurde die PAE retrospektiv in einer 1:1-*Matched-Pair*-Analyse mit offener Adenomenukleation und Enukleation mit einem Holmiumlaser verglichen [33, 34]. Beide Studien konnten zeigen, dass sich IPSS und Qmax sowohl in der PAE- als auch in der Vergleichsgruppe statistisch signifikant verbesserten [33, 34]. Allerdings war diese Verbesserung in der PAE-Gruppe statistisch signifikant geringer als in der jeweiligen Vergleichsgruppe. Speziell beim Vergleich von PAE gegenüber der offenen Adenomenukleation verbesserte sich der IPSS im Durchschnitt nach 1 Jahr von 24 auf 10 Punkte gegenüber 23 auf 4 Punkte und die Qmax von 7,3 auf 16,9 ml/s gegenüber 7,8 auf 23,8 ml/s [34]. Beim Vergleich der PAE mit einer Holmium-Laser-Enukleation verbesserte sich der IPSS-Median nach 6 Monaten von 23 auf 9,5 Punkte gegenüber 23 auf 5 Punkte und die Qmax von 10 auf 15,8 ml/s gegenüber 10,6 auf 25,5 ml/s [33]. Die Verbesserung der Lebensqualität zeigte dagegen keinen statistisch signifikanten Unterschied zwischen der PAE-Gruppe (mediane Verbesserung von 5 auf 3 Punkte) und der Holmium-Laser-Gruppe (mediane Verbesserung von 4 auf 3 Punkte) [33]. Im Verlauf beider Studien änderte sich die IIEF in der PAE-Gruppe nicht [33, 34]. Dagegen verschlechterte sich der IIEF nach offener Adenomenukleation von durchschnittlich 15,1 auf 10,9 Punkte und nach Enukleation mit dem Holmium-Laser von Median 18,5 auf 7,5 Punkte statistisch signifikant [33, 34]. Zusammenfassend lässt sich für die beiden retrospektiven 1:1-*Matched-Pair*-Vergleichsstudien feststellen, dass PAE die Symptome der unteren Harnwegssymptome (LUTS) zwar weniger effektiv, aber auch noch statistisch signifikant therapierte, wobei die erektile Funktion im Vergleich zu chirurgischen Eingriffen nicht beeinträchtigt wurde [33, 34].

Prospektiv randomisierte Studien sind für den Vergleich der PAE mit etablierten Operationsverfahren aussagekräftiger. Bisher wurden vier prospektiv randomisierte Nicht-Unterlegenheitsstudien veröffentlicht, die alle den Vergleich der PAE mit dem Goldstandard der transurethralen Resektion der Prostata (TURP) zum Ziel hatten [35-38]. Zusammenfassend zeigte keine der Studien eine Unterlegenheit der PAE im Vergleich zu TURP, wobei die PAE im Vergleich zu TURP in Bezug auf das funktionelle Ergebnis zwar etwas schlechter abschnitt, dafür aber insgesamt mit weniger Komplikationen verbunden war [35-38]. In einer Vorstudie mit 114 Patienten und einer maximalen Beobachtungszeit von 2 Jahren konnte gezeigt werden, dass es nach 6 bis 24 Monaten hinsichtlich der mittleren Verbesserung von IPSS, QoL, Qmax und des Restharnvolumens keine signifikanten Unterschiede zwischen den PAE- und TURP-Gruppen gab [37]. Eine weitere Studie mit 45 Patienten und einem Beobachtungszeitraum von 12 Monaten kam zu dem Schluss, dass die LUTS-Reduktion in der PAE-Gruppe im Vergleich zur TURP-Gruppe ähnlich ausfiel und in der PAE-Gruppe weniger Komplikationen auftraten als in der TURP-Gruppe (15 vs. 47) [38]. Die mittlere Verbesserung des IPSS um 21 Punkte in der PAE-Gruppe und um 18 Punkte in der TURP-Gruppe sowie die der Qmax um 6,1 ml/s in der PAE und um 9,6 ml/s in der TURP-Gruppe zeigten keine statistisch signifikante Unterschied zwischen den Gruppen [38]. Im Gegensatz dazu fiel die mittlere Verbesserung der Lebensqualität um 3,8 Punkte in der PAE-Gruppe im Vergleich zur TURP-Gruppe um 3,1 Punkte statistisch signifikant größer aus, während sich das Prostatavolumen in der PAE-Gruppe statistisch signifikant weniger verbesserte als in der TURP-Gruppe (20,5 ml versus 44,7 ml) [3]). In einer Studie mit 30 Patienten und einem Beobachtungszeitraum von 1 Jahr wurde der Schluss gezogen, dass sowohl PAE als auch TURP sichere und wirksame Therapiemethoden für LUTS darstellen, wobei TURP mit besseren urodynamischen Ergebnissen, aber auch mit mehr Komplikationen verbunden ist [36]. Eine urologisch initiierte Nichtunterlegenheits-Studie mit 103 Patienten kam zu dem Schluss, dass die Verbesserung der LUTS im Anschluss an PAE und TURP nach 3 Monaten Nachbeobachtung ähnlich ausfiel [35]. Die durchschnittliche Verbesserung des IPSS betrug 9,2 Punkte nach PAE und 10,8 Punkte nach TURP (p=0,17). Die Verbesserung des IPSS nach PAE war umso größer, je größer die gesamte Prostata und die zentralen Drüsen waren [39]. Dies galt auch für die Qmax, obwohl in der PAE-Gruppe die mittlere Qmax-Verbesserung (5,2 vs. 15,3 ml/s) und das Restharnvolumen (86 vs. 200 ml) schlechter ausfielen als in der TURP-Gruppe [35, 39]. Auch die Komplikationsrate war in der PAE-Gruppe signifikant besser als in der TURP-Gruppe (36 vs. 70 Ereignisse, p=0,003), was insbesondere für die Komplikationsrate mit chirurgischem, endoskopischem oder radiologischem Interventionsbedarf gilt (5,7 % vs. 11,3 %) [35]. Die Anejakulationsrate in der TURP-Gruppe betrug 52 % gegenüber 16 % in der PAE-Gruppe [40] und die der eingeschränkten Ejakulation 32 % in der TURP-Gruppe sowie 40 % in der PAE-Gruppe [40]. Eine Erklärung hierfür ist, dass histologische Untersuchungen bei 5 Patienten zeigten, dass die an der Ejakulation beteiligten Organe und Strukturen (Prostata, Samenbläschen und Ausführungsgang/Vas deferens) nach PAE Nekrosen, Fibrose und Blutungen aufwiesen [40].

Die Ergebnisse der veröffentlichten Metaanalysen zu diesen Vergleichsstudien lassen sich so zusammenfassen, dass die PAE hinsichtlich der funktionellen Parameter gegenüber der TURP zwar Nachteile hat, aber deutliche Vorteile hinsichtlich Sicherheit, Komplikationsrate und Sexualfunktion aufweist [29, 41].

Obwohl sich auch IPSS, Qmax und das Prostatavolumen nach PAE verbesserten, war die Verbesserung dieser Parameter nach TURP statistisch signifikant größer [29]. Bei der Verbesserung der Lebensqualität wurden keine signifikanten Unterschiede gefunden [29]. Auch die Krankenhausverweildauer war in der PAE-Gruppe statistisch signifikant kürzer als in der TURP-Gruppe, was vermutlich an der geringen Komplikationsrate lag [29, 41].

13.6. Einfluss der Partikelgröße auf den klinischen Erfolg

Interessant ist auch die Frage, welchen Einfluss die Partikelgröße auf den klinischen Erfolg einer PAE hat. Um diese Frage gründlich zu beantworten, sollte zunächst geklärt werden, welche Wirkung eine Embolisation mit Partikeln im Vergleich zu einem Placeboverfahren hat. In einer randomisierten, einfachblinden, placebokontrollierten klinischen Überlegenheits-Studie mit 80 Patienten im Alter von ≥45 Jahren mit schwerer LUTS/BPH, die refraktär auf eine medikamentöse Behandlung reagiert hatten, wurde gezeigt, dass die Embolisation mit kugelförmigen Polyvinylalkohol-Mikrosphären den IPSS und die Lebensqualität im Vergleich zum Placeboverfahren statistisch signifikant verbessert (p<0,0001) [42]. Sechs Monate nach der Intervention mit Verum verbesserten sich der IPSS gegenüber den Ausgangswerten im Durchschnitt um 13,2 Punkte und die Lebensqualität um 2,1 Punkte [42]. Der Einfluss der Partikelgröße auf den klinischen Erfolg kann nicht unabhängig vom verwendeten Embolisationsmaterial bestimmt werden. Bei den verwendeten Embolisaten kann grundsätzlich zwischen sphärischen und nicht-sphärischen Partikeln unterschieden werden. Der Hauptwirkstoff für nicht-sphärische Partikel sind nicht-sphärische Polyvinylalkohol-Partikel (nsPVA), die kostengünstig und komprimierbar sind. Nachteile der nsPVA sind die Aggregation von Partikeln, die damit verbundene Katheterverstopfung und der daraus resultierende schwer vorhersehbare technische Erfolg des Verfahrens. Eine prospektive, monozentrische, nicht-verblindete Studie zeigte, dass eine Embolisation mit nsPVA von 200 µm Größe das IPSS und die Lebensqualität nach 6 Monaten stärker verbesserte (-10,6 vs. -7,1 Punkte sowie -1,9 vs 1,4 Punkte, jeweils Δ Mittelwert) als dies bei einer nsPVA-Embolisation mit einer Partikelgröße von 100 µm der Fall war, obwohl dieser Unterschied statistisch nicht signifikant war (p=0,052 und p=0,073) [43]. Die mit der Embolisation verbundenen Nebenwirkungen zeigten keinen signifikanten Unterschied hinsichtlich der in dieser Studie verwendeten nsPVA-Größen, wenn keine schwerwiegenden Nebenwirkungen aufgetreten waren [43]. Eine weitere Studie mit insgesamt 120 Patienten verglich die kombinierte nsPVA-Embolisation mittels Größen von 50 und 100 µm mit einer nsPVA-Embolisation ausschließlich der Größe von 100 µm [25]. Die kombinierte Embolisation verbesserte IPSS und Lebensqualität für die beiden Nachbeobachtungszeiträume von 6 Monaten (p= 0,035 und p=0,034) und 24 Monaten (p=0,041, p=0,031) statistisch signifikant [25]. Keine statistisch signifikanten Unterschiede zeigten sich in dieser Studie bezüglich unerwünschter Ereignisse [25]. Schwerwiegende unerwünschte Ereignisse traten keine auf. Alles in allem ist es schwierig, diese teilweise doch recht widersprüchlichen Studienergebnisse zu erklären. Weitere Erkenntnisse lassen sich am effizientesten durch einen Anwendungsvergleich der Partikelgrößen in einer bisher nicht durchgeführten randomisierten Blindstudie erzielen.

In diesem Zusammenhang muss erwähnt werden, dass der aktuelle Trend hin zum Einsatz von kugelförmigen Partikeln geht, da diese aufgrund ihrer relativ gleichmäßigen Größe, ihrer elastischen Eigenschaften und der damit verbundenen fehlenden Aggregation von Partikeln nur ein minimales bis gar kein Risiko einer Mikrokatheterokklusion ausweisen. Eine retrospektive, monozentrische, unverblindete Studie fand keine statistisch signifikanten Unterschiede bezüglich der Verbesserung von IPSS, QoL und Qmax beim Vergleich der nsPVA-Embolisation mit einer Größe von 180-300 μm vs. 300-500 μm [44]. Für die sphärischen Trisacrylgelatine-Mikrosphären (TAGM) zeigte eine prospektive, monozentrische, nicht-verblindete Studie mit 30 Patienten, dass sich 12 Monate nach Embolisation mit TAGM-Größen von 100-300 μm vs. 300-500 μm die Verbesserung des IPSS (-16,1 vs. -12,5, jeweils Δ Mittelwert; p<0,2) und der Lebensqualität (-2,9 vs. -3,4, jeweils Δ Mittelwert; p>0,2) nicht statistisch signifikant unterschieden [45]. Die Anzahl der unerwünschten Ereignisse in der Gruppe mit TAGM-Größe 100-300 μm war fast viermal größer als in der mit einer TAGM-Größe von 300-500 μm embolisierten Gruppe (15 vs. 4), obwohl dieser Unterschied aufgrund der geringen Fallzahl wahrscheinlich nicht statistisch signifikant war (p=0,07) [45]. Auch hier traten keine größeren unerwünschten Ereignisse auf. In einer prospektiven, monozentrischen Studie wurden 137 Patienten in drei Gruppen randomisiert. Die Patienten der ersten Gruppe wurden mit TAGM der Größe 100-300 μm embolisiert, die der zweiten Gruppe mit TAGM der Größe 300-500μm und die der dritten nacheinander mit beiden (TAGM der Größe 100-300 μm gefolgt von TAGM der Größe 300-500 μm) [46]. 18 Monate nach der Embolisation gab es beim IPSS (-13 Punkte vs -14,8 Punkte vs -14,1 Punkte, je Δ Mittelwert) und bei der Lebensqualität verglichen mit den Werten vor der Intervention keine statistisch signifikanten Unterschiede (jeweils p>0,2). Betrachtet man den klinischen Erfolg als Kombination aus der prozentualen Verbesserung des IPSS und der Lebensqualität unter der Bedingung, dass nach dem Eingriff keine Medikation oder eine weitere Operation erforderlich war, zeigten sich auch keine statistisch signifikanten Unterschiede zwischen den Gruppen. Allerdings zeigte die erste Gruppe, die ausschließlich mit TAGM-Größen 100-300 μm embolisiert wurde, tendenziell weniger klinischen Erfolg als die beiden Gruppen, die mit TAGM-Größen von 300-500 μm embolisiert wurden [46]. Betrachtet man die Anzahl der unerwünschten Ereignisse, so traten in der Gruppe, die ausschließlich mit TAGM-Größe 300-500 μm embolisiert wurde, statistisch signifikant weniger unerwünschte Ereignisse auf als in den beiden Gruppen, die entweder ausschließlich oder zusätzlich mit kleineren Partikeln embolisiert wurden (p< 0,001). In keiner der drei Gruppen traten schwerwiegende unerwünschte Ereignisse auf [46]. Eine prospektive, multizentrische Studie kam erneut zu dem Schluss, dass sphärische Partikel mit einer Größe von <300 μm hinsichtlich der Prostatavolumenreduktion und der Verbesserung von IPSS und QoL besser abschneiden als alle anderen betrachteten sphärischen und nicht-sphärischen Partikel (p=0,001) [9]. Eine Aussage zu den unerwünschten Ereignissen wurde in dieser Studie nicht gemacht. Berücksichtigt man jedoch die diesbezüglich veröffentlichten Daten, so lässt sich zusammenfassen, dass die Rate der unerwünschten Ereignisse bei einer Embolisation mit Partikeln <300 μm zunimmt [45, 46], so dass die Embolisation mit kugelförmigen Partikeln und einer Größe zwischen 300- 500 μm einen guten Kompromiss zwischen der Maximierung des klinischen Erfolgs und der Minimierung der Wahrscheinlichkeit unerwünschter Ereignisse darzustellen scheint.

13.7. Literatur

1. Al Rawashdah SF, Pastore AL, Velotti G, Fuschi A, Capone L, Suraci PP, Martoccia A, Saltarelli A, Minucci S, Falsaperla M, Al Salhi Y, Illiano E, Costantini E, Carbone A. Sexual and functional outcomes of prostate artery embolisation: A prospective long-term follow-up, large cohort study. Int J Clin Pract. 2020;74(3):e13454.

2. Ayyagari R, Powell T, Staib L, Chapiro J, Raja A, Bhatia S, Chai T, Schoenberger S, Devito R. Prostatic Artery

Embolization Using 100-300-mum Trisacryl Gelatin Microspheres to Treat Lower Urinary Tract Symptoms Attributable to Benign Prostatic Hyperplasia: A Single-Center Outcomes Analysis with Medium-Term Follow-up. J Vasc Interv Radiol. 2020;31(1):99-107.

3. Bagla S, Martin CP, van Breda A, Sheridan MJ, Sterling KM, Papadouris D, Rholl KS, Smirniotopoulos JB, van Breda A. Early results from a United States trial of prostatic artery embolization in the treatment of benign prostatic hyperplasia. J Vasc Interv Radiol. 2014;25(1):47-52.

4. Bhatia S, Sinha VK, Harward S, Gomez C, Kava BR, Parekh DJ. Prostate Artery Embolization in Patients with Prostate Volumes of 80 mL or More: A Single-Institution Retrospective Experience of 93 Patients. J Vasc Interv Radiol. 2018;29(10):1392-1398.

5. de Assis AM, Moreira AM, de Paula Rodrigues VC, Yoshinaga EM, Antunes AA, Harward SH, Srougi M, Carnevale FC. Prostatic artery embolization for treatment of benign prostatic hyperplasia in patients with prostates > 90 g: a prospective single-center study. J Vasc Interv Radiol. 2015;26(1):87-93.

6. Enderlein GF, Lehmann T, von Rundstedt FC, Aschenbach R, Grimm MO, Teichgraber U, Franiel T. Prostatic Artery Embolization-Anatomic Predictors of Technical Outcomes. J Vasc Interv Radiol. 2020;31(3):378-387.

7. Kurbatov D, Russo GI, Lepetukhin A, Dubsky S, Sitkin I, Morgia G, Rozhivanov R, Cimino S, Sansalone S. Prostatic artery embolization for prostate volume greater than 80 cm³: results from a single-center prospective study. Urology. 2014;84(2):400-404.

8. Lin YT, Pereira H, Pellerin O, Dean C, Thiounn N, Sapoval M. Four-Year Impact of Voiding and Storage Symptoms in Patients with Benign Prostatic Hyperplasia Treated with Prostatic Artery Embolization. J Vasc Interv Radiol. 2020;31(9):1460-1466.

9. Hacking N, Vigneswaran G, Maclean D, Modi S, Dyer J, Harris M, Bryant T. Technical and Imaging Outcomes from the UK Registry of Prostate Artery Embolization (UK-ROPE) Study: Focusing on Predictors of Clinical Success. Cardiovasc Intervent Radiol. 2019;42(5):666-676.

10. Wang M, Guo L, Duan F, Yuan K, Zhang G, Li K, Yan J, Wang Y, Kang H. Prostatic arterial embolization for the treatment of lower urinary tract symptoms caused by benign prostatic hyperplasia: a comparative study of medium- and large-volume prostates. BJU Int. 2016;117(1):155-164.

11. Little MW, Boardman P, Macdonald AC, Taylor N, Macpherson R, Crew J, Tapping CR. Adenomatous-Dominant Benign Prostatic Hyperplasia (AdBPH) as a Predictor for Clinical Success Following Prostate Artery Embolization: An Age-Matched Case-Control Study. Cardiovasc Intervent Radiol. 2017;40(5):682-689.

12. Salem R, Hairston J, Hohlastos E, Riaz A, Kallini J, Gabr A, Ali R, Jenkins K, Karp J, Desai K, Thornburg B, Casalino D, Miller F, Hofer M, Hamoui N, Mouli S. Prostate Artery Embolization for Lower Urinary Tract Symptoms Secondary to Benign Prostatic Hyperplasia: Results From a Prospective FDA-Approved Investigational Device Exemption Study. Urology. 2018;120:205-210.

13. Bagla S, Smirniotopoulos JB, Orlando JC, van Breda A, Vadlamudi V. Comparative Analysis of Prostate Volume as a Predictor of Outcome in Prostate Artery Embolization. J Vasc Interv Radiol. 2015;26(12):1832-1838.

14. Franiel T, Aschenbach R, Trupp S, Lehmann T, von Rundstedt FC, Grimm MO, Teichgraber U. Prostatic Artery Embolization with 250-mum Spherical Polyzene-Coated Hydrogel Microspheres for Lower Urinary Tract Symptoms with Follow-up MR Imaging. J Vasc Interv Radiol. 2018;29(8):1127-1137.

15. Pisco J, Campos Pinheiro L, Bilhim T, Duarte M, Rio Tinto H, Fernandes L, Vaz Santos V, Oliveira AG. Prostatic arterial embolization for benign prostatic hyperplasia: short- and intermediate-term results. Radiology. 2013;266(2):668-677.

16. Bilhim T, Costa NV, Torres D, Pisco J, Carmo S, Oliveira AG. Randomised Clinical Trial of Balloon Occlusion versus Conventional Microcatheter Prostatic Artery Embolization for Benign Prostatic Hyperplasia. J Vasc Interv Radiol. 2019;30(11):1798-1806.

17. Uflacker A, Haskal ZJ, Bilhim T, Patrie J, Huber T, Pisco JM. Meta-Analysis of Prostatic Artery Embolization for Benign Prostatic Hyperplasia. J Vasc Interv Radiol. 2016;27(11):1686-1697 e1688.

18. Malling B, Roder MA, Brasso K, Forman J, Taudorf M, Lonn L. Prostate artery embolisation for benign prostatic hyperplasia: a systematic review and meta-analysis. Eur Radiol. 2019;29(1):287-298.

19. Kamalov A, Kapranov S, Neymark A, Kurbatov D, Neymark B, Karpov V, Shaparov B. Prostatic Artery Embolization for Benign Prostatic Hyperplasia Treatment: A Russian Multicenter Study in More Than 1,000 Treated Patients. Am J Mens Health. 2020;14(3):1557988320923910.

20. Maclean D, Harris M, Long J, Modi S, Bryant TJ, Hacking N. The First 48 Consecutive Patients with 3-Year Symptom Score Follow-Up Post-Prostate Artery Embolization (PAE) at a Single-Centre University Hospital. Cardiovasc Intervent Radiol. 2020;43(3):459-465.

21. Pisco JM, Rio Tinto H, Campos Pinheiro L, Bilhim T, Duarte M, Fernandes L, Pereira J, Oliveira AG. Embolisation of prostatic arteries as treatment of moderate to severe lower urinary symptoms (LUTS) secondary to be-

nign hyperplasia: results of short- and mid-term follow-up. Eur Radiol. 2013;23(9):2561-2572.

22. Rio Tinto H, Martins Pisco J, Bilhim T, Duarte M, Fernandes L, Pereira J, Campos Pinheiro L. Prostatic artery embolization in the treatment of benign prostatic hyperplasia: short and medium follow-up. Tech Vasc Interv Radiol. 2012;15(4):290-293.

23. Thulasidasan N, Kok HK, Elhage O, Clovis S, Popert R, Sabharwal T. Prostate artery embolisation: an all-comers, single-operator experience in 159 patients with lower urinary tract symptoms, urinary retention, or haematuria with medium-term follow-up. Clin Radiol. 2019; 74(7):569 e561-569 e568.

24. Wang MQ, Guo LP, Zhang GD, Yuan K, Li K, Duan F, Yan JY, Wang Y, Kang HY, Wang ZJ. Prostatic arterial embolization for the treatment of lower urinary tract symptoms due to large (>80 mL) benign prostatic hyperplasia: results of midterm follow-up from Chinese population. BMC Urol. 2015;15:33.

25. Wang MQ, Zhang JL, Xin HN, Yuan K, Yan J, Wang Y, Zhang GD, Fu JX. Comparison of Clinical Outcomes of Prostatic Artery Embolization with 50-mum Plus 100-mum Polyvinyl Alcohol (PVA) Particles versus 100-mum PVA Particles Alone: A Prospective Randomised Trial. J Vasc Interv Radiol. 2018;29(12):1694-1702.

26. Moreira AM, de Assis AM, Carnevale FC, Oliveira DS, Antunes AA. Improvements in Irritative Versus Obstructive Symptoms of the International Prostate Symptom Score After Prostatic Artery Embolization in 174 Patients, in a Single Center. Cardiovasc Intervent Radiol. 2020;43(4):613-619.

27. Pyo JS, Cho WJ. Systematic review and meta-analysis of prostatic artery embolisation for lower urinary tract symptoms related to benign prostatic hyperplasia. Clin Radiol. 2017;72(1):16-22.

28. Wang XY, Zong HT, Zhang Y. Efficacy and safety of prostate artery embolization on lower urinary tract symptoms related to benign prostatic hyperplasia: a systematic review and meta-analysis. Clin Interv Aging. 2016;11: 1609-1622.

29. Hoppe L, Ingwersen M, Mietz S, Franiel T, Teichgräber U. Prostate Artery Embolization: Metaanalysis and systematic review. 2020.

30. Carnevale FC, Moreira AM, de Assis AM, Antunes AA, Cristina de Paula Rodrigues V, Srougi M, Cerri GG. Prostatic Artery Embolization for the Treatment of Lower Urinary Tract Symptoms Due to Benign Prostatic Hyperplasia: 10 Years' Experience. Radiology. 2020;296 (2):444-451

31. Pisco J, Bilhim T, Pinheiro LC, Fernandes L, Pereira J, Costa NV, Duarte M, Oliveira AG. Prostate Embolization as an Alternative to Open Surgery in Patients with Large Prostate and Moderate to Severe Lower Urinary Tract Symptoms. J Vasc Interv Radiol. 2016;27(5):700-708.

32. Pisco JM, Bilhim T, Pinheiro LC, Fernandes L, Pereira J, Costa NV, Duarte M, Oliveira AG. Medium- and Long-Term Outcome of Prostate Artery Embolization for Patients with Benign Prostatic Hyperplasia: Results in 630 Patients. J Vasc Interv Radiol. 2016;27(8):1115-1122.

33. Leschik S, Franiel T, Meyer C, Pompe R, Lehmann T, Teichgraber U, Grimm MO, von Rundstedt FC. A comparision between prostate artery embolization and homium laser enucleation of the prostate: a matched pair analysis of functional outcime. 72. DGU-KONGRESS. LEIPZIG ONLINE 2020.

34. Russo GI, Kurbatov D, Sansalone S, Lepetukhin A, Dubsky S, Sitkin I, Salamone C, Fiorino L, Rozhivanov R, Cimino S, Morgia G. Prostatic Arterial Embolization vs Open Prostatectomy: A 1-Year Matched-pair Analysis of Functional Outcomes and Morbidities. Urology. 2015; 86(2):343-348.

35. Abt D, Hechelhammer L, Mullhaupt G, Markart S, Gusewell S, Kessler TM, Schmid HP, Engeler DS, Mordasini L. Comparison of prostatic artery embolisation (PAE) versus transurethral resection of the prostate (TURP) for benign prostatic hyperplasia: randomised, open label, non-inferiority trial. BMJ. 2018;361:k2338.

36. Carnevale FC, Iscaife A, Yoshinaga EM, Moreira AM, Antunes AA, Srougi M. Transurethral Resection of the Prostate (TURP) Versus Original and PErFecTED Prostate Artery Embolization (PAE) Due to Benign Prostatic Hyperplasia (BPH): Preliminary Results of a Single Center, Prospective, Urodynamic-Controlled Analysis. Cardiovasc Intervent Radiol. 2016;39(1):44-52.

37. Gao YA, Huang Y, Zhang R, Yang YD, Zhang Q, Hou M, Wang Y. Benign prostatic hyperplasia: prostatic arterial embolization versus transurethral resection of the prostate—a prospective, randomised, and controlled clinical trial. Radiology. 2014;270(3):920-928.

38. Insausti I, Saez de Ocariz A, Galbete A, Capdevila F, Solchaga S, Giral P, Bilhim T, Isaacson A, Urtasun F, Napal S. Randomised Comparison of Prostatic Artery Embolization versus Transurethral Resection of the Prostate for Treatment of Benign Prostatic Hyperplasia. J Vasc Interv Radiol. 2020;31(6):882-890.

39. Abt D, Mullhaupt G, Mordasini L, Gusewell S, Markart S, Zumstein V, Kessler TM, Schmid HP, Engeler DS, Hechelhammer L. Outcome prediction of prostatic artery embolization: post hoc analysis of a randomised, open-label, non-inferiority trial. BJU Int. 2019;124(1): 134-144.

40. Mullhaupt G, Hechelhammer L, Diener PA, Engeler DS, Gusewell S, Schmid HP, Mordasini L, Abt D. Ejaculatory disorders after prostatic artery embolization: a re-

assessment of two prospective clinical trials. World J Urol. 2020;38(10):2595-2599.

41. Zumstein V, Betschart P, Vetterlein MW, Kluth LA, Hechelhammer L, Mordasini L, Engeler DS, Kessler TM, Schmid HP, Abt D. Prostatic Artery Embolization versus Standard Surgical Treatment for Lower Urinary Tract Symptoms Secondary to Benign Prostatic Hyperplasia: A Systematic Review and Meta-analysis. Eur Urol Focus. 2019;5(6):1091-1100.

42. Pisco JM, Bilhim T, Costa NV, Torres D, Pisco J, Pinheiro LC, Oliveira AG. Randomised Clinical Trial of Prostatic Artery Embolisation Versus a Sham Procedure for Benign Prostatic Hyperplasia. Eur Urol. 2020;77(3):354-362.

43. Bilhim T, Pisco J, Campos Pinheiro L, Rio Tinto H, Fernandes L, Pereira JA, Duarte M, Oliveira AG. Does polyvinyl alcohol particle size change the outcome of prostatic arterial embolization for benign prostatic hyperplasia? Results from a single-center randomised prospective study. J Vasc Interv Radiol. 2013;24(11):1595-1602 e1591.

44. Bilhim T, Pisco J, Pereira JA, Costa NV, Fernandes L, Campos Pinheiro L, Duarte M, Oliveira AG. Predictors of Clinical Outcome after Prostate Artery Embolization with Spherical and Nonspherical Polyvinyl Alcohol Particles in Patients with Benign Prostatic Hyperplasia. Radiology. 2016;281(1):289-300.

45. Goncalves OM, Carnevale FC, Moreira AM, Antunes AA, Rodrigues VC, Srougi M. Comparative Study Using 100-300 Versus 300-500 mum Microspheres for Symptomatic Patients Due to Enlarged-BPH Prostates. Cardiovasc Intervent Radiol. 2016;39(10):1372-1378.

46. Torres D, Costa NV, Pisco J, Pinheiro LC, Oliveira AG, Bilhim T. Prostatic Artery Embolization for Benign Prostatic Hyperplasia: Prospective Randomised Trial of 100-300 mum versus 300-500 mum versus 100- to 300-mum + 300- to 500-mum Embospheres. J Vasc Interv Radiol. 2019;30(5):638-644.

14. Zukünftige Perspektiven

14.1. Einführung

Die Prostataarterien-Embolisation (PAE) wird in vielen Zentren weltweit mit einer stetigen Zunahme dern der täglich behandelten Patienten praktiziert. Der Stand der Evidenz wird von den meisten interventionellen Radiologen (IR) weltweit als Rechtfertigung für den routinemäßigen Einsatz von Embolisationen zur Behandlung belastender LUTS angesehen, was in bestimmten Ländern wie Großbritannien oder Brasilien auch entsprechend akzeptiert und erstattet wird. Doch trotz einer aussagekräftigen Evidenz gibt es im Jahr 2021 noch immer Widerstände dagegen, die PAE als Verfahren in diversen urologischen Gemeinschaften zu empfehlen, und mehrere urologische wissenschaftliche Gesellschaften haben beschlossen, die PAE weiterhin nur als klinische Forschungsintervention zu betrachten. Eine ganze Anzahl kürzlich veröffentlichter (☞ auch Kap. 13.) und laufender Studien wird sicherlich dazu beitragen, die Beweislage bis zu dem Punkt zu erweitern, an dem die PAE vollständig akzeptiert wird, und die meisten führenden IR sind der Ansicht, dass dies nur eine Frage der Zeit ist.

An dieser Stelle ist es sicherlich ein reizvoller Versuch, einmal einen Blick in die Zukunft zu werfen, um abzuschätzen zu können, nach welchen Möglichkeiten weitere Forschungsprojekte unterstützt und gefördert werden können; und dies nicht nur hinsichtlich klinischer Ergebnisse, sondern auch bezüglich anderer wichtiger verwandter Themen wie der Patientenzuweisung. Dies soll nachfolgend geschehen.

14.2. Klinische Perspektiven

Die PAE ist eine effiziente und sichere Methode, um den für die betroffenen Männer sehr lästigen Symptomenkomplex LUTS zu lindern, wenn sie an BPH-bezogenen Symptomen leiden. Es gibt jedoch noch einige unbeantwortete Fragen, die weiterer Forschung bedürfen. Die entsprechende Patientenauswahl ist eine davon. Die meisten Fallserien berichten über spezielle Ergebnisse in einer Patientenpopulation mit Endpunkten wie IPSS, QoL, Qmax oder auch dem Prozentsatz an Patienten, bei denen nach PAE im Falle eines akuten Harnverhalts keine Katheteranwendung mehr notwendig ist. Alle erfahrenen IR und Urologen, die diese Patienten begleiten, werden jedoch auch mit solchen konfrontiert, die *nicht* von der Intervention profitieren (sogenannte Non-Responder). Dieser Prozentsatz wird nach den Kriterien des klinischen Erfolgs zwischen 15 und 25 % eingeschätzt und teilweise durch Patienten mit intermediärem Ansprechen verwischt. Dazu wurden vor oder nach der Intervention verschiedene Faktoren vorgeschlagen, um die Auswahl der Patienten mit dem Ziel zu verbessern, die Durchführung einer PAE bei denjenigen Patienten zu vermeiden, die keinen signifikanten Nutzen daraus ziehen. Die folgenden Faktoren wurden als Marker für ein schlechtes PAE-Ansprechen in Verbindung gebracht:

- Verhältnis zwischen zentralem und peripherem Zonenvolumen
- Prostatavolumen vor der Intervention
- PSA-Wert vor der Intervention
- PSA-Wert am Tag 1 nach PAE
- MR-Merkmal der BPH (drüsenförmig versus nicht drüsig)

Diese Punkte haben stringente Beweise erbracht, um ein zuverlässiges Vor-Screening von Patienten zu ermöglichen, weshalb weitere Arbeiten auf diesem Gebiet für die zukünftige globale Akzeptanz der PAE wichtig sind.

14.3. Langzeitergebnisse

Eine zunehmende Evidenz bestätigt, dass die Anzahl der PAE-Interventionen zunimmt. Allerdings ist die Anzahl der ordnungsgemäß nachbeobachteten Patienten immer noch zu gering, und die Anzahl der Patienten, die im Rahmen der Nachsorge verloren gehen, ist immer noch ein limitierender Faktor für das Verständnis aller Aspekte der langfristigen Nachbeobachtung post interventionem.

14.4. Stellenwert der PAE im Vergleich zur konservativen medizinischen Behandlung

Eine große Anzahl von potentiellen PAE-Patienten nimmt verschiedene Medikamente ein, darunter Alpha-Blocker und 5α-Reduktase-Hemmer. Aufgrund diverser Nebenwirkungen und der zunehmenden Zurückhaltung bei der Einnahme von Medikamenten über einen längeren Zeitraum werden die meisten dieser Patienten letztendlich zur invasiven Behandlung und zur PAE überwiesen. Die PARTEM-Studie wird derzeit in Frankreich abgeschlossen und hat 90 Patienten zwischen PAE und kombinierter Behandlung randomisiert. Die Ergebnisse sollen helfen, die Rolle der PAE im Vergleich zu einer konservativen medizinischen Behandlung besser zu verstehen.

14.5. Der Stellenwert der PAE im Vergleich zu MIST

Mehrere neue minimal-invasive Techniken wie UroLift® (ein Verfahren, bei dem das überschüssige Prostatagewebe mit kleinen Gewebe-Implantaten zur Seite gedrängt und quasi angehoben wird) oder Rezum® (ein Verfahren zur Wasserdampfablation von Prostatagewebe) wurden entwickelt und haben (ohne Randomisierung) Ergebnisse gezeigt, die mit denen einer PAE vergleichbar sind. Hier wäre ein sogenannter *head to head*-Vergleich mit der PAE von Interesse, wenngleich das Design dieser Studien einen relativ großen Aufwand erfordern dürfte, indem sowohl IR als auch Urologen davon überzeugt werden müssten, Patienten für eine solche Studie zu überweisen und letztere die Randomisierung akzeptieren müssten.

14.6. Rolle des Emboliematerials

Zur Embolisation wurden als Referenzmaterial für die PAE bei der überwiegenden Mehrheit der veröffentlichten Fälle Embosphere®-Mikrosphären, nicht-sphärische Polyvinylalkohol(PVA)-Partikel, Bead Block™-Mikrosphären oder Embozene™-Hydrogel-Mikrosphären verwendet. Es gibt keinen direkten Vergleich der Methoden untereinander, und die meisten Teams verwenden ihr bevorzugtes Material, wobei speziell die Debatte über die optimale Größe bei den Embosphere®-Mikrosphären kontrovers geführt wird. Während einige Arbeitsgruppen aufgrund der optimalen Wirksamkeit bei gleichzeitigem reduzierten Risiko schwerer unerwünschter Ereignisse (sogenannte Nichtzielembolisation) die Verwendung von Mikrosphären mit einer Größe von 300-500 µm bevorzugen, befürworten andere eine Größe von 100-300 µm oder sogar noch kleiner, um einen maximalen Ischämieeffekt zu erzeugen. Bei allen Interventionen treten von Zeit zu Zeit Rezidive auf, deren Häufigkeit angesichts des Fehlens einer ausreichend großen Anzahl multizentrischer Patientenserien jedoch nicht exakt einschätzbar ist. Es ist zu hoffen, dass das laufende Merit Registry mit fast 500 Patienten, die bis zu drei Jahre nachbeobachtet werden, eine genauere Bewertung dieser Rezidivrate ermöglicht. Bei wiederholter Embolisation können sich als neue anatomische Befunde eine Rekananisation der zuvor embolisierten Arterie oder auch die Präsenz neuer Anastomosen (z.B. *A. pudenda interna* u.a.) präsentieren. Versuche mit anderen Embolisationsmethoden wie Flüssigkeitsembolien oder Radioembolisation blieben, hauptsächlich aus Furcht vor Nichtzielembolisationen, bisher die Ausnahme. Noch ist unklar, ob neue flüssige Embolika mit präziser Viskosität und Injektionsfluss bessere Langzeitergebnisse liefern.

14.7. Verbesserte Bildführung

Sowohl in den Testlabors der Hersteller als auch in den klinischen Abteilungen ist die PAE eines der aktiven Forschungsfelder für eine verbesserte Bildgebung und -führung. Gerade wegen der Komplexität der Anatomie, der teilweise erheblichen Strahlenbelastung für den Patienten und der Notwendigkeit, die IR-Ausbildung als solche möglichst zu erleichtern, muss die IR-Technik die bestmöglichen verfügbaren Komponenten enthalten. Der Einsatzes der digitalen Volumentomographie (DVT) ist sowohl für das Verständnis der Anatomie als auch zur optimalen Führung bei der Katheterisierung sowie zur Vermeidung von Nicht-Nichtzielembolisationen erforderlich. Allerdings sind diverse Bildgebungsanbieter oder Start-ups immer noch in der Lage, das Navigationstool zu verbessern, und es gibt auch noch kein gemeinsames Protokoll, dem alle IR folgen könnten, um die Strahlenintensität und die Operationszeit für Patienten und Personal zu reduzieren.

14.8. Verbessertes und optimiertes Nachsorgeprotokoll

Die Optimierung der klinischen und bildgebenden Nachsorge ist speziell hinsichtlich der Kosteneffizienz ein bestimmender Aspekt in der heutigen Praxis. Die BPH ist im Regelfall eine schon länger bestehende Krankheit, die sich sowohl unter medikamentöser Behandlung oder nach TURP oder MIST als auch nach PAE mit der Möglichkeit eines Wiederauftretens der Symptome weiterentwickeln kann. In der späten Phase der Krankheit kommt das Risiko der Entwicklung eines Prostatakarzinoms hinzu, was eine langfristige Nachsorge durch den Urologen erforderlich macht. In den IR-Abteilungen gibt es zwar dedizierte Überwachungsprogramme, doch der optimale Zeitpunkt diverser Nachsorgeuntersuchungen (MRT, PSA-Bestimmungen) ist noch nicht evaluiert. Nach Meinung der Autoren sollten die Post-PAE-Nachsorgemaßnahmen – außerhalb einer Tumordiagnose – auf den klinischen Symptomen und der Restharnmenge nach Miktion basieren. PSA-Messungen und wiederholte MRTs sollten im allgemeinen Patientengut den urologischen Leitlinien folgen; es sei denn, dass zukünftige Untersuchungen Hinweise darauf ergeben, dass sich die Entwicklung von Tumoren bei Patienten, die mit BPH behandelt werden, anders als in der Allgemeinbevölkerung verhält.

14.9. PAE als Erstlinientherapie der BPH

Wenngleich nicht als Erstlinienbehandlung, so hat die PAE dennoch das Potenzial, sich zu einer der häufigsten Therapiemethoden von LUTS im Zusammenhang mit BPH zu entwickeln. Es ist davon auszugehen, dass hierzu weitere klinische Entwicklungen sowie ein erheblicher Aufwand für die Kommunikation mit Patienten und Urologen erforderlich sind. Noch ist die PAE – zum Teil sicher auch aufgrund von "Revierkämpfen" – nicht in den urologischen Leitlinien enthalten, aber da sich wissenschaftliche Erkenntnisse bei ausreichender Evidenz schlussendlich immer gegen andere Erwägungen durchsetzen, wird sie zukünftig bei bestimmten Patientengruppen als Alternative zu Operationen und medizinischen Behandlungen anerkannt werden. Ein kürzlich erschienenes Paper, das darauf abzielt, die erforderliche Evidenz für die Akzeptanz einer minimal-invasiven Behandlung zu definieren [1], führt dazu aus : "*Studies that are needed include (1) proof of concept, (2) RCTs on efficacy and safety, as well as (3) cohort studies with a broad range of inclusion and exclusion criteria to confirm both reproducibility and generalizability of the benefits and harms*". Die PAE ist in diesem Zusammenhang nicht mehr weit davon entfernt, genügend Evidenz beanspruchen zu können, um als wertvolles minimal-invasives Behandlungsverfahren anerkannt zu werden.

14.10. PAE bei Prostatakarzinom

Die Behandlung des Prostatakarzinoms erstreckt sich von weniger invasiven (Hormontherapie, Brachytherapie) bis hin zu mehr invasiven Methoden (externe Strahlentherapie, stereotaktische Strahlentherapie [SBRT, sog. CyberKnife, Prostatektomie). Je nach Alter, Tumormerkmalen im MRT, Tumorstadium, PSA-Wert und Gleason-Score können *active surveillance* und *watchfull waiting* weitere Optionen sein, die für eine große Patientenpopulation in Frage kommen. Es konnte gezeigt werden, dass mittels Embolisation die gesamte Prostata auf sichere Weise erreicht werden kann, und es erscheint durchaus plausibel, dass die intraarterielle Verabreichung eines geeigneten "Krebskillers" den Patienten einen gewissen Nutzen verschaffen könnte. Vorläufige Arbeiten haben gezeigt, dass eine milde Embolisation zwar nicht in der Lage ist, alle Tumorzellen abzutöten, aber im präklinischen Modell und *in vivo* das Tumor-/Prostatavolumen reduzieren kann. Die Chemoembolisation bei Hunden mit natürlichem Prostatakarzinom ist in der Lage, die Größe des Tumors zu reduzieren und eine subtotale Tumornekrose zu induzieren. Die Herausforderung besteht weiterhin darin, den geeigneten "Killer" für die intraarterielle Behandlung zu finden, wobei das verwendete Agens einerseits eine hohe Tumortoxizität und andererseits kontrollierbare Nebenwirkungen in Bezug auf andere anatomisch benachbarte Strukturen (Harnröhre, Blase, Samenbläschen, Rektum und Penis) aufweisen sollte. Die Chemoembolisation mit Taxanen, die Radioembolisation oder auch eine Gentherapie sind einige zu prüfende Optionen. Das Hundemodell mit spontanem Prostatakrebs, das zur Evaluierung der Chemoembolisation verwendet wurde, ist ein interessantes präklinisches Modell. Hinsichtlich der potenziellen zukünftigen klinischen Indikationen ist davon auszugehen, dass Patienten mit Prostatatumoren nach vorangegangener Strahlentherapie oder Operation, bei denen eine zusätzliche Behandlung mit dem gleichen Ansatz ein hohes Komplikationsrisiko birgt, eine erste Zielpopulation sein könnten, die eine *proof-of-concept*-Studie ermöglicht. Interessante Perspektiven ergeben sich vielleicht auch im Bereich *active surveillance* und *watchfull waiting*, wo viele Patienten von einer möglichen Tumorprogression bedroht sind und das Monitoring eine erhebliche medizinisch-psychologische Belastung darstellt. Spezielle Untergruppen haben ein höheres Risiko für eine Tumorprogression. Gemessen am PSA-Wert und dem Gleason-Score könnte sich durchaus eine solche Untergruppe von Patienten präsentieren, bei denen die PAE einen gewissen Nutzen bieten könnte. Eine weitere potenzielle Patientenpopulation, die ethisch angemessene Studien ermöglichen würde, könnten solche Patienten sein, bei denen eine Strahlentherapie oder eine Roboter-assistierte Prostatektomie geplant ist, das Prostatavolumen jedoch eine erhebliche Herausforderungen oder sogar eine Kontraindikationen darstellt. Es ist davon auszugehen, dass die PAE bei Prostatakrebs viele Forschungsanstrengungen und eine enge Zusammenarbeit mit dem Urologen erforderlich machen wird, bevor den Patienten diese Option angeboten werden kann. Schließlich gibt es bei Patienten, die nach einer vorherigen Strahlentherapie oder Operation ein Tumorrezidiv erleiden, höchstwahrscheinlich ausreichend Raum für einen intraarteriellen Zugang. Eine intensive klinische Forschung und auch politische Diskussion werden erforderlich sein, bevor die PAE im Armamentarium des Prostatakarzinoms berücksichtigt werden kann und so möglicherweise vielversprechende Perspektiven für die betroffenen Patienten bietet.

14.11. Ausbildung und Training

Das Erlernen der Grundlagen des klinischen Managements einer BPH ist von größter Bedeutung für den Umgang mit den betroffenen Patienten. Die IR sind nicht dazu bestimmt, Urologen zu werden, und die Nachsorge von Patienten sollte ganz klar in der Hand des Urologen liegen. Gleichwohl aber müssen die IR die Grundlagen des klinischen Managements beherrschen, um ihre Patienten hinsichtlich Indikation und Nachsorge optimal beraten zu können. Zudem ist die Leistung der PAE technisch anspruchsvoll, und die entsprechende Lernkurve ist (obwohl dies nicht gesichert ist) sicherlich eine der schwierigsten unter allen Embolisations-Interventionen. Der Einsatz von Simulatoren für die endovaskuläre Navigation und das Verständnis der Anatomie sowie spezielle Live-Kurse sind gute Optionen, um durch Präsentationen sowie mit entsprechenden Tipps und Tricks die Fähigkeiten zum Katheterisierten und für individuelle Entscheidungsprozesse während der PAE zu verbessern. Es muss dringend davon abgeraten werden, das IR, die keine große Erfahrung in der Beckenembolisation und der superselektiven Katheterisierung einschließlich der Auswahl aus einer breiten Palette von Mikrokathetern und Mikrodrähten haben, ein PAE-Programm zu starten. Das Risiko, die Technik aufgrund von Komplikationen oder wiederholten technischen Fehlern sozusagen lokal "zu töten", unterstreicht die Notwendigkeit einer angemessenen Selbsteinschätzung, bevor man in ein lokales PAE-Programm einsteigt.

14.12. Patientenüberweisung

Trotz erheblicher Widerstände in den meisten Institutionen und Ländern nimmt die Zahl der Zentren, die die PAE anbieten, sowie die Zahl der Verfahren in diesem Umfeld weltweit von Jahr zu Jahr zu. Trotz der Attraktivität der PAE für die IR-Community sollte die PAE jedoch nicht unter "sonstige Interventionen" verbucht werden. Das Verfahren erfordert viel Hingabe, und wir empfehlen zumindest zu Beginn, dass ein dediziertes PAE-Team gebildet wird, das nach Möglichkeit aus zwei leitenden IR besteht, die in der Lage sind, die entsprechende Bildgebung bei bei der Intervention (DVT, Gefäßzielbestimmung, Bildfusion, …) zu unterstützen. Da inzwischen sowohl eine hohe Nachfrage seitens der Patienten und andererseits auch ein großer ungedeckter Bedarf besteht, ist die direkte Kommunikation mit den Patienten, sofern in jedem Fall eine ergänzende urologische Beratung in Anspruch genommen wird, eine wichtige Option. Schlussendlich sollte dieser Ansatz also nur entwickelt werden, wenn der IR ein entsprechendes Schulungsprogramm durchlaufen hat und sich sicher genug fühlt, die Option einer PAE mit der notwendigen Expertise anbieten zu können.

14.13. Zusammenfassung

Das Verfahren der PAE hat sich mitterweile als ein wichtiger Bestandteil der BPH-Therapie etabliert. Zukünftige Entwicklungen haben ein vielfältiges Potenzial, diesen Ansatz stetig weiter zu entwickeln. Die laufende klinische Forschung sollte darauf abzielen, die verbleibenden Fragen zu beantworten, wobei all diese Bemühungen nicht zuletzt das Ziel haben, die ständig wachsende Zahl der Patientenzuweisungen auch in Zukunft aufrechterhalten zu können.

14.14. Literatur

1. Speakman MJ, Cornu JN, Gacci M, Gratzke C, Mamoulakis C, Herrmann TRW, Omar MI, Rieken M, Tikkinen KAO, Gravas S. Eur Urol Focus. 2019;5(3):351-356.

15. Abkürzungsverzeichnis

Abkürzung	Bedeutung
AUR	Akuter Harnverhalt (*acute urinary retention*)
BipolEP	Bipolare Enukleation der Prostata
BOO	Blasenauslassobstruktion (*bladder outlet obstruction*)
BPE	Benigne Prostatavergrößerung (*benign prostatic enlargement*)
BPH	Benigne Prostatahyperplasie
BPO	Benigne Prostataobstruktion
BPS	Benignes Prostatasyndrom
CACT	C-Arm-Computertomographie
CT	Computertomographie
CTA	CT-Angiographie
CZ	Zentrale Zone
DHT	Dihydrotestosteron
DSA	Digitale Subtraktions-Angiographie
DVT	Digitale Volumentomographie
DWI	Diffusionsgewichtete Bildgebung
HoLEP	Holmiumlaser-Enukleation der Prostata
IIEF	*International Index of Erectile Function*
IPP	Intravesikale Prostataprotrusion
IPSS	*International Prostate Symptom Score*
IR	Interventionelle Radiologen
LUTS	Symptome des unteren Harntraktes (*lower urinary tract symptoms*)
MDCT	Multidetektor-Computertomographie
MIST	*Minimally invasive surgical therapy*
MIT	Minimal-invasive Therapie
mpMRI	Multiparametrische MRT-Untersuchung der Prostata
MRA	MR-Angiographie
MRT	Magnetresonanztomographie
NGZ	Nichtdrüsenregion
NO	Stickstoffmonoxid
PAE	Prostataarterien-Embolisation
PSA	Prostataspezifisches Antigen
PUA	Prostatischer Urethrawinkel (*prostatic urethral angle*)
PV	Prostatavolumen
PVA	Polyvinylalkohol
PVR	Restharnvolumen (*post void residual volume*)
PZ	Periphere Zone
Qmax	Maximale Harnflussrate
QoL	*Quality of Life*
SNR	Signal-zu-Rausch-Verhältnis
ThuLEP	Thuliumlaser-Enukleation der Prostata
TRUS	Transrektaler Ultraschall
TUIP	Transurethrale Inzision der Prostata
TURP	Transurethrale Resektion der Prostata
TZ	Transitionalzone
ZVi	*Prostate zonal volumetry index*

Tab. 15.1: Auswahl von im Buch verwendeten Abkürzungen und deren Bedeutung. Weitere Abkürzungen sind in deren direktem Umfeld oder in Abbildungs- und Tabellenlegenden erklärt.

Index

A

Anastomosen, arterielle ...67
Anatomie
  Beckengefäße ...69
  Prostata ...18
  Prostatagefäße ...66
Apoptose ...24
AquaBeam® ...44

B

Benigne Prostatahyperplasie (BPH) ...16
Benigne Prostataobstruktion (BPO) ...18
Benigne Prostatavergrößerung (BPE) ...17
Benignes Prostatasyndrom (BPS) ...16
  Parameter ...17
  Pharmakotherapie ...43
  Therapie ...43, 61
Bildgebung ...32, 57
Blasenauslassobstruktion (BOO) ...16, 18

C

C-Arm-CT (CACT) ...33
Coilembolisation ...78

D

Dauerkatheter ...62
Debulking ...26
Detrusordicke ...19
Detrusorüberaktivität ...19
Dranginkontinenz ...20

E

Ellipsoidformel ...52
Embolisationsmaterial ...79
Embolisationstechniken ...69
Embosphere® ...23

F

Finasterid ...25
Fluoroskopie ...32
Führungsdrähte ...78

H

Harnflussrate ...17
HydroPearl® ...23
Hyperplasie ...16

I

IPSS ...60
iTIND® ...39, 44

K

Katheter ...76

L

Laboruntersuchungen ...60
Laserenukleation ...43
Laservaporisation ...43
Leitlinienempfehlungen ...40

M

Magnetresonanztomographie (MRT) ...64
Mikrodraht ...72
Mikrokatheter ...72, 78
Mikrosphären ...23, 80
Minimal-invasive Therapien ...39
Mittellappen ...53
MR-Angiographie ...54
MRT-Diagnostik ...52
MTOPS-Studie ...17
Multidetektor-Computertomographie (MDCT) ...33

N

Nachsorge ...91
Navigation, Angiographie-basierte ...37
Nichtzielembolisation ...67
Niereninsuffizienz ...19
Nykturie ...20

P

Palmurie ...20
PErFecTED-Technik ...24, 73, 80, 83
Pollakisurie ...20
Prostata
  Bildgebung ...32
  Gefäßanatomie ...66
Prostataarterie ...66
Prostataarterien-Embolisation (PAE)
  als Erstlinientherapie ...92
  anatomische Grundlagen ...64
  aus urologischer Sicht ...39, 43
  beim Prostatakarzinom ...92
  Embolisationstechniken ...69
  Erfolg nach Partikelgröße ...85
  Ergebnisse ...82
  Evidenz ...40
  Komplikationen ...63
  Leitlinienempfehlungen ...40
  Limitationen ...41
  Medikation im Umfeld ...62
  Patientenauswahl ...40, 47
  Rationale ...22
  Technik ...23, 70
  und Bildgebung ...32, 57
  und IPSS ...82
  und Lebensqualität ...82
  und MRT-Diagnostik ...52
  und Prostatavolumen ...82
  und Restharnvoumen ...82
  Vergleich mit anderen Verfahren ...84
  Voraussetzungen ...50
  Vorbereitung ...60, 62
  Voruntersuchungen ...48
  Wirkprinzip ...23
  Zubehör ...76
  Zugang ...76
  Zukunftsperspektiven ...90